历史相对主义的手术刀已将所有形而上学与宗教切成碎片，但它还须带来愈合。

——威廉·狄尔泰

哲学必须有能力将它的普遍命题的大钞票换成接近实事分析的小零钱。

——埃德蒙德·胡塞尔

我们摧毁的只是些搭在语言的地基上的纸屋子，从而让语言的地基干净敞亮。

——路德维希·维特根斯坦

巫怀宇 著

生活世界中的功利主义

哲学原理与历史实践

UTILITARIANISM IN THE LIFE-WORLD

Philosophical Principles and Historical Practice

南京大学出版社

图书在版编目(CIP)数据

生活世界中的功利主义：哲学原理与历史实践 / 巫
怀宇著. — 南京：南京大学出版社，2023.10

ISBN 978 - 7 - 305 - 26918 - 9

Ⅰ.①生… Ⅱ.①巫… Ⅲ.①功利主义－研究 Ⅳ.
①B82－064

中国国家版本馆 CIP 数据核字(2023)第 075440 号

出版发行　南京大学出版社

社　　　址　南京市汉口路 22 号　　　　邮　编　210093

出 版 人　王文军

书　　　名　**生活世界中的功利主义**
　　　　　　——哲学原理与历史实践
著　　　者　巫怀宇
责任编辑　陈　卓
书籍设计　周伟伟
照　　　排　南京南琳图文制作有限公司
印　　　刷　江苏凤凰盐城印刷有限公司
开　　　本　880 mm×1230 mm　1/32　印张 11.5　字数 335 千
版　　　次　2023 年 10 月第 1 版　2023 年 10 月第 1 次印刷
ISBN 978 - 7 - 305 - 26918 - 9
定　　　价　68.00 元

电子邮箱　Press@NjupCo.com
网　　　址　http://www.njupco.com
官方微博　http://weibo.com/njupco
官方微信　njupress
销售热线　025 - 83594756

目录

前言　以一驭万

莎士比亚曾有名句："思想是生命的奴隶，生命是时间的弄臣。"对于那些相信思想仅是历史的产物，每个时代的思想的当务之急，就是制造某种意识形态以适应时势"需要"的人而言，政治哲学便不再以"道德的政治家"为理想，反而沦为"政治的道德家"的发明；[1]它就像哈贝马斯所说的社会学那样，也只是一种危机学。[2]在危机学的急迫中，超越历史的哲学显得过于抽象和稀薄，追问善的普遍原则亦显迂腐，权衡考量世间诸善超出了人类有限的理性能力，更少有人坚持统一内在德性与外在行为的评价标准。然而，令功利主义区别于诸意识形态的，正是其抽象性、基础性和一贯性。关于"善"之意义的问题，或何种道德尺度能够一以贯之地衡量世间诸价值的问题，其重要性可借用康德的一句话来说明："对此种研究装出漠不关心的态

1　Immanuel Kant, *Toward Perpetual Peace and other Writings on Politics*, *Peace*, *and History*. New Haven: Yale University Press, 2006. p. 96.

2　Jürgen Habermas, *The Theory of Communicative Action*, *Vol*. 1: *Reason and the Rationalization of Society*, trans. Thomas McCarthy. Boston: Beacon Press, 1984. p. 4.

度是徒劳的，它们对于人类本性而言不可能是无所谓的。"[1]

即便在世界历史最紧要的关头，亦有人拒绝将道德哲学转变为危机学，此种态度重视道理与论证胜过立场或意见，坚持为最急迫而重大的政治决断提供最理性的、超脱于意识形态修辞的理由。杰里米·边沁（Jeremy Bentham，1748—1832）是时代造就的思想家，却不限于他的时代，其代表作《道德与立法原理导论》初成于 1780 年，出版于 1789 年。对边沁而言，这一年是启蒙的晚霞，而非大革命的曙光。边沁对法国革命的态度是双重的：他在革命之初为"最大多数人的最大幸福"赞同不分阶层与性别的识字成年人选举权，却同时抱怨《人权宣言》的形而上学性；待到革命变为恐怖，他又激烈地批判革命者高度意识形态化的政治语言。[2] 政治思想史家 J. G. A. 波考克说他是"晚期启蒙主义在英国的仅有代表"，[3] 其思想既是理性时代的果实，也是现代性的种子，却因时局突变，四十年后才等来了改革的季节。在这思想史上动荡不定、深刻改变了许多概念意义的"鞍形期（Sattelzeit）"[4]，英国人更关注埃德蒙·伯克与托马斯·潘恩的小册子论战，功利主义却成就了一门超越历史的理论而始终不变，穿

1　Immanuel Kant, *Critique of Pure Reason*, trans. Paul Guyer & Allen W. Wood. Cambridge: Cambridge University Press, 1998. p. 100.

2　Philip Schofield, *Utility and Democracy: The Political Thought of Jeremy Bentham*, Oxford: Oxford University Press, 2006. pp. 51–108.

3　J. G. A. Pocock, *The Varieties of British Political Thought*, 1500–1800, Cambridge: Cambridge University Press, 1993. p. 298.

4　Reinhart Koselleck, 'Introduction and Prefaces to the *Geschichtliche Grundbegriffe*' trans. Michaela Richter. in *Contributions to the History of Concepts*, Vol. 6 No. 1 (Summer, 2011). p. 9.

过大革命的飘风骤雨，它对漫长后世的影响，比一时一地的修辞与雄辩更深远。

作为一门高度抽象的道德哲学，功利主义在思想史上的语境和来源很模糊。密尔认为，边沁"从零开始（ab initio）构建哲学，不参考先人的意见"。[1] 按照剑桥学派的语境主义方法，边沁抽离于同时代的诸意识形态："边沁隐藏了他的来源，如果他有的话。"[2] 真正独立的思想都有最普遍的根，在众说纷纭之间往往不合时宜，却更注定要诞生于世。若要追溯功利主义的最早表述，苏格拉底就主张过：快乐即善，痛苦即恶，带来更大间接痛苦的快乐也是恶，带来更大间接快乐的痛苦则是善，并要用"度量的技艺"取代近大远小的错觉。[3] 这一普遍原则虽在哲学的开端就存在于意识之内，却要到晚近的现代才能得到伸张。

与思想史来源同样模糊的，是功利主义的历史影响。辉格主义的历史学家将 19 世纪 30 年代后英国的法律与社会改革归功于边沁及其门徒；[4] 相反的观点却认为，尽管当时的改革非常符合功利主义，边沁思想的推动作用却很有限。[5] 这些来源与影响上的模糊，绝不仅是

1 John Stuart Mill, 'Bentham', in *Utilitarianism and On Liberty*, *including Mill's 'Essay on Bentham'*. Oxford: Blackwell Publishing, 2003. p. 63.

2 J. G. A. Pocock, *Virtue*, *Commerce*, *and History*. Cambridge: Cambridge University Press, 1985. p. 277.

3 Plato, *Protagoras*, trans. C. C. W. Taylor, Oxford: Clarendon Press, 1976. 353a - 357a.

4 G. M. Trevelyan, *British History in the Nineteenth Century*, London: Longman, 1922. pp. 181 - 183.

5 Jenifer Hart, 'Nineteenth-Century Social Reform: A Tory Interpretation of History', in *Past & Present*, No. 31 (July, 1965), pp. 39 - 61.

"英雄与时势"的史观争论，更是由于功利原理是我们日用而不知的前见：自明之理的语境是普遍的，其来源仿佛出自无物，其影响弥散至所有方面。历史学无法讨论那些日用而不知的历史作用，不是因为它们没有力量，而是因为其力量无所不在；历史学看不见逻辑的力量，犹如依靠光明视物的眼睛看不见"光"本身。现代哲学的原则是普遍的，世界的现代化进程却是差序的。后发国家的进步思想家多受功利主义影响。[1] 经验中日用而不知的原理，在先发国家经由思想家抽象成为哲学，到了后发国家就变成指导实践的理性原则。

在祛魅的现代世界中，随着宗教沦为"文化"而丧失了神圣性，它规定的诸义务也丧失了绝对优先权，功利主义遂成为道德形而上学被逼至末路的归宿。如果哲学要求贯通地回应它所遭遇的一切现象，那么世界越广阔，诸现象间的差异越大，哲学受到的限制就越多，其可能性便越稀薄，其理论也越抽离。然而这一危机同时也是契机，当那些曾被误以为坚固的事物烟消云散，真正坚固的原理才会显露；也只有后撤至足够远的距离，我们才可能完整地看清某些巨大的真相。现代人坚持的哲学，时常是排除了其他可能性之后，为保持逻辑一贯仅剩的选项，或为捍卫某些赖以生活的基础意义而走上的一条窄路。"这是我的立场，我别无选择。"现代的道德观与世界观，不再是"人"的荒原上肆意蔓生的神话，而是地图上经由排除法剩下的那些为数有限的能将广袤的世界串联成一个整体的路。世界的完整性，之

1　李青：《"功利主义"的全球旅行——从英国、日本到中国》，上海：上海三联书店，2023 年。

于外在行动，是一切广大或长远的历史筹划的前提，之于内在心智，亦关乎个人灵魂的自洽与完整。

边沁说古代哲人常有两套相互矛盾的理论，一套深奥，一套俗常，而功利主义的这两个方面（即哲学原理与历史实践）是合一的。[1] 该观点显现了现代哲学的一个特征：哲理也须来自生活世界（Lebenswelt），不是如形而上学那样自上而下地统摄它，而是就在这世界之内，重组我们对它的认知，也重组了我们自己。H. L. A. 哈特对边沁有一句极高的赞誉，说他有鹰的眼睛与蝇的眼睛，[2] 兼具超拔的理论视野和精微的细节洞见。帕斯卡尔曾区分过"几何的精神（esprit de géométrie）"与"敏锐的精神（esprit de finesse）"，功利主义哲学是前者的产物，其实践却处处不离后者。边沁的道德理论非常简练，可概括为两个原则，即"最大幸福原则"和"利益的平等考量原则"，而正是理论的抽象性，为实践中的万千变化留出了充足空间。边沁一生勤勉，留下三千万词的手稿，大多是关于功利原则在其时代的政治、法律、经济、教育等各方面的应用，这本身就能说明功利主义的一大特征：这门哲学是永远学不全的，然而随着人的经验越来越多、见识越来越广，世间一切实践都能化作它的手段与方法。文本形式取决于思想内容：边沁拒绝先验的义务准则体系，批判一切意识形态的权利话语，只考量"幸福"这个诸价值的抽象一般尺度，将其应

---

1 Jeremy Bentham, *An Introduction to the Principles of Morals and Legislation*, Oxford: Clarendon Press, 1823. vii.

2 H. L. A. Hart, *Essays on Bentham: Jurisprudence and Political Theory*, Oxford: Clarendon Press, 2001. p. 4.

用于一切历史情境。

越简单的哲学理论，往往其历史实践越变化繁复，易遭误用，需要详加澄清。历史并不只有政治史和经济史，道德实践也不限于这两方面，还包含文化等其他方面。在历史的不同方面施力，其作用方式、约束条件、影响范围与周期长短亦不相同。功利主义抽象而不空疏，其丰富性源自维特根斯坦所说的，人类"必须接受的、被给予的生活形式（Lebensformen）"[1] 的丰富性。现代哲学将许多曾属于哲学的领域转变为对世界诸方面的具体研究；从实践的观点看，世界诸方面也即"应用道德哲学"的诸方面。在无涉意识形态的领域，例如在物理学中，科学哲学的**用处**仅在于澄清科学不得不承认的诸前见（例如基础定律必须普遍适用于一切时空），或打破对诸偏见（例如牛顿的绝对均质时空观）的固执；同样，现代道德哲学指导道德实践之**用处**，也只是澄清人们承认的前见（例如人格平等）的意义，或打破对诸意识形态偏见的固执（例如平等即是普遍地奉行某种准则），尽管这要比在科学界消除偏见困难得多。

功利主义的理论简洁性还体现于它拒斥意识形态。对比康德与边沁的哲学，会发现存在着康德的基督教诠释、儒家诠释以及相互排斥的种种义务，功利主义却为追求无偏倚性（impartiality）而拒斥所有意识形态。历史中的义务论是复数的，功利主义却是单数意义上的现代道德哲学。凡是意识形态都是被发明的，功利原理却不是被边沁发

---

1 Ludwig Wittgenstein, *Philosophical Investigations*, trans. G. E. M. Anscombe, P. M. S. Hacker, Joachim Schulte. Oxford: Blackwell, 2009. Part II, §345.

明，而是被发现的。然而历史世界并非意识形态真空，因此作为启蒙哲学的功利主义批判诸意识形态，作为道德哲学的功利主义却须历史地对待它们。

道德哲学关乎政治哲学、经济哲学、法哲学等实践哲学，功利主义也广泛深入政治、经济、法律、教育等诸生活形式。我将说明：这些领域的许多原则其实正是以功利原理为前设，许多看似与哲学无关的政治学、社会学或经济学理论，其底层逻辑预设了功利主义。反过来说，抽象的功利主义也可充当诸社会科学理论的枢轴，将其融化汇合，该过程不会折损它们的逻辑框架，却会滤掉各方的修辞倾向。这些激进或保守的学说常造成偏见与撕裂，本书将多次涉及此类案例：在不同的历史情势下，貌似相同的问题可能要求截然不同的应对手段。然而来自不同的世界的人，却极易将现实差异意识形态化。最有价值的理论，不是贴近地解释某一方面经验的专用理论，而是一贯地解释了诸多经验的通用理论；由于我们的视线已经被杂乱互斥的诸意识形态遮蔽了，本来最简单直接的通用理论反而时常被遗忘。

近半个世纪以来，作为"政治哲学"的功利主义遭受了诸多批判，这恰恰是因为学者们割裂了政治生活与其他生活形式的关联，忽视了保障诸权利须直面的经济稀缺性和意识形态导致的文化代价；当我们将视角放得更宽广，将政治、经济、教育等诸生活形式纳入视野，并充分尊重它们各自的内在规律时，功利主义反而能有一片生机。当一种思想陷入广受批评的困境，持此观点的学者通常会收缩战线，试图确保它在较小范围内仍旧正确（例如将功利主义局限于可量化的经济领域）。然而，这种退缩的辩护策略不适用于功利主义。相反，功利考量的范围越全面，它越是充分考量行为在生活诸方面的直接与间接效用，就越正确。广大、长远、顾及历史的诸方面的功利主义，是比狭隘、短视、片面地只顾历史的某一方面的功利主义更易防御的。因此，功利主义的困难不在于该道德原则本身有何不明了，而在于对实践行动的诸**事实**条件（包括潜在条件）及其在庞杂的历史因果之网中的位置的充分认识。

这就是功利主义的总战略：将道德理论回撤到最抽象的不败之地，是为了以最小的负担将道德实践推进至普全的生活世界，它以实践的具体性和历史性，填充理论的抽象性和超越性。本书将论及杀生、堕胎、自杀、死刑等争议问题，以及善意谎言、功利怪物、有轨电车、天桥推胖子、快乐感受机、医院换器官、生存大抽奖、妄想施虐狂等思想实验。这些虚构极端情境的思想实验多出自功利主义的反对者，而功利主义者很少作极端虚构，宁愿列举现实世界中的例子；双方论证策略上的差异绝不能简单地理解为"理性主义与经验主义"的哲学传统差别。我将说明：其中一些思想实验强行忽略或截断了某些普遍的生活形式，这些虚构情境根本就不是生活世界。我将以展示功利主义要求我们如何（how）行事，来阐明功利原则究竟是（is）什么，以言说（say）诸情境下的实践推论，来展示（show）为什么功利主义是合理的而不仅是自洽的。我们无法找到一种道德来判定某一种道德哲学是合理的，就像无法找到一把能丈量自身的尺子；然而一门道德哲学的合理性即便不可言说，却仍能够在具体的生活世界中被展示，这将我们从道德相对主义胡说中拯救出来。

随便翻开一本我们时代的道德哲学著作，作者通常都会将功利主义冠以"彻底一贯性"或"绝无妥协的无偏倚性"等名誉。然而这一时代的哲学家们却多半出于某些顾虑，宁可牺牲这些优点，转而选择直觉主义或义务论，或将德性论与义务论而非功利主义相结合。本书将要表明：这些顾虑多出自对生活世界的某些构造的误解，而人的行为（包括道德实践）总是这些构造中的行为。我将重点讨论一些功利主义批判者的思想，尤其是伯纳德·威廉姆斯和约翰·罗尔斯的，以澄清对功利主义的误解并预防误用。

现代人的道德不是被环境给定的，而是自己选择的；人们选择自己的道德哲学的依据，是它与其他哲学能否良好结合。价值现象学证成了诸多生活形式的内在价值，却仍不算道德哲学。功利主义关心的是，当异质的诸价值并列且不可得兼，当诸周遭世界共在同一个普全的陌生世界，当个体被置于诸因果链汇集的历史之网的交叉点，当我们不得不取舍时，衡量诸价值的尺度应当是什么？这同时指向另一个命题：现象学的眼光若要赢取解释学的历史视域，必须设定诸价值的权重比例，因为这是历史重要性之概念的前提；当我们将注意力指向某对象而非其他对象时，就已经预设了相对重要性或价值比重的判断。功利原理不仅裁决了诸价值之间的取舍，而且这种比较权衡本身就参与塑造了诸价值体验，是人类众多的价值实践活动中的一个关键枢轴。

道德哲学若要刨根究底，必须涉及元伦理学，研究道德词汇的语用，并揭示"什么是道德"。道德判断"善恶"不同于价值体验"好坏"，它是对诸价值的取舍。正如尼采所指出的：道德主张的本质是优先权。"理性"并无单数的统一意义，思维诸方面的诸理性彼此不同又相互配合，功利主义的理性就是比例（ratio）。至于"痛苦"等抽象概念如何关联于具体的世界，维特根斯坦已阐述得很清楚。功利主义不仅是一门"政治哲学"，政治只是生活世界的一个方面；本书将这门现代道德哲学嵌入现代哲学的大背景，揭示它在其中的逻辑位置，还涉及功利论与义务论的矛盾、功利论和德性论的关系、善与权利之争、道德哲学与道德心理学的区别，并阐明功利主义对待利己心、利他心、同情心、比较心等心理的态度。

在本书中，功利主义、直觉主义与义务论是以三者最能清晰地相互区别的彻底形态出现的。凡不加特殊注明的"功利主义"皆指行为功利主义（古典功利主义），只有在与偏好功利主义或准则功利主义作对比时才会注明。功利主义文本主要取自边沁的著作，只有在论及动物伦理和生命伦理时讨论彼得·辛格的作品。爱尔维修、贝卡利亚、佩利等功利主义早期先驱，以及密尔、西季威克、黑尔等功利主义思想家都在不同方面偏离了古典功利主义。由于本书的主题是哲学而非思想史，他们并非作为语境、传统或谱系，而是为了形成对照、澄清差异以阐明古典功利主义而出现的。

关于"功利主义"这个汉译，有人认为译作"效益主义"更佳，以避开中文里庸俗意义上"功利"的误解。然而汉语里"功""利"皆善，"功利"何必贬义呢？"功利"与"效益"侧重不同，"功"指向施力做功之过程，功、利相连强调行为与结果的因果性，而"效"和"益"都关于效果或结果。积极行动者的实践哲学当取"功"这一层含义，而"效"则更像是被动接受者之哲学了。

根据功利主义哲学，人的时间和注意力是稀缺的，世间诸价值无论高下皆须取舍。哲学之于世界的效用是间接的，能够在直接行动中步步求得实利者，大多不太关注理论的精密完美；如边沁那样积极地将哲学投入改革实践，才是造福人间的直接途径。哲学诞生于某种荒谬的障碍与驳斥的需要。行动陷入泥淖、志愿不得施展之人，如德意志哲学家，反而更能将心力倾注于完善理论；此时思想面临的危险，就是反过来轻视甚至诋毁生活世界中的真切幸福。本书则要将一贯的理论编织于多样的实践。将哲学写成书册，于己是以落于纸上的形式锤炼思想的严密性和清晰性，于人则是用直接而密集的言说，方便别人想通某些关键问题。只有当后人能以更少的时间，接过前人精炼凝聚的智力成果，人类才可能积累进步。

哲学原理不因时势而变，廓清其推论与界限的工作却须与历史世界打交道。无论多么超越的哲学，它所回应的问题都是时代给予的。本书起源于 2014 年读博期间，定稿于 2022 年。这八年间人类社会的政治、文化、经济、科技乃至健康等领域都发生了很大变化，许多人觉得此前的时代已是"昨日的世界"，那种共在同一个生活世界的道德理念，或世界历史意义上的进步宏愿已经被严重削弱。然而，如果功利主义的抽象理论能承受多么大的历史变化，功利主义者也必能够"在自己身上克服他的时代"[1]。危机亦是契机，对于研究者而言尤其如此：它让诸多遮蔽与幻象摇摇欲坠，变化中的世界敞现出了某些原本被自然化了的构造和隐而未显的可能性，我们得以分析出曾被混淆

---

[1] Friedrich Nietzsche, *Der Fall Wagner*, KSA 6, S. 11. 尼采认为，这是"哲学家最初和最终的自我要求"。

的不同层次，综合起曾被忽视的潜在关联。尽管哲学与史学能够帮助反思，对自身时代的"亲身体验"和"参与观察"却是理解生活世界中的幸福与痛苦所不可或缺的。

第一章 作为启蒙主义的功利主义

一 功利原则的界定

1 作为历史实践理性的功利主义

杰里米·边沁的思想开端是简洁的:"功利原理是这样一种原理:它按照看来势必增加或减少利益相关者的幸福的趋向,也即促进或减少幸福,来决定赞同还是反对每一种行动。我是说每一种行动,因此不仅指个人的每一行为,也指政府的每一项举措。"[1] 功利主义以此衡量一切**行为**的道德**程度**,无论是个人行为,还是立法(支持或预止某种行为的)行为。边沁认为"对与错的系统可被还原至该系统"[2],

---

[1] Bentham, *An Introduction to the Principles of Morals and Legislation*, p. 2.

[2] Bentham, *An Introduction to the Principles of Morals and Legislation*, p. 17.

"应当、正确与错误以及其他同类词汇被如是解释时，才有意义。否则无意义"。[1]

幸福与痛苦是一切价值的抽象"正负号"，而非某种具体的价值。为了考量、权衡并取舍诸行为将带来的幸福和痛苦，边沁列举了六个尺度：强度、时长、确定性、远近、间接效用、关涉人数。[2]

从这六个尺度中，首先可以看出功利主义的历史性。这是一门从此时此地（now-here）出发、面向未来改造世界的实践哲学，承认信息的不完整与视域的有限，否则就无所谓"远近"和"确定性"。非历史的规范性（normative）理论只关心我们应当主张什么，却不关心如何从现状出发实现其主张，在现实与理想之间横着一条鸿沟。功利主义并非如此。人们常说功利主义只讲善，不讲权利，但功利主义的善是**尺度**而非**理念**。它反对任何主张固定的善观念的宗教或乌托邦，或尊奉固定的义务—权利体系的道德与政治哲学。功利主义不是某种"应当确立的状况"或"现实应当与之相合的理想"，其实践目标随行动者的历史条件而变，它是"改造世界的现实的行为"，其"行为的条件产生于现存事态"[3]，是一门非意识形态的、历史中的实践哲学。由于幸福与痛苦受物质和精神等诸方面的影响，功利主义不先行预设任何历史解释视角，并认为片面强调某一方面的历史观同样是意识形态的。

1　Bentham, *An Introduction to the Principles of Morals and Legislation*, p. 4.
2　Bentham, *An Introduction to the Principles of Morals and Legislation*, p. 30.
3　Karl Marx & Friedrich Engels, *The German Ideology*, trans. Martin Milligan. New York: Prometheus Books, 1998. p. 57.

功利主义同意迈克尔·奥克肖特（Michael Oakeshott）的这句隐喻：政治的航船"既没有原初的起点，也没有应许的终点"[1]。但人的活动并非如这位悲观的保守主义者说的那样毫无方向，仅为苟且漂浮，随波逐流。在每一个当下位置，在有限的视域内，在历史的不同方面，仍能看见或近或远或确定或模糊的未来，并考量诸可能性之间的好坏差别。人之存在是历史地被给予的，我们登上并非自己选择的舞台，却必须选择并演出尽可能好的剧本。功利主义主张一种真正的英雄主义，那就是在认清了历史当下的真相后，依然怀着普遍的仁爱对待生活世界。所有预设原初契约、历史终结或永恒不变的义务准则的哲学皆基于静态的理想。功利主义不谈虚构的终极理想，只说**此在**的愿望与筹划；尽管那些顺着世界的一般构造编织而成的、关于人类长久幸福的远大愿望势必超出周遭视域，常与那些理想看似相仿。

功利主义的历史性与康德主义的理想性构成了鲜明对比。康德指出，因理性遭扭曲或尊严被折损而生的"心痛"与身体"疼痛"是异质的痛苦，但他认为理性的尊严是无条件的，幸福与痛苦却没有道德意义。[2] 而功利主义主张，理性必须顾及全面，尊严才能够真正地完

1　Michael Oakeshott, *Rationalism in Politics and Other Essays*, London: Methuen, 1962. p. 127.

2　这种阐释或许较接近思想史上的康德，却过于严苛，道德实践者必须如同"没有欲望和快感的义务自动机"，对此最深刻的批判参见：Friedrich Nietzsche, *Der Antichrist*, KSA 6, S. 177. 为了规避这种阐释，当今一些学者主张，康德哲学不要求道德动机完全出自（from）义务，而只需道德行为合乎（conforming with）义务，这就给欲望和幸福留出了空间，导出了对康德哲学的"准则功利主义阐释"。参见：Samuel Hollander, *Immanuel Kant and Utilitarian Ethics*, London & New York: Routledge, 2022.

整。生活世界的诸方面的诸价值理由不可通约，我们却须根据当下条件，在异质的诸幸福与痛苦间做出取舍，此即"二阶价值理性"。不计后果地奉行一种片面的理性只是疯狂，理性之尊严不寓于任何一种片面的理性中，而是寄于包括上述"二阶价值理性"在内的诸理性之整体。对此，康德却批判道：

> 当一个人只求人生愉悦，不问表象是知性的还是感性的，而只问它们在最长时间内能带来多少和多大的快乐。唯有那些否认纯粹理性无须预置某种感情就有能力决定意志的人，才会偏离他们自己的观点如此远，把他们先前归入同一原则下的东西，随后却解释成不同类的。[1]

这段话含有康德道德哲学中最不幸的谬误：他将价值体验与道德判断这两层理性混为一谈，未能意识到，"心痛"和"身痛"等价值体验原理各异，但这不妨碍从中权衡取舍的道德原理是统一的。价值体验的被给予，与诸价值体验间的选择，分属两个层面。康德的"纯粹"实践理性要求充分伸张某一原则，坚持理性的自明性："何种形式的准则适合普遍立法，何种不适合，哪怕最庸常的知性也无须指导即可分辨。"[2] 这种自明性唯有在只顾及历史的单一方面而不顾其余时才能达到。理性能够分辨源自理性的、肉身的和意识形态捏造的价

1　Immanuel Kant, *Critique of Practical Reason*, trans. Werner S. Pluhar. Indianapolis：Hackett Publishing, 2002. pp. 35‑36.

2　Kant, *Critique of Practical Reason*, p. 40.

值，每当面临取舍，康德就把人的理性禀赋及其尊严当作神圣的最高价值。例如当杀手询问友人的下落，他主张不顾友人死活，只顾及不能说谎；因为语言中的理性是人高于动物的部分，而求生欲"只不过"是人与动物的共性。义务论讲求"当下即是"，不顾念间接后果，绝无曲折迂回。义务论在历史世界中遭遇的困境，是无曲折的直言律令在曲折的历史情境中的痛苦。模态逻辑学家认为：一套道德律令，即便在现实世界中陷入道德困境，只要能在任一可能世界中尽数"可遵守"即是自洽的。[1] 这即是说，义务论仅在"一切可能世界中最好的那个"中能被完全遵守，而功利主义在哪怕最坏的世界中也能选择最不坏的行动，不存在"怎么做都是错"的道德困境，而这种困境常见于义务论。[2]

义务与幸福的现实矛盾，是历史世界不完美的结果。康德的实践理性是非历史的，他对功利主义的厌恶，本质上是对复杂的历史性的厌恶。历史永远不会纯粹，它是诸方面的诸力量的关联，历史中的实践理性必然涉及诸价值的权衡取舍。

相信一个善的世界可以由诸普遍准则并行不悖地**相加**而成，即是相信构成世界整体的诸方面是割裂的，这并非历史世界的真相。现代生活世界越是普遍关联，康德式的义务准则就越是偏狭而碎片化。因

1　Ruth Barcan Marcus, 'Moral Dilemmas and Consistency', in *The Journal of Philosophy*, Vol. 77, No. 3 (Mar., 1980), pp. 121‑136.

2　Bernard Williams, *Problems of the Self*, Cambridge: Cambridge University Press, 1999. pp. 166‑186. 玛莎·努斯鲍姆（Martha Nussbaum）在威廉姆斯逝世后的纪念文章《悲剧与正义》中，提到了他的这篇标题为《伦理一贯性》的文章，她的解读是，康德企图以理性消灭悲剧冲突，却无法真的做到这一点。然而这也反过来说明：与真正消灭了道德困境的功利主义对比，悲剧冲突内在于义务论。

守一隅之善并非碎片化的善，因为世界仍然会以其不情愿的方式结成整体，并可能将一隅之善转化为整体之恶。世界的整体关联是现实，碎片化的、只顾一隅之善的义务准则只存在于意识的自欺。

还须说明的是：功利主义的历史性不同于保守主义的历史性。保守主义认为，不仅今日的现状**是**源自过去的积累，就连善恶尺度与道德语言也**应当**因循守旧，后者是功利主义无论如何不能接受的。从功利考量的诸尺度可看出，这门哲学基于现在面向未来，保守主义却认为过去、现在、未来的人构成了共同体：

> 社会是一种伙伴关系，它关乎全部的科学、全部的艺术、全部的美德，是它们的精进完美。由于这种伙伴关系的目的无法不经由世代累积获得，它也就不仅是活着的人之间的，也存在于活着的、已死的和将要出生的人之间。[1]

然而功利主义不考虑过去之人的幸福，不承认"如果这样做，先人在九泉之下会痛苦"等理由。尸体除了供医学解剖等用途外不具备其他价值。[2] 顾及死者遗愿是旨在增强有死者（mortals）对其身后事的信心，让活着的人能够安心地工作和死去。在这方面功利主义与主

---

[1] Edmund Burke, *Reflections on the Revolution in France*, New Haven: Yale University Press, 2003. p. 82.

[2] 边沁在 21 岁时立下遗嘱，声明死后尸体供解剖研究，并在 1832 年逝世前修改遗嘱，要求将自己被解剖研究后的尸体陈列在一个柜子里，以激励后人为增进幸福而努力。作为伦敦大学学院的创立者，边沁的遗体至今仍在该校图书馆前。Schofield, *Utility and Democracy*, pp. 337 - 339.

张仅考虑**后人**的幸福立遗嘱的伊壁鸠鲁相近。[1]

2 幸福与痛苦的确定性

既然功利主义是一门历史实践理性，功利考量的尺度就必须考虑"确定性"。一方面，事件发生的**概率确定性**通过政治、经济等因素构成的历史因果之网，与"间接效用"和"涉及人数"这两个功利考量尺度相关；另一方面，对幸福与痛苦的**认知确定性**通过解释学、现象学和语言哲学，与人类共情他人体验的能力和意义的可理解性相关。

功利主义要考虑行为的"间接效用"，尽量兼顾历史因果之网的方方面面。然而越是间接的效应，其情境条件和中间环节越繁杂，确定性也越低。例如子弹射死两个人引发的身体痛苦完全确定；死者亲属的悲痛则确定性较低，例如哈布斯堡皇室并不为费迪南大公夫妇的死而悲伤；至于能否引发世界大战则更间接，确定性极低，枪杀发生后没有任何理由立刻预言战争。反过来说，历史归因和道德归责也须考虑当时可预见后果的确定性，将大战之苦痛归咎于萨拉热窝刺客是荒谬的。功利主义在做决策时须考虑概率因素，以当前资源实现直接效用的成功率即是"难易"，引起的间接痛苦的概率即是"风险"，例如在社会变革的历程中，除非对改良绝望，否则人们通常不会愿意革命，因为革命就算有清晰明确的直接目标，其过程的可计划性也明显

---

1 James Warren, *Facing Death：Epicurus and His Critics*, Oxford：Clarendon Press, 2004. pp. 153，181.

更小，间接效用的不确定性更大。

在功利考量的六个尺度中，"远近"即所谓时间偏好（time preference）：相同的快乐宁可现在享受而不愿推迟。[1] 理性的时间偏好可归为确定性因素：由于万事皆在变易中，越近的未来越确定。这即是为何尽管古代经济的增长率近乎为零，由于社会确定性低，其真实利率却普遍高于现代。然而时间偏好中的"及时行乐"是在高度不确定的、朝不保夕的自然环境中演化出的直觉，到了现代世界就成了需要克服的非理性心理。非理性的短暂幸福和痛苦也可纳入功利考量，却须考虑更长远的间接效用。效用的"远近"区别有多种情况，有时是"缓急"之别，有时甚至会是"理念与事件"之别，本书将逐一讨论。

当某种幸福或痛苦不仅在此情境下是确定的，还能免受其他因素影响，具备超历史的确定性时，功利主义就说这种体验具备内在价值（intrinsic value）。身体伤痛即是其中一种，其确定性源自归因上的单一。精神上的幸福与痛苦也有确定性，例如人在被赞美时会高兴，被辱骂时会不快，其强度却取决于此人看重他人评价的程度。因此**某些**精神上的痛苦与幸福也有内在价值，其程度却受多种因素影响。何种价值是内在的，何种价值不是，这个区分不仅关乎效用的确定性，更会影响社会建构的优先顺序。内在价值是必须考量的，非内在价值引

---

1 Irving Fisher, *The Theory of Interest: As Determined by Impatience to Spend Income and Opportunity to Invest it.* New York: The Macmillan Company, 1930. pp. 61–67. 对此理论的人类行为学表述参见 Ludwig von Mises, *Human Action: A Treatise on Economics*, San Francisco: Fox & Wilkes, 1996. pp. 479–523。

发的问题则是可以消除或避开的。

对于因意义产生的心灵的幸福与痛苦而言，它越是基于人类共同的生活形式，越能被自然理解，其确定性就越高：例如"不诚实"的贬义就比"不信神"更确定，后者在某些人听来并非贬义，只有在教徒听来，两者之中何者贬义更强才不确定。确定性之标准排除了宗教世界观中死后的幸福和痛苦，因为死后世界毫无确定性可言。倘若某种私人体验对他人完全陌生，功利考量就会失效。极端的例子是精神错乱的断言："我感到我有两个头"，"我感到我是一棵草"。我们无法依据这些无意义断言衡量其幸福和痛苦，只能根据与之相伴的表情来判断。"痛苦"一词的语用，归根结底基于对哭泣等痛苦行为（pain-behaviour）的自然理解；[1] 就连怀疑他人通过伪装行为来伪装痛苦，也已经承认了寄于痛苦行为中的无法怀疑的确定意义。在解释学中，"生命展现（Lebensäusserungen）"是人际间相互理解的基础。[2]

功利考量的"确定性"标准意味着偏重普遍可理解的价值而非殊别的意识形态。犹太人和基督徒吃同样的食物，能被同样的武器和毒药伤害，冬天同样会冷，夏天同样会热，这些幸福和痛苦的确定性高，而宗教赋予的意义则确定性低。意义的解释皆依赖对共同的生活形式的自然理解，否则将沦为私人语言，无法被理解。每一次使用意识形态话语也即肯定它，即便暂时合乎功利，长远后果也不可控；哪怕只一次性地采用或破坏某种原则，也意味着会在将来继续执行类似

1　Wittgenstein, *Philosophical Investigations*, §244.
2　威廉·狄尔泰：《精神科学中历史世界的建构》，安延明译。北京：中国人民大学出版社，2011年。第188—190页。

行为，然而意识形态语义依附于历史想象，历史变迁会延伸其意义，情势变化会扭转其善恶，功利属性极不确定。因此，边沁主张的"确定性"标准中，应当包含后期维特根斯坦（Ludwig Wittgenstein）所讨论的意义确定性。那种将效用确定性仅等同于行为后果的发生概率的实证主义是幼稚的，它基于那种将历史仅等同于事件史的错误历史观，忽略了历史中的意义变迁。确定性不仅包含概率因素，它还关乎语义确定性的高低。

卡尔·波普尔（Karl Popper）认为痛苦较少受趣味（taste）影响，幸福却多取决于个人趣味，[1] 因此痛苦相比幸福确定性更高，由是他主张消极功利主义（negative utilitarianism），让避免痛苦优先于增加幸福。这与其证伪主义科学哲学相一致：我们只能逐个排除谬误，不能直接认识真理。然而该原则若彻底推演，就意味着叔本华式的消极生存态度：否定任何积极的幸福，将幸福强行解释为痛苦之缺席。[2] 这样的人会躲避恋爱，因为爱情中有痛苦；他们会崇拜金钱，因为钱买不到幸福却能避免痛苦。钱之所以能避免痛苦，是因为钱是一种社会组织技术；人们凭借技术消除痛苦，却只能以生活的艺术追求幸福。只求消除痛苦的世界极端贫乏，而贫乏造成的痛苦是巨大的。在真正幸福的人眼中，伴随的痛苦在体验上都很渺小；而在没有幸福和希望的人的体验中，同样的小痛会被放大到不堪忍受。痛苦通

1　Karl Popper, *The Open Society and its Enemies*：*Vol. 1*, *The Spell of Plato*, London & New York：Routledge, 2012. p. 548.

2　Arthur Schopenhauer, *The World as Will and Representation*, *Vol. 1*, trans. Judith Norman, Alistair Welchman, Christopher Janaway. Cambridge：Cambridge University Press, 2010. pp. 345 - 346.

常比幸福更易确定，只是因为单一因素故障即可导致痛苦，诸多因素完好方可能幸福，幸福的条件远比痛苦更复杂。波普尔主张减免痛苦优先于增加幸福的理由，仍会还原至边沁提出的功利考量的"确定性"尺度。幸福之道充满说不尽的偶然，而"确定性"更多地与痛苦打交道。人类通过塑造确定性只能造出幸福的必要不充分条件，比不上确定地免除或制造痛苦的能力；通过强求确定性来强求幸福，常会毁掉其他较不确定的幸福的可能性，反而造就确定的痛苦。正因为此，越是在确定性高的基本保障需求上，社会福利制度就越合理；越是关乎不确定的、各异的个体需求，福利再分配就越不合理。[1]

"确定性"在工程学中极为重要，消极功利主义其实是功利主义在波普尔所谓的零碎社会工程（piecemeal social engineering）中的应用，是一种政治实践而非人生指南。然而政治实践不一定是工程学的，一次改进一个方面的"费边式"渐进方法并非万灵药，萨缪尔·亨廷顿（Samuel Huntington）指出有时迅猛的"闪电战"改革反而更好，且由于改革通常注定要让一部分人痛苦，却无法保证一定能让另一部分人幸福，[2] 波普尔的消极功利主义容易导致过度的保守。然而与此同时，常人对幸福的想象多是保守的（默会直觉的），对免于痛苦的诉求则是进步的（分析理性的），一味强调避免痛苦优先于追求幸福，又容易导致过度的激进。

1 Robert E. Goodin, *Reasons for Welfare: The Political Theory of the Welfare State*, Princeton: Princeton University Press, 1988. pp. 318 - 319.

2 Samuel P. Huntington, *Political Order in Changing Societies*, New Haven: Yale University Press, 1996. pp. 344 - 356.

限制功利考量的确定性的另一因素，是人类对他人体验的认知精确度。我们必须能够大致认识他人的幸福和痛苦，否则就无法知道主观善意的客观效用，边沁所谓"一切动机中最符合功利原则"的首善，即善良意志（good-will）[1] 也无法实践。人类不需要绝对的确定性来克服怀疑论。赤道居民无须亲身体验西伯利亚的严冬，通过阅读也能知道流放地的艰苦。若有人从小到大从未饿过，便无法想象饥饿之苦，但这种可能性十分微小，再富贵的人也有饿的时候。无论用刀叉者、用筷子者还是茹毛饮血者的饥饿感，都是同一种空腹乏力感，这是"饿"之词义能够跨越民族、阶级和时代被自然理解的基础。人类甚至能推想其他有知觉和摄入的物种必有饥饿之苦，因为"饿"是演化史的必然产物。男人无法想象生孩子的痛苦，但女人可以告诉男人这比切手掌更痛，只要我们承认每个人切手掌都差不多痛。

功利主义承认幻觉的快乐与痛苦。严格地说，任何知觉，哪怕对颜色与形状的认知都掺有幻觉，幻觉不是仅存于视觉幻觉图中的奇怪特例，那只是普遍存在的认知建构作用的冰山一角。[2] 不存在"纯真之眼"。最简单的例子是，世界上没有完美的圆形物，我们却能"看"

---

1 Bentham, *An Introduction to the Principles of Morals and legislation*, p. 121. 同时代的康德也强调意志："不可能想象在这世界上，或甚至这个世界之外，还有什么是无条件的善——除了善良意志之外。" Immanuel Kant, *Grounding for the Metaphysics of Morals with On a Supposed Right to Lie Because of Philanthropic Concerns*, trans. James W. Ellington. Indianapolis: Hackett Publishing, 1993. p. 7. 尽管二者的"善良意志"意义不同，功利主义的善良意志即是意愿某个对象幸福，它等同于德性伦理学中的仁爱。

2 Alva Nöe, *Action in Perception*. Cambridge, MA: The MIT Press, 2004.

到"圆"。透视法也是一种幻觉，艺术与幻觉的关系密不可分，[1] 例如音乐体验完全基于音符在时间中滞留的幻觉。边沁并不看重艺术，却也不拒绝将其纳入功利考量。[2] 他批判宗教，却未拒斥《圣母颂》《莫扎特安魂曲》带给人的愉悦。因为音乐的价值独立于主题，听不懂拉丁文歌词其至对宗教一无所知者也能体验它。[3] 幻觉（illusion）不必是偏见，它是可交流的直觉，或直觉中可有效交流的部分，属于我们**共在**的生活世界。然而错觉（delusion）之不同在于它是私人的，无法交流。[4] 体验没有主体间性就没有意义确定性，幻觉有意义确定性而错觉没有。面对一个自称曾经游历过地狱的人，功利主义只承认其面部表情呈现的**此刻**痛苦；他用语言描绘的火海或冰狱，则被当作错觉忽略了，我们不承认他在过去某段时间内曾体验过这些痛苦。

功利主义对任何基于非理性幻想的道德学说的批判，都可归为对其缺乏确定性的批判。在众多学说中，唯有苦行主义宣称与功利主义彻底相反。然而边沁认为"对功利原则的反驳皆不可能彻底"，[5] "苦

---

1 E. H. Gombrich, *Art and Illusion: A Study in the Psychology of Pictorial Representation*. London: Phaidon Press, 1961.

2 Jeremy Bentham, *The Rationale of Reward*, London: John & Hunt, 1825. p. 206.

3 现代哲学的诸门类之间往往遥相呼应。功利主义必须坚持一种 18 世纪以来的主张，即音乐的本质无关宗教或文化，只表达了内时间意识的秩序感。它强调音乐的纯粹性，将其从社群中剥离出来。卡尔·达尔豪斯：《绝对音乐观念》，刘丹霓译。上海：华东师范大学出版社，2018 年。

4 John Austin, *Sense and Sensibilia*, Oxford: Oxford University Press, 1962. pp. 23 - 24. 现代哲学无须如米歇尔·福柯批判的那样给疯癫附加上"罪恶"或"疾病"的社会意义，而只会如维特根斯坦那样将疯言疯语判定为无意义，理解止步于此。寂静主义（quietism）态度中内含对意识形态的批判态度。

5 Bentham, *An Introduction to the Principles of Morals and Legislation*, p. 4.

行主义通过对快乐的幻想克服较小痛苦，因此它源自对功利原则的误用"，[1] 并认为苦行主义无法被贯彻：苦行者在其一生的大多时间内同样"趋福避苦"。苦行主义是"道德家"为"骄傲和荣誉"的自我满足，或"宗教狂"对"易怒而善妒的神"的迷信恐惧，[2] 在幻想中追求或躲避某些毫无确定性的幸福与痛苦。这即是说：苦行僧在他自己的世界观内其实也是功利的，他们认为苦行能得来彼岸的"大幸福"，大于现世苦行之苦，才造出彼岸来反对生活世界。因此边沁说苦行主义是对功利原则的误用，这预设了世俗世界观，最终基于对人的有限的认识能力和语言能力的批判。[3] 边沁的宗教批判是启蒙主义的，在事实层面拒绝不可知、不确定的幻想。[4]

启蒙其实要求认识论、语言哲学等理论哲学的优先权，它们限制着实践所基于的世界观和语言；如果撤去这些理论限制，一切荒谬的实践皆有可能。启蒙原则其实比后世仅将其理解为"政治思想"的想象更严苛，尽管任何哲学原则都必须为政治和平与稳定做出些许妥协，这亦是因为和平与稳定有巨大的**效用**。

然而，边沁将"苦行主义"规定为以确定的痛苦获得幻想中的满足，那么凡是为了文化偏见中的幸福牺牲普遍可理解的幸福，原则上

---

1 Bentham, *An Introduction to the Principles of Morals and Legislation*, p. 12.

2 Bentham, *An Introduction to the Principles of Morals and Legislation*, p. 10.

3 康德对此的批判与维特根斯坦的反私人语言论证异曲同工。Immanuel Kant, *Dream of a Spirit-Seer*, trans. Emanuel F. Goerwitz. London: Swan Sonnenschein & CO., LIM., 1900. p. 74.

4 Philip Beauchamp, *Analysis of the Influence of Natural Religion on the Temporal Happiness of Mankind*, London: Carlile, 1822. pp. 4 - 5. 作者 Philip Beauchamp 即边沁，这是他为躲避迫害而用的化名。

都无法区分于苦行主义。功利主义批判苦行的前提，是苦行之苦大于从幻想中收获的满足。如果虔信者付出了可被普遍理解的痛苦，换来了只有信徒才能体验的更大的精神狂喜，又当如何呢？

在现代哲学看来，宗教不再被信以为真，"罪""堕落""拯救"等词汇仅于某些文化之内有意义，其历史想象千差万别，确定性低，多含偏见，可能非理性地影响政治，功利主义不承认它们是道德词汇。"幸福"和"痛苦"是仅有的道德判断词，它们不描述具体的价值体验，而是权衡异质的诸价值的标准。然而意识形态也会影响体验：当宗教徒谈论灵魂的"堕落"和"拯救"，尽管功利主义者不会当真将"堕落"理解为无量痛苦，也不会将"拯救"等同于无量幸福，教徒悲恸或狂喜的神情却仍昭示着某种程度的苦与乐。功利主义者虽批判宗教，却仍能通过表情，直观到伴随宗教而生的情绪；我们无法割裂二者，这就给功利考量带来了困难。

3 功利主义不是物质主义

边沁很容易易被与功利主义的前身之一爱尔维修（Helvetius）相混淆，这种误解会引发许多虚假的疑难。例如查尔斯·泰勒（Charles Taylor）在《自我的根源》中用一整章内容论述了"对日常生活的肯定"这一近代社会文化史上的重大转折，[1] 认为功利主义正

---

1 Charles Taylor, *Sources of the Self*, Cambridge, MA: Harvard University Press, 1989. pp. 211 – 304.

是其结果，并将爱尔维修与边沁相等同。[1]

然而，泰勒的观点只是借思想史谈哲学的粗糙之论。爱尔维修的人性观与边沁有两大不同：首先，爱尔维修认为人的一切官能，甚至包括回忆和判断，皆可还原为"肉身感受性（physical sensibility）"[2]。边沁没有赞同或反对过这种物理还原论，他不关心这个问题。其次，爱尔维修认为回忆能被还原为身体的物理运动，而教育与环境通过记忆塑造人性，精神必定能随附于物质载体被塑造成任何样子。于是，说到不完美的现实，则诸多恶习皆是环境的过错；说到美好的可能性，则完美的教育和环境必能令人性完美。在被归为功利主义者的思想家中，只有戈德温（William Godwin）的观点与之相似，其他人都不赞同这种空想的乐观，更未打算将其投入政治实践。很多批判者将功利主义混同于爱尔维修的至善论，但其实功利主义只判断道德**程度**，不求完美至善。本节只反驳物理还原论造成的误解。

这种误解认为"功利主义是动物性的，康德主义是人性的"[3]，它甚至迎合了某些功利主义者的自我想象：功利主义支持动物福利，对待人类与动物的标准不在于其是否有理性，而在于能否感知痛苦。其次，相较意识和语言中可能存在的作伪和自欺，肉身的痛感和快感在功利考量中更确定。伯纳德·威廉姆斯（Bernard Williams）指出："我以肉体疼痛作为简单性（和不出于任何执念）的典范，它受性格

1　Taylor, *Sources of the Self*, p. 328.

2　Helvetius, *A Treatise on Man, his Intellectual Faculties and his Education*. trans. W. Hooper, London: 1777. p. 116.

3　Robert Nozick, *Anarchy, State and Utopia*, Oxford: Blackwell, 1999. p. 41.

和信念的影响绝对是最小的。我的性格或信念中的任何程度的变化，看来都不能显著影响我对我将受的折磨的厌恶。"[1] 然而，说任何一种哲学是"动物性"的，即是说它忽视了人的存在论构造。尽管肉体疼痛的程度非常确定，但是幸福和痛苦却不止这一种。同样的肉身痛苦，受苦者是否相信它有意义，或付出的痛苦是否"值得"，当然会影响生命的总体痛苦程度。

然而物理还原论却认为，生命的意义体验与肉身疼痛没有区别。罗伯特·诺齐克（Robert Nozick）曾以"快乐体验机"的思想实验批判功利主义：假设一个神经心理学家能物理地操纵某个缸中之脑的思想内容，以物理方法制造出读书、交朋友、创作一部小说等内在体验，且缸中之脑不知道自己在缸中。诺齐克认为，功利主义会主张去做一个快乐体验机中的大脑，而人之所以不愿进入快乐体验机，是因为"我们意愿做某事，而非拥有做某事的体验"。[2] 因此对"真"的渴望是人性中无法泯灭的固有欲望，比快乐更重要。

我将设计一个相近的思想实验，用控制变量的方法展示"快乐感受机"究竟为何令人不安。这个思想试验仍预设"世界是被更高存在支配的幻象"，却放弃物理还原论。试想：我们的生活被神意预定，每个人选择出生，即是进入一个神创造出的表象世界，人生如戏，"如梦幻泡影"。在此情况下，我们却不会对此感到不安，是因为神话世界观不是机械论的，支配我们体验的不是冰冷的机器或疯狂的科学

1　Williams, *Problems of the Self*, p. 54.

2　Nozick, *Anarchy, State and Utopia*, pp.42 - 43.

家，而是神意或命运。

"快乐体验机"的构想产生于物理还原主义一度盛行的时代，这是它令人恐惧的原因。这一思想实验本身的谬误，在于将人和草履虫的"幸福"视作同质的。单细胞生物在满足了趋光性时会"幸福"吗？说这也是幸福会非常别扭。单独一个神经细胞无法"体验"幸福。人的神经颤动能产生快乐或痛苦，是因为人有意识。心灵哲学中关于意识是否随附（supervene）于物质的争论只是世界观层面的，即便物理主义在本体论层面正确，在世界观上意识随附于物质，意识也不可能还原为技术对象。[1] 即便在最低级的感性中也有意识活动，没有"心灵"的"身体"也不再是身体，而只是物体。诺齐克将功利主义误解为"动物性"的，认为它会让人堕落为草履虫。然而并不存在某种无语言的"自然"欲望或"肉身感受性"，读书、交友、创作小说的快乐与神经物理刺激是异质的。物理还原主义的快乐体验机本身是不可能的。

现实中真正可能的是：如果一种神经药物能让你极度兴奋或舒适，你是否愿意沉溺其中？这个诱惑已远不如诺齐克幻想的那个强大到足以虚拟出另一个世界，制造出"读书、交友、创作伟大的小说"等富含**意义**体验的物理机器。即便对于无副作用的完美药物，功利主义仍会忌惮于它是否会抑制人的创造性，用短暂的享乐取代长远的、具有间接社会效益的幸福；但对于身心条件已经极为不幸的人，它确

---

[1] 参见拙著《大地上的尺规——历史、科学与艺术的现代哲学剖析》，上海：上海文艺出版社，2021年。其中第二篇文章《机器能思想吗?》详细讨论了这个问题。

实是舒缓痛苦的方法。

人性中有某些固有欲望，例如有语言的动物爱"真"，即便说假话时也预设了"真"，否则说谎也将不可能。再例如，亚里士多德说"求知是人之本性"，人有延伸和超越自身有限视域的倾向。当生活变得丰富，观念变得繁杂，便有了用逻辑理顺诸事之间关系的渴望，对自洽的渴望既是对生命整体性的渴望，也是对心灵的舒展状态的渴望。求真、求知、求自洽等欲望能否满足，极大地影响了有理性的存在者的幸福。功利主义虽不承认它们的绝对优先权，却承认其固有的内在价值。求真的欲望不仅厌恶子虚乌有的"快乐感受机"，也厌恶一切虚假意识，下一节中我将介绍功利主义的意识形态批判。

接下来，我还要反驳另一种物质主义，即认为幸福会随着物质条件改善而一直增长。在衡量物质条件带来的幸福时，我们要用价值现象学对诸生活形式的分析，取代这种幼稚的乐观，并区别"生活水平"的种种社会经济指标和最终体现为主观幸福度的"生命质量"。[1]幸福关乎的不是技术的精巧或强大，而是技术所塑造的生活形式。最极端的例子是，那些幻想中极大地改变生活世界的技术，例如长生不老或时间旅行，也无法真正为人确知是幸福还是不幸。问题不在于这些不可思议的力量能否带来一个快乐的世界，而在于那根本不是此在的生活世界，它们已经根本上改写了人类欲望的某些基础条件。

功利主义站在行动者的历史当下筹划未来，不存在一个永生的历

---

1 Avner Offer (ed.), *In Pursuit of the Quality of Life*, Oxford: Clarendon Press, 1996, pp. 18 – 45.

史之神在体验与决策，历史中的所有体验与实践都是个人的。人的欲望也受环境塑造，这在代际更替中尤为明显。我们无法证明今人是否真的比工业革命前的古人更幸福，却可以肯定：在工业革命的前夜，抵制工业化只会更痛苦，因为这意味着强行斩断未来的希望。技术的效用并不在于让今人比古人更幸福，而是让新技术在被习惯之前令人幸福；习惯了技术之后，这种幸福就消失了，且再回到缺乏它的状态就会痛苦。每一代人都会认为物质因素限制了幸福，他们毕生努力实现的物质条件又会被子女辈视作与生俱来的平凡事物；守旧者也会厌恶新科技带来的变化，例如习惯了印刷文化的人会认为电视机是反智的、互联网是碎片化的。诸物是令人快乐还是不快取决于比较：当现实令人悲观时，我们将它与乐观的预期比较；当新事物出现时，我们将其与过去熟悉的经验比较。对诸物的比较会调节它们的价值，但不会更改它们之间的排序。随着新的参照物出现，原本正价值的事物可能变成负价值，反之亦有可能。人类有一种防止悲喜过度的心理机制，它倾向于维持恒定的幸福基准点（happiness set point），使得任何因境遇变化导致的幸福度增减都是短暂的，这即是享乐适应性（hedonic adaptation）。[1] 它在某些文化中体现为对幸福易逝的觉悟，在另一些文化中体现为厌倦意识。

　　我们对可能性的认知极大地影响了现实的意义与体验，可能性是现实赖以被理解的背景。幸福取决于我们视何种幸福为可能的，何种

1　Shane Fredrick & George Loewenstein, 'Hedonic Adaptation' in *Well-Being: Foundations of Hedonic Psychology*, New York: Russell Sage Foundation, 1999.

幸福是理所应当的。在纵向的时间中，进步即是可能性的不断实现和前越，它不仅是当下的享受，更关乎未来的希望；在横向的空间中，物质带来的幸福受到与他人物质条件的比较的影响，他人被理解为自我的可能性。然而当人们习惯了"不断进步"的历史预期，仅仅停滞或放缓也会带来痛苦，这是享乐适应性的弊端。如果要问：何物最能带来进步之快乐？不妨看一看当新媒介诞生时，人们会用它记录什么。卢米埃尔兄弟的《工厂大门》《火车进站》展示的就是现代世界激动人心的工业生活。但若将来有一天，技术进步放缓，人们会问：何为永恒的幸福？不妨想一想，人类愿意以何种面目与外星人交流，例如飞向深空的旅行者一号（Voyager 1）上的那些照片：哺乳的人，教书的人，砌房子的人。这两类幸福及其基于的生活形式，在功利主义的天平上是平等的。

即便庸俗物质主义也只能是"欲做猪而不得"的幻想，不可能真正沦为"猪的哲学"。用维特根斯坦的术语说，物质关乎人的生活形式，生活形式总是有意义的、有语言的，而不仅是神经刺激。物质生产及享受的历史与心智习惯的历史紧密相连。在心智史方面，我们也无法知道现代人和古代人何者更幸福，或荷马的神话世界观中的人与熟知科学与逻辑的现代人谁更幸福。古今之争是一个没有答案的假问题。真正的问题是我们已经是现代人，倘若回到古代社会一定会痛苦。个人生命与世界历史中，很多从 A 到 B 的关键变化一旦完成，就再无法通过重体验（nacherleben）寻回"前史"，只剩下一厢情愿的历史想象；且这样的变化往往是单行道，是无法从 B 回到 A 的。

4 功利主义的偏见批判

作为"哲学基进主义"[1] 的代表，边沁并未指责宗教一贯地违背功利原则。相反，他认为一贯地违反功利原则是不可能的，宗教在多数情况下与功利原则殊途同归，却偶尔偏执地违背它，此时再谈"仁爱的神"就违背了"仁爱"这个词唯一有意义的用法，因而是虚伪的。1780 年代的边沁就像彼时许多思想家一样，对消除偏见的趋势十分乐观："幸运的是，宗教的命令似乎每天都与功利的命令更加趋同相合。"尽管他也为人们的顽固而懊恼："为了不与他们的宗教决裂，他们尽量（有时很激烈地）将其信条拼凑并装饰起来。"[2]

任何宗教都面临一个两难：假如神意过于具体，它将沦为僵硬的教条与偏见；假如为避免偏见，将神意推向抽象的极端，就不存在具体的准则，这在实践上已与无神论无异。思想史上确有一些思想家，出于各自的原因或意图，声称功利原则虽与教条冲突，却符合"仁爱的神"的意志。

首先，萌芽中的功利主义与宗教和自然法的关系，比边沁将这门哲学清晰化后更融洽。康博兰主教（Richard Cumberland）于 1672 年

---

1 Élie Halévy, *The Growth of Philosophic Radicalism*, trans. Mary Morris. London: Faber, 1934. 由于功利主义理论的基础性，此处将 radical 译为"基进"较妥。该词的词根有"根基"之意。"基进"须深挖原理，而"激进"只是主张或态度激烈，却仍可能是未经反思的偏见，甚至和保守主义或宗教基于同一心智。那些最宏大而激进的主张，往往在细节上充满对人性最原始的误解。本书将一贯地坚持区分这两个汉语词汇。

2 Bentham, *An Introduction to the Principles of Morals and Legislation*, pp. 126 – 127.

写道："为自然法下定义……依照万物的自然本性和源自第一因的意志，增进诸多个人的总幸福。"[1] 让-雅克·布拉马基（Jean-Jacques Burlamaqui）将自然法奠基于追求幸福之天性或"原始义务"。[2] 功利主义最早的系统表达出自苏格兰启蒙思想家弗朗西斯·哈奇森（Francis Hutcheson），[3] 此后约翰·盖伊（John Gay）、约翰·布朗（John Brown）、索姆·杰宁斯（Soame Jenyns）、埃德蒙·劳（Edmund Law）、亚伯拉罕·塔克（Abraham Tucker）、约瑟夫·普里斯特利（Joseph Priestley）等 18 世纪思想家和神学家多有类似观点。[4] 自然神论牧师威廉·佩利（William Paley）于 1785 年写道：

> 在一切行动中，凭借自然理性遵循上帝意志的方法即是探究"该行为倾向于增加还是减少普遍幸福"。这一规则基于上帝意愿其造物们幸福之前设；因而，那些推进这一意愿的行动必受上帝的赞许，反之则相反。
>
> 此条假设是我们整个体系的基础，有必要阐明它所基于的理由。[5]

---

1 Richard Cumberland, *A Treatise of the Laws of Nature*. Indianapolis: Liberty Fund, Inc. , 2005. pp. 495 - 496.

2 Jean-Jacques Burlamaqui, *The Principles of Natural and Politic Law*, trans. Thomas Nugent, Indianapolis: Liberty Fund, Inc. , 2006. pp. 67 - 69.

3 Francis Hutcheson, *An Inquiry into the Original of Our Ideas of Beauty and Virtue*, (London, 1725) pp. 163 - 164.

4 James, E. Crimmins, *Utilitarians and Religion*, Bristol: Thoemmes Press, 1998. p. 3.

5 William Paley, *The Principles of Moral and Political Philosophy*, Boston: N. H. Whitaker, 1832. p. 58.

经过一番神学论证后，佩利总结道："上帝意愿其造物们幸福。"[1] 类似说法常见于功利主义的早期先驱。

另一些思想家主张神意与功利原则的合一，则是为了躲避迫害。例如贝卡利亚（Cesare Beccaria）在《论犯罪与刑罚》中主张立法的道德目的是"最大多数人分享最大幸福"[2]，此书出版后他险遭迫害，为求自保，于是他在第二版序言中也添上了几页纸强调"神明、自然、政治……绝不应当相互对立"，于是神的意志被解释成了世俗幸福，与之矛盾的宗教必是"虚伪的宗教"。[3] 启蒙思想家们常用这些说辞来躲避迫害：既然理性和信仰并不矛盾，而信仰对象又超越人类的认识能力，那么运用理性就是服从"真正的信仰"。

主张神意与功利原则相合的第三种动机，发生于工业革命后、传统价值秩序受到威胁之际，强调较"高级"的精神幸福的功利主义者密尔（John Stuart Mill）再次主张"仁爱的神"。[4] 这样的"神"是抽象的，在道德实践中看似多余，却赋予了功利主义以信仰意义，这种主张与其说是实践哲学上的，不如说是心理上的。

上述三类以"仁爱的神"调和功利主义与宗教的主张，其一是由于功利主义尚未清晰，其二是为了躲避宗教迫害，其三是应对社会剧变的修辞。三者都没有哲学意义，只有思想史意义。接下来我们讨论

---

1 Paley, *The Principles of Moral and Political Philosophy*. p. 60. 对神创论版的功利主义理论企图构成讽刺的是：百年后赫伯特·斯宾塞（Herbert Spencer）欲以达尔文主义为功利主义"奠基"。如果说神创论是一种画蛇添足，达尔文主义就是一种谬误：适应性与幸福之间没有必然关系，适应环境、擅长竞争的机制完全可能更痛苦。

2 贝卡利亚：《论犯罪与刑罚》，黄风译。北京：中国法制出版社，2002 年。第 6 页。

3 贝卡利亚：《论犯罪与刑罚》，第 2—5 页，第 135—137 页。

4 Mill, *Utilitarianism and On Liberty*, p. 198.

功利主义在宗教批判方面与启蒙哲学的联系与差异。

霍布斯认为宗教源于"规避所恐惧的祸害，追求所欲望的幸福"[1]之需要，用来抚慰古人对未知自然的恐惧；然而当自然界日渐驯服，宗教本身却成为恐惧之源。边沁指出，宗教价值观中内含"趋福避苦"的前见，却以悖谬的方式实践它。更糟糕的是基于非理性恐惧的专断权力。[2] 信仰可以解释和缓解不幸，有精神麻醉剂的直接效用，其间接效用却是带来精神麻痹，延长了现实痛苦，故"宗教是人民的鸦片"。

现代哲学将启蒙对宗教的批判一般化，成为对一切意识形态的批判。伽达默尔（Hans-Georg Gadamer）认为消除一切意识形态偏见是不可能的："启蒙时代的总要求即克服一切偏见，本身被证明为一种偏见。"[3] 他在此处并未区分偏见与前见，然而只要区分了二者，消除偏见并澄清前见就是可能的。例如我们赖以生活的隐喻潜在于语言中，一待澄清，其中一些隐喻仍可被普遍理解，另一些却是某种特殊的政治文化的产物。[4] 澄清前见有助于理解事情的意义基础，澄清偏见却揭露其荒谬性或片面性，并将其中可普遍理解的部分，与无法言说的私人体验相区分。例如物理宇宙的秩序是可言说的，但这秩序

---

1 Thomas Hobbes, *Leviathan*, London: Everyman's Library, 1976. p. 54.

2 Hobbes, *Leviathan*, pp. 58–59.

3 Hans-Georg Gadamer, *Truth and Method*, trans. Joel Weinsheimer & Donald Marshall. London & New York: Continuum, 2004. p. 277.

4 可普遍理解的隐喻的大量例子参见：G. Lakoff, & M. Johnson, *Metaphors We Live By*. Chicago: The University of Chicago Press, 1980. 意识形态化的隐喻仅举两例："国家首脑"和"人民公仆"指称相同但意义相反。在马基雅维利的时代不可能有"公仆"之概念，它要到腓特烈二世所在的启蒙时代才可能出现。

感"背后"的神秘不可言说，当我们对它保持沉默，意识形态就死去了。伽达默尔不区分偏见与前见，也就拒绝了以普遍性为范式的道德哲学，[1] 只将实践理性视作情境化的解释环节。相反，边沁认为"最大多数人的最大幸福"是日用而不知的道德原则，这意味着功利原理这一前见比伽达默尔所想的更坚固，它不是解释学的产物，而是建构生活世界的固有前见之一。这不仅体现于大量的常识道德可被理解为"无意识的功利主义"[2]，更体现于功利主义批判常识道德的困扰无法化解，常识道德反对功利主义的困扰却是可化解的（本书将在诸多例证中以多种方法化解它）。启蒙主义要求的普遍可理解性，最终奠基于对人类共同的生活形式的自然理解，这绝非一种偏见。[3]

　　然而，行为功利主义是历史中的实践理性，因此必须承认：消除偏见需要时间，而时间是稀缺的。即便每一个偏见都可消除，"消除一切偏见"在工程量上也绝无可能实现。若将批判偏见视作普遍适用的道德准则或"义务"，就意味着哪怕某种偏见暂时利大于弊，也必须优先批判。功利原则反对僵化的义务，就连功利考量行为亦非道德准则：在许多情况下功利计算本身成本过高，有损效用。更何况，意识形态信徒也能在被训练成的话语意义中获得幸福，因此对功利主义有两种可能的理解：

　　其一是启蒙主义版本，认为意识形态不应当构成价值理由。功利

1　Gadamer, *Truth and Method*, pp. 320 - 321.

2　Henry Sidgwick, *The Methods of Ethics*, London: Macmillan, 1962. pp. 420 - 454.

3　参见拙著《大地上的尺规》。其中第一篇文章《时间的一千道河床》详细讨论了这个问题。

主义是权衡取舍诸价值的尺度，而意识形态偏见导致价值直觉比例失调，造成相对主义，横生冲突和道德取舍的两难。然而批判偏见并非在一切历史条件下都增加幸福。主张在一切情境下优先批判偏见，这本身是一种源自启蒙主义的义务论。

其二是实用主义版本，承认在某些情境下偏见也可能增加幸福。"功利主义试图把义务优先的信念（conviction）视作社会中的有用幻象（illusion）。"[1] 实用主义的灵活变通是以相对主义为代价的，其道德态度可理解为一种"软心肠的"或不彻底的功利主义。[2]

边沁的大多数文本皆持启蒙主义立场：

> 从未有过哪怕一个尚有呼吸的人类，无论他是多么愚蠢或刚愎，没有在一生中的绝大多数场合遵从功利原理。人类的自然构成决定了人们在一生中的绝大多数场合都会拥护这个原理，却不去思考它。即使不为规范自身的行为，也是为了评价自身和他人的行动。同时，决意毫无保留地奉行它的人却不多，即便在最富才智者中也是如此。至于从未曾在这

1　John Rawls, *A Theory of Justice*, Cambridge, MA: Harvard University Press, 1999. p. 25.

2　实用主义对功利主义的态度矛盾。威廉·詹姆士认为既然"满足需求"即是善，且不可能同时满足所有需求，那么"伦理哲学的指导原则即是满足尽可能多的需求"，却又批评功利主义忽视某些心理直觉。William James, 'The Moral Philosopher and the Moral Life', in *International Journal of Ethics*, Vol. 1, No. 3. April, 1891, pp. 332 - 333, 346. 另外，实用主义认为宗教回应了人类渴望幸福的心理需要，而功利主义批判宗教的态度较严格。威廉·詹姆士：《宗教经验之种种》，唐钺译。北京：商务印书馆，2002年。第76页。

样或那样的场合与之争辩者则更少，这是由于他们不懂得如何运用它，抑或害怕以此检验他们不愿放弃的些许偏见。[1]

边沁认为功利原则是"日用而不知"的，该观点的重要性在于阐明了功利考量与价值直觉的关系：我们前反思的直觉，其实已经不自觉地**混融**了对幸福与痛苦的比较。我们不是先有诸价值感受质（qualia），再将其相互比较，而是比较的环节即已渗入和塑造了价值体验。直觉是前反思的，却不是前功利的；功利考量不仅仅是追加在既有价值体验上的一个**后思框架**，它还是内嵌于直觉判断的**意识构造**的一部分。人们会偏离这种日用而不知的原则，则是因为人类的直觉中还有其他部分。

然而日用而不知的原则一旦被**揭示**，自觉的意识就会要求**推广**它。启蒙主义尤其坚持诸原则的无矛盾性，较"复杂"的文化不得与较"基础"的生活形式相悖，就像一幢大厦不能反对自己的地基。

边沁是一个强硬的启蒙主义者，却也会就历史现状做出策略性的妥协。他认为对杀人等身体伤害行为的惩罚，几乎无须更改即可照搬更先进的法律；[2] 然而对辱骂、酗酒等行为的惩罚，则应当顾及当地的宗教文化或自然气候，在这些方面俄国的法律不可能与英国一样：

1　Bentham, *An Introduction to the Principles of Morals and legislation*, p. 4.

2　Jeremy Bentham, *The Works of Jeremy Bentham*, Vol. 1, ed. John Bowring. Edinburgh, 1834. p. 173.

当一种不公和残暴的偏见极为强大，就需要立法者这一方的极大忍耐，技巧性地软化它，与它战斗。也许暂时完全对它妥协，会好过徒劳地让法律的权威向它屈服，并让法律遭人憎恨。[1]

这一法律实践原则基于更普遍的哲学原则，即功利主义实践受且仅受事实条件的限制。考虑到时间因素的限制，它不会强求那些无法速成之事。大卫·里昂斯（David Lyons）指出：

功利原则要求或禁止我做的，取决于我实际能做的。如果我能跳上月球或时间旅行回到过去，且这些行为能够产生比我所能做的任何其他行为更大的幸福，功利原则就会要求它。但这也仅在此种条件下才成立……"无能力（cannot）"否定了"应当（ought）"。[2]

我想强调：这一原则在道德哲学界远未受到应有的重视。对限制人类活动的事实的研究，往往被认为是哲学的其他方向或诸社会科学的范围。然而人类追求幸福之路，只能沿着生活世界的诸事实构造展开；本书将说明，仅此一点便足以回应对功利主义的绝大多数误解。

值得一提的是，既然功利主义有启蒙主义的一面，那么认为它忽

---

1 Bentham, *Works*, Vol. 1, p. 174.

2 David Lyons, *In the Interest of the Governed: A Study in Bentham's Philosophy of Utility and Law*. Oxford: Clarendon Press, 2003. pp. 16 – 17.

视人之尊严的流俗之见便不准确。康德主张的尊严不属于心理上复杂的"人性"，而属于人的理性禀赋。启蒙主义要求批判偏见，便已将尊严建基于普遍的理性能力，而非任何殊别的意识形态或身份认同。理性的尊严最真实，是因为理性是天赋的，而意识形态是别人编造的。启蒙主义与反教权主义（anticlericalism）是一体的。谁若只服从普遍的思维规则，便不低于任何人；谁若臣服于他人捏造的意识形态，便是自降身份，低于它的编造者。自尊的启蒙主义者越是拒绝臣服于非理性，就越是甘愿顺服于思想中时刻作用着的普遍规则；同时，启蒙主义者不屑于编造意识形态，亦是因其自尊不屑于去讨得愚人的赞誉，而只愿接受同等的人的平等承认。边沁虽不如康德那样强调理性与尊严，但理性及其尊严却内在于启蒙主义。

功利主义与"理性存在者的尊严不可权衡牺牲"的康德式观念并不矛盾，因为功利主义也是一种理性。康德说，尊严的价值"超越一切价格，因此不可替代"[1]，功利主义以最彻底的态度赞同这一超越性：能够被替代或折损的那些"尊严"，必定掺有意识形态偏见。面对任何实践问题，功利主义都只会取舍有稀缺性的、不可得兼的快乐，不会额外伤及尊严；让尊严也变得稀缺（例如将其绑系于财产或性别）的必是意识形态，折损尊严的解必不是最优解，因为正如康德所主张的：尊严是一种只有**自己的**非理性行为才可能折损的价值，非社会外力所能伤及。尊严源自理性存在者的宇宙论地位，其实践推论是人尊重自身理性禀赋的义务，而非一种能够确立人际"权利"的内

---

1 Kant, *Grounding*, p. 40.

在价值。[1] 认为他人能伤及我之"尊严"者，必然先行承认了某种非理性的尊严观。彻底的康德主义必须将尊严仅理解为哲学概念，而非社会学概念，启蒙的任务之一就是让尊严与社会属性脱钩。尊严不绑定于偶然的境遇，它只随附于理性，且"真正的理性"要比义务论者所想的更抽象、更广大。

5 道德哲学中的相对性原理

启蒙原则与历史权宜之间的差别，正是边沁所说的"远近"这一组效用尺度的差别，暂时利用偏见或假象总是潜在地损害了未来，这相当于用错误的方法蒙对答案。通过说理让方法与结论一致需要时间，在意见市场上澄清道理所需的时间尤其长。当时间紧迫，我们不得不在批判错误方法与保全正确结论之间取舍时，重结论轻方法是为短期利益牺牲未来，重方法轻结论则是为未来利益牺牲当下。问题在于，功利主义主张**一切价值体验都是平权的**，无论其发生机理如何荒谬；"快乐"不是一种具体的价值机理，只是抽象出的价值尺度，所以快乐只能被痛苦压倒（outweigh），不存在任何价值机理能"阻断"任何快乐之受到平等考量。这岂不是价值相对主义？帕斯卡尔曾将价值相对性比作运动的相对性："放荡者自称遵守自然的本性而守序者偏离了它，正如船上的人认为是岸上的人在动。各方的语言皆相同，

---

1 Oliver Sensen, *Kant on Human Dignity*, Berlin: De Gruyter, 2011. pp. 146-173.

我们若要判断，就必须找到一个固定点。"[1]

康德哲学克服多元意识形态和相对主义的方式，即是设立静态的、固定的道德参考系。然而在不完美的历史世界中，究竟何种价值级序是"理性的"呢？其实没有一种固化的价值级序是理性的，每一种号称普遍的义务准则都片面且过度。相反，极端的历史主义者认为，每一种意识形态适用于不同的事。其问题在于：我们不会为解决每件事临时采用一种方便又短视的意识形态，并随着事情的变化在诸意识形态间随时切换，仿佛理性有某种固持自身的"惯性"。这不是因为如康德所主张的，理性的价值绝对地优于幻想（事实上幻想的短暂体验通常相当棒），而是因为人的思想与行动被广大世界与长远未来中的其他事物牵扯住了。也就是说，我们无须预设一个先验给定的"理性参考系"，理性坚守自身的惯性，是为顾及世界上其他事物的价值。回到帕斯卡尔的比喻：我们其实是为顾及地球这艘大船上的所有其他人，才说船在动，而岸不动。舟中人看岸上人，觉得全世界都在逆行，就必然要相信未来会有多得多的人站在自己这一边，至于是否真的如此另当别论。

人们常将康德哲学比作哥白尼革命。我欲将功利主义比作道德哲学中的相对论革命：一切参考系都是平权的，总与非惯性系加速度相反的惯性力，等效于整个宇宙中所有物质的引力。一切价值都是平权的，总与意识形态偏见相反的理性力量，其实出自对当今与未来世界

---

1 Blaise Pascal, *Pensées and Other Writings*, trans. Honor Levi. Oxford: Oxford University Press, 2008. § 576.

中其他价值的考量。牛顿力学只是相对论在低速条件下的"廉价七成正确",康德式的静态义务准则,也只是功利主义在强行忽视历史变化的条件下可能成立的"廉价七成正确"。人们有时批判功利主义是狭隘的启蒙绝对主义,有时又批判它囊括一切价值因而陷入无序,皆属误解,其实边沁在介绍功利原理之初就批判过"专制(despotical)"和"无序(anarchial)"的思想。[1] 现代道德哲学不预设固定的优先级序,而是阐明诸价值如何相互关联(relative)。不存在一个高于俗世的理念世界,理念就在普全的生活世界之内将其贯穿。

意识形态是前反思的,而批判的视角需要主动打开,这道窄光照亮的视域有限。功利主义不会短视地用新偏见对抗旧偏见,而是坚持批判偏见。批判策略的优点在于,对诸偏见的诸批判不会相互矛盾,能够被纳入一种普全的历史进步筹划,而各种新偏见仍会争执不休。消除意识形态有助于避免未来不确定的痛苦,是一种长远的实践筹划。功利主义的启蒙实践可在新实用主义框架内被重述:"确定性"之于功利考量的重要性,其实与希拉里·普特南(Hilary Putnam)所说的"简洁性"之于科学理论的重要性,或罗伯特·布兰顿(Robert Brandom)所说的"清晰性"在表达主义逻辑中的重要性是一致的。确定性、简洁性、清晰性都旨在实现某些**价值**。

然而偏见批判只是文化史方面的一种道德实践,有时某些偏见反而在历史的其他方面暂时有很大效用。倘若不顾后果地优先批判偏

---

1 Bentham, *An Introduction to the Principles of Morals and Legislation*, p. 6.

见，在某些情境下会触动权力构造，导致政治史的巨大痛苦，甚至极不利地限制此后的路径。意识形态批判之路是漫长渐进的，而与之相关联的历史其他方面却有"时机"之差。心智史和文化史没有明确的突变节点，它的最小单位是"代"，政治史却有突变，例如"1789年"。所以思想文化事业排斥急迫或例外，政治剧变却会产生"例外状态"。功利主义在历史诸方面的实践不同：在人文教育方面坚持价值现象学结论"说谎有损人性尊严"，在政治中却不排斥马基雅维利式的手段"为避免更大的痛苦，可以说谎"，而康德非历史地预设了诸方面的和谐一致。功利主义既不主张"为践行真理，宁可世界毁灭（fiat veritas，et pereat mundus）"的启蒙教条，也不是无原则的相对主义，而须权衡两者：理想主义与机会主义、启蒙原则与政治权宜之间有原则性冲突，但在或长远或切近的未来，二者预期产生的幸福和痛苦**程度**却仍可比较取舍。

二　功利原则的元伦理学争议

1　功利原则作为同义反复

本节的任务是澄清关于事实、价值、幸福与善的概念关系。元伦理学（metaethics）研究道德语言，澄清道德词汇的意义，乔治·摩尔（George Moore）的《伦理学原理》被公认为元伦理学的开端，其主要批判对象即功利主义。摩尔认为"好"不可定义，[1] 功利主义用"快乐"定义"好"要么是同义反复，要么是"自然主义谬误"。[2]

我们先讨论同义反复的情况。摩尔认为，"好的即是可欲的""好的即是令人快乐的"不具规定性，仅相当于"可欲的即是可欲的""快乐的即是快乐的"，[3] 反驳了密尔基于"人总是欲望可欲的"提出的对功利原理的所谓"证明"[4]。边沁却承认功利原理"不能被直接地证明，因为那被用来证明其他一切的，本身无法证明。证明的链条必有一个开端"[5]，并将其类比为几何公理。

第一节刚说过"幸福"这个抽象概念不是一种具体的价值，追求幸福即是追求某种令人幸福的事态，让正价值体验伴随而来。"幸福是检验一切规则的标准，是生活的目标，我从未动摇过这个信念；然而我现在认为该目标只有在不被当作直接目标时方能达成。"[6] "幸福"和"痛苦"即是"好"和"坏"，它们不描绘任何价值体验或心理状态，仅是价值判断的形式符号"＋"和"－"，而一心追求"＋"只会陷入空虚。在维特根斯坦对价值语言的分析中，"好"只是叹词，总能被"迷人的"或"精致的"等具体词汇取代。[7] "幸福"只在比

1　G. E. Moore, *Principia Ethica*. Cambridge: Cambridge University Press, 1903. p. 8.

2　Moore, *Principia Ethica*, p. 10.

3　Moore, *Principia Ethica*, p. 12.

4　Mill, *Utilitarianism and On Liberty*, p. 210.

5　Bentham, *Introduction to Principles of Moral and Legislation*, p. 13.

6　J. S. Mill, 'A Crisis in My Mental History' in Jonathan Clover (ed.) *Utilitarianism and its Critics*, New York: Macmillan Publishing Company, 1990. p. 70.

7　Ludwig Wittgenstein, *Lectures and Conversations on Aesthetics*, *Psychology and Religious Belief*. Berkley: University of California Press, 2007. pp. 6 - 8.

较权衡诸价值的大小时才不可取代。"痛苦"涵盖的指称对象是非固化的（nonrigid），其词义超越身心差异，让我们能够有意义地谈论疯人或火星人的痛苦。[1]

好即幸福、坏即痛苦并非一种粗糙的区分，而是一种形式的区分，它可套用到哪怕最细致精微的价值质料：好的艺术唤起欢乐，坏的艺术徒增痛苦，悲剧以此区别于惨剧，"悲剧何以唤起**快感**"是悲剧美学的核心问题，因为快感与美的关联是一个逻辑命题而非经验命题，是我们赖以思维的规则而非思维的结论。即便对于悲剧艺术的反对者，这也成立：当奥古斯丁预设悲剧只会令观众悲伤，观看悲剧的欲望就只能出自"可鄙的疯狂"了。[2]

但若功利原则只是同义反复，就出现了两个问题。

首先，边沁为何要提出它？上文已说明过，功利原则将幸福的确定性和行为的外部性纳入考量，批判了宗教世界观（毫无确定性）和意识形态（可能带来其他痛苦）。因此功利原则尽管不偏重任何一种幸福，却否定了另一些价值理由，或暴露出某些价值理由中潜藏的坏处，使其不再如初看上去那样可欲。

其次，摩尔为何要批判它？对"好的即是可欲的"这句同义反复的批判，其实是对其误用的批判。"当祈祷书谈及'好的欲望'时，它真的只是同义反复吗？坏欲望不也是可能的吗？"[3] 摩尔批判的并

---

1 David Lewis, 'Mad Pain and Martian Pain', in *Philosophical Papers*. Oxford: Oxford University Press, 1983. pp. 122 – 130.

2 Augustine, *Confessions*, trans. William Watts, New York: MacMillan, 1912. pp. 101 – 103.

3 Moore, *Principia Ethica*, p. 67.

非功利原则而是其误用："一个自然主义者会说我们只是单纯以'快乐'，而非以自己的快乐为目标……然而在更多情况下，他会认为自己的快乐才可欲，或至少混淆两者，他也就会被合逻辑地引至采取伦理唯我论而非功利主义。"[1]

2　事实、价值与道德

摩尔认为"自然主义谬误"即是误认为"只有某一种事实的实存有价值"，[2] 快乐主义（hedonism）就属此类，因为它主张"快乐是唯一善的东西"。摩尔认为快乐源于身心的自然倾向，属于事实的范畴，无法构成"善"的标准，而后者属于价值的范畴，"我们并不总是支持我们所享受的"。[3] 然而摩尔的观点源自对休谟（David Hume）的"是"与"应当"二分法和功利主义的双重曲解；"是"与"应当"二分法和功利主义其实是一致的。

休谟指出，表达"是"的命题与表达"应当"的命题有原则性区别，后者表达了"某种新的关系或肯定"：

> 道德也不存在于任何**事实**……你可以在一切观点下考虑它，看看能否发现你所谓**恶**的任何事实或实存。无论你在何种视角下观察它，你只发现一些情感、动机、意志和思想。

1　Moore, *Principia Ethica*, p. 105.

2　Moore, *Principia Ethica*, p. 37.

3　Moore, *Principia Ethica*, pp. 59 - 60.

这里再没有其他事实。你如果只是继续考究对象，你就完全看不到恶。[1]

以上观点被许多人说成"事实"与"价值"的二分，然而休谟并未否认情感、动机和意志等带有价值属性的心理状态属于事实，他只说了"道德"不属于事实。

普特南指出：存在关乎价值的事实陈述。"如果可以合理地接受一幅画是美的，那么这幅画是美的就是一个**事实**。据此，**价值事实**是存在的。"[2] 普特南在《事实/价值二分法的崩溃》中重申了该观点。他还指出，自然科学追求的"简洁性"是认知价值，皮尔士、杜威和狄拉克也认为科学理论之"简洁性"是美学的。[3]

然而普特南举的"一幅画是美的"这个例子，既能说明事实与价值并不二分，也能说明他所说的"价值事实"与道德是二分的。

首先，"美"只是一大类价值体验的统称，而非具体的价值理

1 David Hume, *A Treatise on Human Nature*, Book III, Oxford: Clarendon Press, 1896. pp. 468–469.

2 Hilary Putnam, *Reason, Truth and History*. Cambridge: Cambridge University Press, 1998. p. x.

3 Hilary Putnam, *The Collapse of the Fact/Value Dichotomy*. Cambridge, MA: Harvard University Press, 2002. pp. 31, 135. 一些哲学家将"认知价值"纳入结果主义决策论 (consequentialist decision theory)，指出我们的认知过程，例如选择注意力对象或选择科学范式是为了达到某种善，它包括诸如"精确性"或"可靠性"等价值。参见：Kristoffer Ahlstrom-Vij & Jeffrey Dunn (ed.), *Epistemic Consequentialism*, Oxford: Oxford University Press, 2018. 该观点与功利主义的相通，在于边沁指出"确定性"是效用的一个尺度。事实上我们正是这样选择世界观的：在诸知识相冲突时，确定性低的知识总要为确定性高的知识让路。

由。[1] 科学与数学之美在于简洁性，是为了追求以简驭繁的技术目的。[2] 生活中的价值体验却丰富得多。面对一幅简单的画，有人会称赞它"简洁"，有人会批评它"简陋"，因此"这幅画是美的"是主观评价，而非客观事实。若用描述事实的语言"运笔简单"形容一幅画，则无法从中推出价值。"某人对此画产生了正面的价值体验"是一个事实，却并非一个普遍的美学事实，而是一个殊别的历史事实，单凭此事实不能推出是否**应当**赞同这一价值判断。

其次，对画的美学评价只涉及绘画艺术的标准，无关其他异质的价值，然而诸价值却共在**同一个**生活世界。"这幅画是美的"只是将它与其他不美的画相比较的结果，无论将"我对此画产生了正面的价值体验"视作事实命题还是价值命题，我都不知道是否**应当**买下这幅画。"购买"涉及新的知识，即在有限预算内与异类商品的比较，例如挪用孩子的学费买画就不道德。普特南证明了价值已渗入事实，但价值直觉与道德权衡的二分仍然成立。流俗之见将"是"推不出"应当"误解为事实推不出价值，然而"应当（ought）"是道德判断而不仅是价值体验，因此"是"推不出"应当"只能理解为**事实**推不出**道德**；人类的某些固有价值倾向确是事实，却无法推出该价值相对于其他价值的优先权。

退一步说，即便不区分价值体验"哇！这幅画好美！"和道德判断**应当买这幅画**，将两者笼统地视作价值判断（道德判断也是

1 参见拙著《大地上的尺规》。其中第三篇文章《大地上的尺规》详细讨论了这个问题。
2 对物理学中的"美"的批判参见 Sabine Hossenfelder, *Lost in Math：How Beauty Leads Physics Astray*, New York：Basic Books, 2018。

"二阶"价值判断），摩尔的批判仍不成立。黑尔（R. M. Hare）在其早期作品《道德语言》中将"是"与"应当"的二分重述为："作为一个用来表达赞同的词，'好'不能被一些不能用于赞许的特征的名称集合所定义。"[1] 功利主义能以"幸福"定义"好"，是因为"幸福"并非不能用于赞许的词汇。"一个幸福的家庭"显然是一句赞许，而非一个有待价值判断的事实描述。

边沁正是受休谟的"是"与"应当"二分的启发，区分了人性是怎样和道德应该怎样。边沁认为自然法的主要问题即混淆了二者，[2] 而他开创的法律实证主义的一大特征，就是将特定规则激励人们"**会怎样做**"和人们"**应当怎样做**"分离为两个相互独立的问题[3]：

> 阐释者（expositor）的责任是阐释他认为法律**是怎样**，监察官（censor）则研究他认为法律**应当是**怎样。前者原则上是对事实（facts）的陈述和研究，而后者讨论的是理由（reason）。[4]

边沁首先区分了人性"是怎样"和道德"应当怎样"，即区分基于利己心的"法律塑造的行为是怎样"与谋求全体幸福的"法律应当

1　R. M. Hare, *The Language of Morals*, Oxford: Clarendon Press, 1963. p. 94.

2　Ross Harrison, *Bentham*, London & New York: Routledge, 1999. p. 171.

3　Harrison, *Bentham*, pp. 106 - 112.

4　Jeremy Bentham, *A Fragment on Government and An Introduction to the Principles of Morals and Legislation*, Oxford: Blackwell, 1948. p. 8.

如何塑造行为"，并以"利义相合原则（duty-and-interest junction principle)"[1] 激励个人自利增进全体幸福。"利义相合"需借法律手段方可达到，本身就说明"人会怎样行动"之事实判断与"人应当怎样行动"之道德判断相互独立。我们利用人性"是"怎样的一般**规律**来设计**规则**实践"应当"，人性"是"怎样也限制着"应当"的可能性，乌托邦的乐土是注定无法达到的。

早在边沁之前半个世纪，休谟就已在《人性论》中说"无须迟疑，我们必能断言：诞生于美德的印象令人愉悦，产生于罪恶的印象令人不快，经验时时刻刻都在证明这一点"，[2] 并指出"愉悦"和"不快"能涵盖诸多异质的善与恶：

> 首先，很明显的是，在"快乐"这个词名下我们理解了很多彼此不同的感觉，这些感觉只有某种遥远的类似关系，使得它们能被同一个抽象词汇表达。一段好的音乐和一瓶好酒同样都产生快乐，且这两者的"好"都仅取决于快乐。[3]

休谟的结论是，对善恶的研究可以"还原到这一简单问题，即为何某行为在一般的观点或考察下给予某种满足或不快"。[4] 克里斯汀·科斯嘉德（Christine Korsgaard）认为，对休谟的这一观点的彻

---

1 Bentham, *Works*, Vol. 8. p. 380.

2 Hume, *A Treatise on Human Nature*, p. 470.

3 Hume, *A Treatise on Human Nature*, p. 472.

4 Hume, *A Treatise on Human Nature*, p. 475.

底反思已经能推出功利主义。[1] 英国经验主义对道德哲学的影响，在于它内含的历史主义倾向，没有给康德式的义务准则留下空间；就连伯克的保守主义也以历史的和实用的态度拒斥自然权利，比法国激进主义更偏离形而上学的古典理念。[2] 经验主义迫使道德形而上学要么化简为抽象的功利主义，要么崩溃为反理论的直觉主义。

摩尔用"我们并不总是支持我们所享受的"批判快乐主义。[3] 关于此，斯马特（J. J. C. Smart）将"快乐"区分为幸福（happiness）和享受（enjoyment），并考虑词义的微妙区别："幸福"常表示长久的快乐，而"享受"多暗示及时行乐。[4] 功利主义并非短视或不顾长远。

人们时常含糊地说只应当追求"真正的"幸福。我想再次强调，

1 Christine Korsgaard, *The Sources of Normativity*, Cambridge: Cambridge University Press, 1996. pp. 86 - 88. 思想史上休谟与功利主义的关系可参见 Frederick Rosen, *Classical Utilitarianism from Hume to Mill*, London: Routledge, 2003. pp. 29 - 57。罗森对休谟作了从晚期到早期的解读，认为其晚期作品《道德原则研究》已是功利主义。休谟早期思想的关键概念是利己与同情，晚期思想的关键概念已是效用，并弱化了直觉与同情的地位。区别只是性情倾向而非哲学原则层面的：休谟强调效用，多是肯定习俗的价值超出有限的理性；边沁强调效用，却是使用理性批判不合理的习俗。本节讨论"是"与"应当"的区别，所以引用休谟早年的《人性论》，其中虽谈到快乐和痛苦的尺度，却并未将效用视作基础的概念。

2 Leo Strauss, *Natural Right and History*, Chicago: The University of Chicago Press, 1953. pp. 295 - 323.

3 Moore, *Principia Ethica*, p. 59.

4 J. J. C. Smart, 'An Outline of a System of Utilitarian Ethics' in *Utilitarianism For and Against*. Cambridge: Cambridge University Press, 1973. p. 23. 功利主义只在时长上区分"幸福"和"享受"。某些体验却比另一些更长久，溢出了人们主动去做或想它们的时间。当幸福之事拢集了一个世界，幸福就成为生活世界的"背景底色"。幸福的人的世界与不幸的人的世界之间的区别，不能类比成两幅画中分别有哪些物件的区别，而是犹如凡·高的色彩与蒙克的色彩之间的区别。

原则上讲，功利主义认为一切快乐都是平权的。幸福是时间中的体验，意义有真实与虚假，但虚假意义产生的幸福也真实存在。快乐主义的时间是一份又一份的，是一则又一则经验的载体，我们只会说这件事或那件事令人幸福，而不会像梭伦或索福克勒斯那样，认为直到死亡之前无人能说自己是幸福的。[1] 快乐主义不是以事情的最终结果，而是以全部相关体验和效应来作评价，一生幸福却痛苦地暴死的人生仍是幸福的，一生痛苦却临终得福的人生仍是痛苦的。然而功利主义不反对向死而生的生活态度，对生命有限性的觉悟所提供的完整性是数十载岁月的幸福源泉。向死而生的态度很看重人生结局是否幸福，这种终极维度必会在日常光阴中投下幸福与痛苦，装作对它无所谓的态度是没有用的。维特根斯坦说，死亡不是生命中的事件；海德格尔说，死亡意识关乎此在的本真性。

另外，摩尔试图用"我们并不总是支持我们所享受的"这个实然描述来反驳道德应然命题，本身犯下了自己所反对的从"是"推出"应该"的错误。边沁并非没有意识到"我们并不总**是**支持我们所享受的"，他只认为任何人在一生中的大部分时间内都自觉或不自觉地以功利主义作为道德标准。[2] 然而这种不彻底性正是边沁要批判的，他主张我们总**应当**支持我们所享受的，只要这种享受无损于未来和他人的享受。

---

1 Herodotus, *The Histories*, *Book I*. trans. Robin Waterfield. Oxford: Oxford University Press, 1998. § 32. 亚里士多德引述并反驳了梭伦的这个观点，并主张幸福因德行而持恒。Aristotle, *Nicomachean Ethics*, trans. Roger Crisp. Cambridge: Cambridge University Press, 2000. 1100a - 1101a.

2 Bentham, *An Introduction to the Principles of Morals and legislation*, p. 4.

3 功利主义中的 "自然"

以赛亚·伯林（Isaiah Berlin）认为边沁是时代的特例：他既不像美国、法国的共和政体奠基者们那样信奉消极"自由"（或依剑桥学派的解读，是共和主义"自由"），也不像德国浪漫派那样采用积极"自由"的诗性语义。[1] 边沁对这个词汇非常不屑："我从不关心自由（liberty）和必然（necessity）这两根毫无价值的稻草。我不指望任何有关此问题的新真理，它若就躺在我脚边，我也认为几乎不值得俯身拾起。"[2] 伯林评价道：

> 边沁只关心，或认为自己只关心发现增大尽可能多的人的幸福的条件。边沁拒绝卷入这些言谈：自然权利、道德义务、伦理直觉、自然法、启示、人的适当目的、自明的形而上学真理——神学家、形而上学家、法国启蒙派、革命者的哲学装备，他们庞杂的政治、道德哲学标签，包括美国和法国革命者起草的人权与公民权利及义务的清单。对于边沁这样顽固而毫不妥协的经验主义者而言，这些都是无意义的垃圾，对语言的误用，对空洞废话的蓄意神秘化，对从来都毫无意义的神秘准则的过时混淆。现在有理性的人终于认出它

1　Isaiah Berlin, *Political Ideas in the Romantic Age*, Princeton: Princeton University Press, 2006. pp. 165 - 166.

2　Bentham, *Works*, Vol. 10, p. 216.

们纯属无意义。[1]

在本书前言中，我引用密尔和波考克，说明功利主义无法在思想史上找到语境源头。而同时代的另一些思想，例如"人权"话语的**发明**，在历史上却有据可考。[2] 这本身就能说明一些问题。正如伯林所言，边沁指出"自然状态""原初契约"等近代契约论的基础概念皆是虚构（fiction），并宣告"而今属于虚构的季节已经终结"[3]。边沁也批判政治语言中的虚构，"诗学虚构是一回事，法律上的虚构是另一回事。诗歌中的虚构是为了令人愉悦……法律上的虚构却无一不是为了抢劫"，是"欺骗"和"犯罪"。[4] 他激烈谴责道："自然权利纯属无意义：自然而不可剥夺的权利，玩弄修辞的无意义——踩着高跷的胡言乱语。"[5]

---

1 Berlin, *Political Ideas in the Romantic Age*, p. 162.

2 林·亨特的著作不仅提到了边沁对自然权利的批判，还指出了这一批判的"长远影响力"。Lynn Hunt, *Inventing Human Rights: A History*, New York & London: W. W. Norton & Co., 2007. pp. 124 - 125.

3 Bentham, *A Fragment on Government and An Introduction to the Principles of Morals and Legislation*, p. 51. 而霍布斯指出"主权者"甚至"国家"的概念都属虚构。参见 Hobbes, *Leviathan*, Chapter 16.

4 Jeremy Bentham, 'Judicial Fictions', in *The Penguin Book of Lies*. Philip Kerr (ed.) Harmondsworth: Penguin, 1990. pp. 204 - 205.

5 Jeremy Bentham, 'Anarchical Fallacies' in *Nonsense upon Stilts—Bentham, Burke and Marx on the Rights of Man*. Jeremy Waldron (ed.) London: Methuen, 1987. pp. 46 - 69. 边沁将自然权利与宗教的语言视作无意义或对日常语言的误用，这与 20 世纪语言哲学，尤其是维特根斯坦相契合。参见：Charles Kay Ogden, *Bentham's Theory of Fictions*, London: Routledge & Kegan Paul, 1951. 另参见：Jeremy Bentham, *The Church of England Catechism Examined*, London: Progressive Publishing Company, 1890.

我们不可忘记，是休谟终结了早期近代的"自然哲学""自然神论""原初契约"等思想。边沁也承认，自己对这些概念的批判继承自休谟。[1] 休谟严厉地批判了哲学中的"自然"概念，说它"最含混不清"，并指出了三种常见歧义，分别对立于"神迹""不常见"和"人为"，并认为道德无关自然：

> 同时不妨考察"自然"和"不自然"的定义，再没有什么比那些认为美德即自然、罪恶即不自然的思想更反哲学了。因为自然一词的第一个意义与"神迹"对立，罪恶与美德都同样自然；它的第二个意义与"不常见"对立，或许美德最不自然。至少我们必须明白：英勇的美德由于并不常见，它与残暴的恶行同样不自然。至于这个词的第三个意义，显然罪恶与美德都是人为的，二者都不自然。[2]

然而伯林又指出，尽管边沁斥责自然权利论为无意义，"他却赞同他所认为真确的任何东西，即使它们由怪诞的术语表述"。[3] 例如《道德与立法原理导论》的首句"自然将人置于两位主人的统治之下，即**快乐**和**痛苦**，只有它们指示我们应当做什么"，边沁并未将整本书的第一个词"自然"视作哲学概念，说趋乐避苦是"自然"的，只是

1　Bentham, *A Fragment on Government and An Introduction to the Principles of Morals and Legislation*, p. 49.

2　Hume, *A Treatise on Human Nature*, pp. 474 – 475.

3　Berlin, *Political Ideas in the Romantic Age*, p. 162.

说这是自明的，既无须也无法再解释的。因此，边沁的代表作的首句其实可改写为："**显然**，是快乐和痛苦指示我们应当做什么。""幸福＝好"的同义反复不是"自然"规定的，它无关人性的心理或物理构造，仅由逻辑规定。

功利主义拒斥自然权利或天赋人权，是因为严格地说只有"善（good）"有哲学意义。一切"权利（right）"都只是诸历史情境下，为尽可能实现"善"而人为规定的适用手段，而历史情境是可细化的、变动不居的。"权利先于善"是不可能的，极端僵硬、重视秩序、静滞沉闷的社会或许会设定"权利本身即是善"；"善"与"权利"的意义区别，注定了善在逻辑上高于权利。善是权利之所以存在的前设，哲学的使命是揭示我们赖以思维的、日用而不知的前见，而不能停留在"权利"这种"廉价的七成正确"的日常操作手册层面。主张权利而遗忘善，是对根据的遗忘。至于有人担心，不谈"权利"是否会导致道德过苛或短视，对此下文将会谈到，解决道德过苛与短视无须发明出"权利"的概念。如无必要，勿增实体。

三　功利主义与生杀诸问题

传统意义上的诸道德（morals），在现代被揭示为诸优先权；诸优先权相争的必然结果是道德多元性，诸价值不再能被安置于同一套完整的秩序中。为解决道德哲学在理论上的相对主义和实践上的两难矛盾，功利主义道德（morality）将诸文化规定的诸价值级序斥为偏见，不承认任何价值绝对地优先于另一些，将一切价值置于历史情境下权衡取舍。在大多情况下，诸文化与功利主义的实践结论殊途同归。这是实践之幸，却是理论研究之不幸，因为结论上的共识遮蔽了理由的差异。在事关生杀的诸问题（杀死/食用动物、堕胎/杀婴、自杀/安乐死）上，功利主义既不承认出生于世必定比从未出生更幸福，也不承认生命延续必定比其终止更幸福，这与许多文化的实践结论大相径庭，较易凸显原理上的差异。彼得·辛格（Peter Singer）用功利主义讨论了边沁未曾遭遇的这些新问题。研究道德实践的历史变化，也有助于揭示它一贯不变的逻辑和前设，区分超越历史的哲学和思想家身处时代的意见，并阐明该哲学理论的某些原本隐含的特征。

在进入讨论前，必须预先排除"人生是苦还是乐"之天问。抽象地问"人生"这个无所不包的整体的苦乐没有意义。不存在任何外在于"人生"的事物，我们找不到能够旁观或度量它的参考系，只能从内部经历它，因此对"人生苦乐"的判断是绝对主观的。我们度量自己人生苦乐的尺度，其实只是他人（包括历史上的人）的人生。认为人生乐多于苦的乐观派主张，生育越多幸福越多；简·纳维森（Jan Narveson）反驳了这一观点，指出有生命的宇宙不一定比无生命的宇宙在**道德上**更好，我们偏爱有生命的宇宙，只因我们**已经在了**。[1] 从这个当下现实条件出发，让这个已经有生命的宇宙**变得**无生命将非常

---

1 Jan Narveson, 'Utilitarianism and New Generations', in *Mind*, Vol. 76, No. 301 (January, 1967), pp. 62 – 72.

痛苦。悲观派的答案同样武断，认为幸福感被主观夸大了，由于演化倾向于淘汰自杀，会演化出夸大幸福的幻觉，因此人类最好自然灭绝，世界的痛苦会减小。[1] 以上属无端臆想。我们无法区分演化导致的"人类共有的幻觉"和"真实体验"，本书第一节就说明过这一点。

人们确实会通过比较历史上的诸时代，判断生于某些时代可能较为痛苦，在这些时期生育率多会降低。虽然"人类存续"这一习以为常之事不能令人幸福，但假如人类即将灭绝，人们却会万分痛苦。因此生育之效用不可忽视：是付出了生育之艰辛痛苦的母亲维系着人类延续，让人类免于灭绝的绝望，因此母亲的崇高地位完全合乎理性。有许多习以为常的事，一直坚持做也不能令人幸福，而一旦缺失就会痛苦，它们的价值不该被忽视。

辛格认为，功利主义赞同花费一定的资源以预防灭绝性天灾，例如监测近地小行星并掌握预防它们撞击地球的技术。他估算即便在未来一百年内只有十万分之一的概率发生撞击，这份保险也是值得的。但这是为消除今人的焦虑，而非为确保尚未出生者的到来；功利主义不会将未来人"未出生"与已出生者的"暴死"视作同等灾难，或认为今日万事相较于无尽未来皆微不足道，花费巨量资源只为预防灭绝性天灾。功利主义更重视预防核战等灭绝性人祸，因为预防人祸的社会文化工作的间接效用更大。[2] 辛格的主张暗含着以下终极态度：既

---

1 David Benatar, *Better Never To Have Been: The Harm of Coming into Existence*. Oxford: Clarendon Press, 2006. pp. 64 – 69.

2 Peter Singer, *The Most Good You Can Do: How Effective Altruism Is Changing Ideas About Living Ethically*, New Haven: Yale University Press, 2015. pp. 165 – 178.

然一切物种终会灭绝，一个存在过数十万年的热爱生活的物种，是比在灭绝焦虑中小心翼翼地熬过上亿年的物种更幸福的。数十万年与上亿年在宇宙图景中的差别可以忽略不计。

1 物种中心偏见与道德无偏见性

用哲学的标准看，"理性"是一个含糊的大词。拥有记忆和恐惧的高等动物是否"有理性"？在物种进化的阶梯上，意识和语言越发达，体验也越敏锐。功利主义不以理性能力，而以体验苦乐的能力作为道德考量的根据。边沁认为不可忽视动物的痛苦：

> 法国人已经发觉，黑皮肤不构成令一个人被遗弃于施暴者的折磨而处于万劫不复的理由。或许有一天我们也会认识到，腿的数目、皮毛和骶骨下部形状亦不足以将一种有感觉的存在遗弃于同样的命运。还有什么构成无法逾越的界限？理性能力，还是语言能力？然而，成年的马和狗相较于一天、一周或一个月的新生儿，在理性与语言能力上都强得多。即便它们不能思考，又如何呢？问题不在于它们是否有理性，是否有语言，而在于它们是否承受痛苦。[1]

边沁反对虐待动物却不反对肉食，因为仅仅"活着"不一定比速

---

1 Bentham, *An Introduction to the Principles of Morals and Legislation*, p. 311.

死更快乐："动物并不预见未来。相较自然界中无可避免的漫长死亡，死在我们手中反而更迅速些。"辛格在《实践伦理学》中引用了上述这段话，却反对肉食，因为当代畜类饲养条件犹如虐待。[1] 同样的哲学原则在不同时代得出了不同结论。

有人会以人有"理性"而动物没有为理由，拒绝考量动物的痛苦。辛格指出，严重智力残障者的智力并不比高等动物高，我们惊悚于将他们养肥以供食用的念头，却不会惊悚于吃掉高等动物，这只是心理的狭隘性，而非道德规定。[2] 他认为，既然我们不会残忍地吃掉严重智力残障的人类，也就不该吃动物。

辛格的思路不仅会禁止肉食，还会将高等动物完全等同于智力残障者：既然利用智力残障者做苦工"当牛做马"不道德，我们又怎能役使牛、马呢？结论便是不可使用畜力或豢养宠物，否则与蓄奴同罪。不吃肉或许危害不大，可是完全放弃利用动物，至少在生产尚未完全机械化、仍需通过动物实验研发药物的今天，面临实践上的困难。

然而，虐待动物与虐待智力相当于动物的智障者之间，有巨大的直觉差别。我们憎恶食人、人体试验、奴隶制，却不那么反感肉食、动物试验、役使畜力。二者的区别并非文化的产物，而是出自演化：任何物种的延续都须将同类置于比其他物种更优先的地位，物种内的

---

1 Peter Singer, *Animal Liberation*, New York: Harper Collins, 2002. pp. 95 - 158.
2 Peter Singer, *Practical Ethics*, Cambridge: Cambridge University Press, 2010. p. 75.

利他行为在基因库层面仍是利己。[1] 既然辛格承认，个体自私是无法消除的事实，并将政治经济学建立在个体利己的前设上，不追求绝对崇高的至善；[2] 那也应当承认，自私的基因对同类相食有更大的直觉痛苦，同样是无法消除的事实。人际的生活形式极不同于人与动物之间的，辛格仅因动物也有痛苦而不吃动物，这意味着被闪电劈死的动物可以食用；然而人类憎恶同类相食，即便尸体是被闪电劈死的。[3]

由于非智慧动物的社会想象及其痛苦有限，一定程度的"智慧物种中心主义"反而合乎跨物种的功利，智慧物种中的智障个体也能因其同类的直觉而沾光，获得高于动物的地位。

因此，在辛格反对肉食的两种论证中，只有当代养殖业的动物处境近乎虐待确是理由。凡是演化产生的、无法消除的直觉都应当纳入功利考量，所以功利主义不能全然抹去人类中心视角。道德哲学不能偏倚，直觉的强烈程度却有不均，强行否认后者才是比例错误。我们之所以对同物种的痛苦更敏感，单说是因为"物种演化"仍觉笼统；具体地说，共情能力上的同物种偏倚，是因为解释学离不开**人类的**

1　理查德·道金斯：《自私的基因》，卢允忠、张岱云、陈复加、罗小舟译。北京：中信出版社，2012 年。

2　Peter Singer, *A Darwinian Left: Politics, Evolution and Cooperation*, New Haven: Yale University Press, 2000. p. 61.

3　Cora Diamond, 'Eating Meat and Eating People' in *Philosophy*, Vol. 53, No. 206 (Oct., 1978), pp. 467 - 468. 戴蒙德认为人类厌恶食人不是直觉的。但我认为凡遗忘了起源的结果、遗忘了问题的答案、遗忘了史前史的人性皆属直觉。人类早已不复有鬼神世界，也遗忘了殷商人、阿兹特克人或希罗多德笔下的古印度人的食人体验。辛格证明肉食是"错"的，戴蒙德反对这一思路，她要让人们将动物视作同伴。这种人类学视角有相对主义之嫌：如果不是先有了道德上的对错，又何必劝说别人把动物当同伴而不去吃它们呢。

脸。我想强调：偏倚是发生在解释学（意义理解与价值体验）而非道德哲学（诸价值间的取舍）层面的，这一区别至关重要。

威廉姆斯认为，人类在道德上的较高地位，不仅仅因为人是理性的器皿，物种中心主义也是合理的因素。他设计过一个思想实验：假设一种智慧和仁爱皆远高于人类的外星人入侵地球，指出人类的生活方式过于野蛮，最有利于全宇宙众生幸福的举措就是迫使人类改造自己，甚至灭绝人类。此时辛格这样的反物种中心论者会去做"球奸"吗？[1] 威廉姆斯说，这是殖民历史的缩影。该思想实验的问题在于其条件难以成立：外星人对意义的理解依赖于对外星人脸的自然理解，他们能共情地球高等动物的咧嘴笑吗？外星人如果没有演化出眼与耳，则无法理解"颜色"和"声音"，又如何能比地球人更好地判断地球生命的价值体验呢？外星人怎样才能向我们证明"人类灭绝有益于宇宙"这个超凡"真理"，而不被地球人视作奥姆真理教之类的疯子呢？我们如何**理解**，而不仅是**信仰**外星人呢？该问题不类似于"神如何对人讲道理"，而类似于：人怎能判断某种超出理解的存在者是神，而非魔鬼。相反，如果有人理解了外星人的理由，外星智能就不比人类高；我们应当向他们学习，否则便如德川幕府锁国一样愚昧；但这也意味着外星人不应当灭绝我们，否则便如利奥波德二世屠杀刚果人一样邪恶。因为"理解"已经意味着将殊别的事物纳入同一个世界，在差异中寻求一贯的理性。功利考量奠基于理解，功利主义者不

---

1 Bernard Williams, *Philosophy as a Humanistic Discipline*, Princeton: Princeton University Press, 2006. pp. 149 - 152.

会选择盲从。

最后，我想略谈康德对虐待动物的批评以作对比。康德力图光复形而上学作为"诸科学之女王"的光荣，[1] 让人性在其冠冕下得荣耀：近代西方文明承认理性是"属人的"，是主体的自然禀赋，理性的崇高伟大彰显着人性之可能性的崇高伟大。滑坡一步，19 世纪人类学便将理性主义误解为人类中心主义。[2] 康德赞同卢梭"至少应当给予动物免于被不必要地伤害的权利"[3] 这一观点，认为"人有权迅速（无痛苦）地杀死动物，或在不超过其负担能力的前提下役使畜力……仅为推理而做的痛苦的动物实验，若能在不这样做时得出结果，该实验亦属可憎"。[4] 康德认为动物属于自然王国，唯有人属于目的王国，人顾及动物的义务是间接的，直接义务是对人性的义务。这就像为男人的尊严反对殴打妇女：耻辱归于行为者而非承受者，人以其行为尊重或轻贱的不是他人的人性，而是普遍的人性，因此其实是自己的人性。许多人误以为康德主张尊严不可折损，是说"不应当"折损他人的社会尊严；然而从哲学上讲，人根本"不可能"侮辱他人的真正尊严，这样做只是在侮辱自己。

1　Kant, *Critique of Pure Reason*, p. 99.

2　我们甚至很难说康德哲学究竟是关于人的理性禀赋的形而上学，还是如舍勒所说是形式主义的义务论，还是如尼采说的那样是新教的意识形态。如德雷克·帕菲特所言，康德的道德哲学缺乏逻辑一致性，这使得康德的赞同者和批判者谈论的常是不同的康德。Derek Parfit, *On What Matters*, *Vol. I*. Oxford: Oxford University Press, 2011. p. 183.

3　J. J. Rousseau, *The Discourses and Other Early Political Writings*, trans. Victor Gourevitch. Cambridge: Cambridge University Press, 1997. p. 128.

4　Kant, *Metaphysics of Morals*, p. 238.

康德的实践理性基于人对自身理性禀赋的责任。"康德不相信动物和环境自身在道德上值得考量,但他的确为人性的价值主张保护它们。"[1] 以此间接理由反对虐待动物,终须基于"动物能感受痛苦"的直接理由,因为"虐待"这个词预设了其对象有痛觉:我们无法虐待树木或石头。如果仅考虑"人性的价值",就会将扭曲植物和虐待动物同视作有损人性,将虐待动物之恶等同于龚自珍《病梅馆记》中的畸形盆景。功利主义认为,虐待动物之恶远大于盆景。"动物能感受痛苦"是功利主义反对虐待动物的直接理由,虐待动物会助长残忍则是间接理由,培养德性有益于长远功利。我想举例强调德性论理由的间接性:在两部关于1942年制定"最终解决方案"的万湖会议的电影中,总理府副秘书长克里青格(Friedrich Wilhelm Kritzinger)都被描绘成道德上的异议者,指出屠杀犹太人会让德国人精神扭曲。然而这只是一种不完整的理由,显然没有将道德的逻辑推论到底。德性论不可能真的只顾及行动者的德性,而不考虑行为结果的承受者的幸福和痛苦,因为"仁爱"之德性正是边沁说的善良意志,下一章会详细讨论功利论与德性论的关系。

2 论人类命主的死亡

功利主义关注的不是有知觉的生命是否有理性,而是其幸福与痛苦,所以动物与人类的**道德**地位有连续性。然而人的生活形式,作为

---

1 Altman, *Kant and Applied Ethics*, p. 11.

一系列的**事实**构造，却迥异于动物。人与同类的关系既比与动物的关系更紧张，也更礼貌，因为人与人之间有政治。人与动物之间没有政治，是因为支配关系已经完全明确，动物不可能支配人，尽管猛兽或许能吃人。同一个人对宠物的不求回报的爱，与对家畜的习以为常的残忍，皆是发乎自然的爱与残忍，是大自然在我们身上的延续。然而人际的道德实践，却是既基于人的诸生活形式，又组织了人的诸生活形式：我们的"第二天性"与"第一天性"是不可分的。

要论证杀人之恶，首先须明确这仅指"任意"的"滥杀"，否则该命题就无法论证。相比功利主义，康德哲学对滥杀之恶的证明简单得多：任意滥杀不尊重世界上任意一人，否定的是普遍的人性。

如果仅考虑被杀者在速死过程中的痛苦，功利主义很难说明杀人为何是大恶；如果仅考虑寿命的长短，功利主义也不预设越长寿一定越幸福。医学的价值仅是减少病痛、不便与早逝，因为早逝的生命被打断了，而寿终正寝的生命是完整的。人们希望比平均寿命更长寿，但将人类平均寿命提高到百岁不一定能增加幸福，反而会因社会老龄化增加痛苦。

然而，杀人之恶仍可被功利主义间接地论证：

> 如果我认为自己的未来随时可能被终止，我当下的存在就会充满焦虑。而焦虑意味着：若没有这种想法，我会更快乐。如果我发现像我这样的人很少被杀，我就不会有太多的焦虑。因此，功利主义可以基于间接理由为禁止杀人辩护，因为禁止杀人可以减少焦虑，从而增加幸福。我称之为间接

理由，是因为它并未意指对被杀者的直接过错，而是说错误在于对他人的后果。[1]

因此，功利主义反对"任意"杀人，是为免除人际间战争状态和暴死的可能性的恐惧、焦虑之苦。而理由充足的杀人（例如处死罪大恶极者）就没有这般后果。

人的语言能力和预期能力决定性地组织了我们的生活世界。首先，语言既能传播信息，也能组织暴力，"人是社会动物"正是"人是有语言的动物"的推论，耻辱与名誉等现象也随附于语言能力。语言不仅在理性上组织了世界，也通过演化组织了我们的身体，例如人类对目光的反应不同于动物：人会在目击者在场时改变行为，因为"目击者"不是单独一人的目光，更是一个有语言的社会的目光。其次，猪不会为明天的死焦虑，但人的幸福与痛苦在很大程度上取决于对未来的预期。如果未来朝不保夕，令人绝望，及时行乐亦是苦涩；相反，困境中的人只要对未来充满信念和希望，此刻也可能幸福。人会在此刻因想象中的未来而幸福或痛苦，这不是非理性的，而恰恰是理性的伴生现象，是人作为在世之在的本具特征。由于语言能力和预期能力的存在，滥杀必定会给人类社会带来巨大痛苦。

与杀人密切相关的是自杀、自愿安乐死与非自愿安乐死的争议。

自愿安乐死在道德上等同于自杀。自杀与杀人不同，不会引起广泛的社会焦虑。无论旨在"幸福"的古典功利主义还是旨在"偏好满

---

1 Singer, *Practical Ethics*, p. 91.

足"的偏好功利主义（preference utilitarianism），都不禁止自愿安乐死。古典功利主义主张具体地权衡自杀免除的人世痛苦和自杀为他人带来的悲痛，因此反对轻率的自杀却不禁止自杀。偏好功利主义要求同等偏好同等考量，我们没有理由无视求死的偏好，然而当面对一个有自杀倾向的人和众多极不愿意让他死去的人时，偏好功利主义也不会支持他自杀。[1]

与功利主义不同，康德谴责一切自杀，他将自杀定义为以死亡逃避沉痛难忍的苦境，是将生命视作"维持到死为止都可以忍受的境况"[2]的工具而非目的，但并非所有自杀皆是如此。问题在于道德形而上学是关于"人的理性禀赋之尊严"的，而非关于"活着"的。"康德不是活力论者，他不认为单纯生命即有内在价值"，[3]某些情境下的自杀反而保护了人性尊严。例如对于被绝症折磨的病人，自愿安乐死（自杀）反而能让病人带着尊严死去。

非自愿安乐死与自杀不同，它指的是当某个人痛苦极大，且无法表达求死意愿时，由旁人结束其生命。辛格认为，"要做出这种决定，人必须自信能够判断一个人的生命何时糟糕到了不值得活，且胜过她对自己的判断"。[4]然而由于每个人都最清楚自己的痛苦，所以除非有理由相信，某个痛苦不堪的人永远无法恢复语言表达能力，或当事

1　Singer, *Practical Ethics*, pp. 194 - 195. R. M. Hare, *Moral Thinking: Its Levels, Method and Point*, Oxford: Clarendon Press, 1981. pp. 178 - 179. 黑尔支持病人的安乐死权利，导致他与辛格同样受到了民间抵制，1991 年的维特根斯坦会议也被迫取消。

2　Kant, *Grounding*, p. 36.

3　Altman, *Kant and Applied Ethics*, p. 100.

4　Singer, *Practical Ethics*, p. 201.

人对将临的巨大痛苦一无所知且无法被告知这一点（例如有严重疾病的婴儿），否则非自愿安乐死都应当禁止。

非自愿安乐死的真正问题是与杀人缺乏清晰边界，会激起广泛的社会恐惧。考虑到这些间接效应，功利主义必须将非自愿安乐死限制在极罕见的不会引发他人的共情、联想和恐惧的情况下。如此严格的标准或将导致每审批一次非自愿安乐死占用法律资源过多，导致全过程不合功利，全面禁止非自愿安乐死也是可能的。另外，非自愿安乐死的判定权有滑坡的危险，因此在当事人丧失责任能力时，家属同意极为重要。家属不比医生更理性，却比医生更爱当事人，更能抵抗来自权力的压力。既然权力厌恶真空，那么尊重家庭就是监督国家。

3 作为与不作为的无差别性

辛格反驳了认为主动终结生命的"积极安乐死"不道德而放弃治疗的"消极安乐死"道德的偏见。功利主义认为主动安乐死优于消极安乐死，因为前者是速死，而后者是饱尝病痛等死。有人以"作为"和"不作为"区分二者，仿佛不行动就没有责任。然而什么都不做同样是做了什么，"不作为"也是一种作为。例如"有所不为"时常比随波逐流的行为更具主动性。

区分作为和不作为的只是"不"这个否定词。任何行为都能改写为"不不"的双重否定，因此对作为和"不"作为的区分，理论上是一个可以通过语言分析消去的幻觉。然而该结论看似反直觉：滥杀乃是大恶，对路人见死不救之恶却轻得多。辛格承认："如果将禁止杀人的规则应用于不作为的情况，会使按照该规则生活成为圣人或道德英雄主义的标志，而非对每个道德尚可的人的最低要求。"[1] 辛格既意识到作为与不作为的区分是虚假的，理论上可被消去，却又认为该区分确实降低了对实践的道德要求。我们来解决这个悖谬。

当一个流浪汉因无人救护而冻死街头，我们不会认为每一个路人都等同于杀人犯；倘若是"整个社会"让他沦为流浪汉的，也不意味着全社会每个人都对此负有责任，因为很多人在其他方面尽到了一份公民责任，只是未能顾及这个人。但若**只有**甲能救乙，且甲不必为救人付出**任何**代价，却执意见死不救，那么就无异于杀人。"不作为"也是作为，二者没有逻辑上的差别；二者在某些情境下看似有差别，只是因为众多的人数分摊了"不作为"的道德责任。

安乐死的道德责任全归于病人和医生两人，不会被潜在行为者分摊，所以任由病人死去和主动杀死病人并无分别。当决定权归于一人或特定几人时，本当做某事却没做，和本不当做某事却做了的过错一样大，前者丝毫不轻于后者。这种情况常见于需要少数人做决策的领域，例如政治：人们常宽容路人不作为，却不宽容政府不作为，因为政府垄断了做某些事的权能。导致灾难的可能是莽撞的行动，也可能是迟疑和延宕；在条件较好时未能果断行事，可能导致后人付出成倍努力也无力回天。那种只看到灾难的直接原因是"作为"，却忽视其"不作为"的历史起源的视角，是一种头痛医头脚痛医脚的庸俗之见。

我想用功利主义的两位反对者举过的例子，来说明作为和不作为

1　Singer, *Practical Ethics*, p. 207.

在道德哲学上的对称性，以及造成二者不对称假象的其实是情境因素。

威廉姆斯曾举例：一辆车不小心撞死了一个孩子，司机会悔恨（agent-regret），而坐在他身旁的旁观者只会遗憾（regret）。威廉姆斯承认：如果该旁观者认为自己曾有机会救下孩子却未行动，他也会悔恨，而不仅是遗憾。[1] 假如副驾驶座脚旁也有同样方便的刹车，无所作为的旁观者影响事件的能力与作为者同样大，其悔恨也将与司机同样深。

朱迪斯·贾维斯·汤姆森（Judith Jarvis Thomson）在一篇著名论文中，将非自愿或意外怀孕的胎儿与母体相连，类比为医院里昏迷病人与被绑架来的供血者相连，将供血者不救助病人（不作为）的道德属性类比为堕胎（作为）。[2] 须注意：在此思想实验中，有且仅有你一人的血型能救活病人。这是类比成立的前提。若将条件改成世界上还有十亿人能救病人，供血者与病人的关系就无法类比为孕妇与胎儿；此时拒绝供血（不作为）就只是一桩小事，因为血型相配的十亿人中总有另一些客观条件更宽裕者可为病人供血。

由此可见，"不作为也是作为"并不意味着更高的道德要求。区

1　Bernard Williams, *Moral Luck*, Cambridge: Cambridge University Press, 1981. p. 28. 威廉姆斯的原文中，设定这名"无过错"的司机会为事故而感到悔恨，但在功利主义道德看来这种情况不存在。功利主义判断司机有无过错的标准，就是司机是否可能避免或减轻事故。如果司机毫无可能阻止事故（例如刹车和方向盘都失灵了），他就不会悔恨，而只会有遗憾。仅"法律上无过错"的司机仍会为本可做却没做的善事而悔恨，反过来说明了"尽一切可能行善"的功利主义实践哲学的正确性。

2　Judith Jarvis Thomson, 'A Defense of Abortion', *Philosophy & Public Affairs*, Vol. 1, No. 1 (Fall 1971).

别只在于"作为"的主语时常只有我一人，而"不作为"的主语经常是整个社会。倘若只有一人独自对自己的不作为负全责，那就无异于作为。所谓积极责任与消极责任的差异，不是由于道德哲学，而是它们在因果网络中的位置不同导致的。

4 论堕胎权及其理由

堕胎的争议，在于从受精卵到人的物质发育是渐变的，出生、母体外存活、胎动等标准无一能被科学承认为人格"从无到有"的清晰界限。辛格拒绝滑坡至禁止一切堕胎的极端意见。他讨论了禁止合法堕胎反而会导致危险的地下非法堕胎的行为预期，但随即说明该策略问题与"堕胎是否道德"是两个不同的问题。[1] 关于母亲是否有法律"权利"堕胎的讨论，也并非堕胎的道德属性，有权做某事并不能推出它一定就是善的。[2]

功利主义拒绝"无受害者犯罪"观念。[3] 幸福和痛苦必须由有知觉的生命来体验。受害者可以是分散的、间接的或概率的，例如贪污税款的危害被全体纳税人分摊，酒驾即便未出事故也有潜在概率伤人。受害者必须是命主（person），辛格将命主定义为具有时间同一性的自我意识的生物，认为高等动物是命主，而胎儿尚不是完全的命主，并主张"不要赋予胚胎大于那些有近似水平的理性、自我意识、

1　Singer, *Practical Ethics*, pp. 138 - 144.

2　Singer, *Practical Ethics*, pp. 148 - 149.

3　Singer, *Practical Ethics*, p. 145.

知觉和感受能力的非人动物的价值……直到胚胎拥有感受痛苦的能力之前，堕胎终结的存在并无'内在'价值"。[1] 功利主义将从受精卵到胎儿的诸阶段，等同于从单细胞动物到高等动物的阶梯。反堕胎者主张受精卵是生命，但它只是个单细胞生命；反堕胎者主张堕胎是"杀死未存在者"，这种说法是时间错乱；反堕胎者说"我岂不是会一上来就不存在"，这种说法也无意义，因为你**已经在**了。在一个有自我意识的有死者、有语言者等存在形式充分展开之后终结它，和在这些存在形式尚未展开之前就终结它，是不能等同的。

辛格将堕胎类比为杀戮动物："一个女人严肃的利益通常比有意识的胚胎的不成熟的利益更重要。即使是怀孕晚期出于最琐屑的理由堕胎也难以谴责，除非我们同样谴责以品尝肉食为由屠宰远比胎儿更发达的生命。"[2] 考虑到辛格反对滥杀动物，此处他不是说在怀孕晚期轻率堕胎与杀死高等哺乳动物在道德上同样无可指摘，而是说二者的不道德程度相同；轻率地堕胎虽也有错，却不比杀猪宰羊更严重。[3] 然而上文已经论证过，由于基因的自私性，一定程度的物种中心主义反而总体痛苦较小，所以晚期堕胎之恶应当大于杀死高等动物。

上文已论证过，功利主义认为杀人之恶主要在于给他人造成的焦虑不安。辛格将此应用于杀婴："边沁是对的，他认为杀婴行为有此

---

1 Singer, *Practical Ethics*, p. 151.

2 Singer, *Practical Ethics*, p. 151.

3 有趣的是，素食主义反堕胎基督徒玛丽·埃伯施塔特（Mary Eberstadt）逆行了辛格的论证，反过来以动物权益（pro-animal）类比胎儿生命权（pro-life）。然而与高等动物的类比只适用于大月份胎儿。

特征：即使最胆小的想象也不至于引起丝毫焦虑。"然而杀婴会导致亲人的悲痛，所以须考虑亲人，尤其是父母的意愿。新生婴儿尚未发展出时间同一性的自我意识，无异于胎儿。于是辛格主张，完整人格应当始于婴儿出生后的一小段时间（具体多长是个医学问题），而非出生时，因此杀婴之恶应当小于杀人。[1]

汤姆森认为非自愿怀孕可以无条件堕胎，因为人有权利（right）支配自己的身体，[2] 这是"权利"话语而非道德语言，而功利主义不承认自然权利。[3] 由于身体的界限模糊，胎儿算不算孕妇"自己的身体"本身即是争议焦点。身体主权观念的问题在于：我们自由支配自己身体的权利边界，绝不仅仅受他人的身体主权限制；因此它不是一个自足的观念，它还受其他方面的权利的限制，并最终需要诉诸某种优先权裁决机制。

严格地说，功利主义不支持出于琐屑理由做任何事的绝对权利，而是附加限制条件分情况讨论行为的道德属性。然而堕胎**自主权**的合理性，在于它所关涉的情境尚未到来，我们掌握的关于胎儿的未来信息为零，唯一的信息是父母的意愿。尊重父母意愿至少有三重功利：首先，一个行为"自愿"与否会极大地影响价值体验，"自愿"本身就有内在价值；[4] 其次，是否想要这个孩子亦是对父母之爱与孩子的

1　Singer, *Practical Ethics*, pp. 171 – 174.

2　Thomson, 'A Defense of Abortion'.

3　Singer, *Practical Ethics*, pp. 146 – 147.

4　边沁在批判苦行主义时指出：即便在苦行僧团里，苦行也须自愿。"鞭笞自己百十次值得称赞，而未经同意就鞭笞他人百十次却是罪恶。" Bentham, *An Introduction to the Principles of Morals and Legislation*, p. 11.

幸福的预估；最后，尊重父母意愿也排除了公共主导的优生学。而在要不要孩子的事上，承担生育的母亲的权重又明显大于父亲的。所以功利主义支持女性的堕胎权，是由于其他信息不确定，较确定的价值优先于极不确定的价值，且某一因素的权重超过了其余所有。

功利主义当然也承认非自愿和自愿受孕的堕胎权区别，因为二者的结果有异：例如强奸致孕若产下孩子，母亲和孩子都更有可能较为不幸。辛格认为遵照父母意愿，在发育到一定阶段前杀死有可预见的不幸未来（例如先天残缺或重病）的胎儿是合理的。随着医学的发展，尽管他于 1979 年出版的《实践伦理学》中所举的适合杀婴的例子引起了争议，但这无关哲学，因为总有另一些更重的、看不见治疗曙光的先天疾病。[1]

汤姆森支持堕胎权的论证，是将堕胎类比成不供血。辛格指出，类比成立意味着二者的道德或不道德**程度**相同："在此情境下，大多数人都会遵从自利心而不是去做正确的事情。然而，他们仍会坚持认为断开生命连接是错的。"[2] 汤姆森与辛格都认为：断开供血致人死亡是道德上允许的（permissible），并不意味着它是善的。区别在于功利主义不谈"权利"，拒绝将堕胎或供血的问题理解为"生命权"和"身体自主权"的优先权争执，否认"支持生命（pro-life）"和"支持选择（pro-choice）"的截然二分。堕胎对于功利主义而言是一个划分胚胎发育阶段的科学问题与道德程度问题。

---

[1] 假如能够预知某个尚不存在者的人生将非常幸福，就应当生下他。然而现实中不存在上帝视角，幸福的条件是复数的、无法穷举的，而造成痛苦的条件是单一的。

[2] Singer, *Practical Ethics*, pp. 148 - 149.

这里涉及两个基本原理。

首先，如果做一件事的道德要求严苛，功利主义要求的至善行为超出了人性，我们不能为迁就人类心理更改道德尺度，而须承认人类不是道德天使。然而这并不意味着道德虚无。功利主义的道德尺度不是行为是否"符合"义务，而是对行为预期后果的幸福程度判断，只有**较**道德与**较**不道德，道德属性的区别是程度的而非绝对的。[1]

其次，类比论证不能证明事情是否道德，只能说明两件事道德程度相同。汤姆森以受劫持者拒绝供血的权利类比意外怀孕后的堕胎权，然而类比的本质是将甲的某属性绑在乙上，其危险是将乙绑在甲上。一荣俱荣的危险是一损俱损。丹尼尔·丹尼特（Daniel Dennett）将思想实验比作直觉泵（intuition bump），这个比喻的精妙之处在于：倘若泵的力量不够，水是会倒流的。反堕胎论者可以逆向思维，坚持"生命权"绝对优先，用同一类比反过来论证被绑架的供血者也无权离弃医院里昏迷的受伤者。汤姆森是在1971年，也即个人自由的鼎盛时代，用直觉泵"抽"了自由主义大海中的一些水，来灌溉堕胎权的池塘，这只是因为自由主义尚且充沛，看似没有损失罢了。然而损失其实仍在：该类比只能说服重视人身自由和逻辑自洽胜过教条的温和教徒，却会迫使极端反堕胎教徒为求自洽连带允许限制人身自由。如果我们以类比扩大自由权利的范围来论证权利，就会把执念深重的人逼向自由权利的对立面。到了个人自由本身干涸的时代，《使

1　Alastair Norcross, 'The Scalar Approach to Utilitarianism'. in Henry R. West（ed.）*Blackwell Guide to Mill's Utilitarianism*. Oxford: Blackwell, 2006. pp. 217 - 232.

女的故事》里的世界当然可以既严禁堕胎，又把人绑来强制给病人供血。以类比作道德论证无助于澄清善恶的尺度和德性的源泉，只是将既有价值直觉引导至特定喻体，但喻体（堕胎权）获得的力量是以削弱本体（人身自由权）为代价的。相反，功利主义每论证一件事的善，都须在历史当下就事论事，它的道德力量是无中生有、单纯从理性中生发的，而非从别处类比挪借来的。自然权利论和契约论在作应然论证时，常自觉或不自觉地借助既有意识形态；而功利主义每作应然论证，都须还原至价值现象的根基处发力。不追根究底的理论常无法预防"逆练"，该缺陷广泛存在于只谈权利不谈善的理论。这种通过透支某种"权利"支持另一些"权利"的问题，在相对主义时代尤其严重：无论多么粗陋的"理论"都能挪借些许"主义"来造出某一"立场"，借此抬高某些价值，就必然贬低它所关联到的整个参考系的价值。

辛格对汤姆森的反驳是理论上而非实践结论上的。功利主义大致赞同 1973 年的罗诉韦德案（Roe v. Wade）的三阶段堕胎权判决，甚至比它更基进：如上文所述，在某些情境下功利主义允许杀婴。但我们不赞同当年美国最高法院将堕胎权基于"隐私权"的论证。超实用主义者（ultra-pragmatists）将理由仅理解为支持价值主张的工具，然而理由既塑造了价值体验，还将诸价值贯通串联。实用主义认为理性是人与世界打交道的工具，但它是一种无法弯折或放弃的工具，我们一旦采用某种理由，就无法随心所欲地放下。2022 年，保守派大法官们攻击了将堕胎权基于隐私权的薄弱论证，立即引发了对其他基于同类理由的法权解释的忧虑。起初他们曾说只推翻罗诉韦德案，等到 6

月 24 日正式推翻此案时，就主张必须重新考量基于同一理由的其他判例了。

功利主义要求尽可能全面考量行为的诸影响，而一个行为在世界上的所有影响中，最深远的是它触动的逻辑结构产生的影响，大则更改一国的宪法解释，小则改变个人心智。在罗诉韦德案的例子中，这层影响直到半世纪后才激起显见的后果。功利主义原则上排斥在各种"权利"话语之间作战术性挪借的机巧：缺乏一贯的长远战略，极易颠簸往复。迄今历史中充满了意识形态的语境断裂，但功利主义批判意识形态并坚持逻辑一贯性，要让人类进步尽可能平顺连续。除了内在的精神幸福，道德一贯性还有降低冲突烈度和稳定长远预期之效用。历史也是一根曲木，功利主义要把它改造得尽可能直一些。我们应当正心诚意，考察行为的事实条件和相关价值，尽可能用最坚实而非最方便的理由支持正确的事，并反思价值的源泉：无论上层建筑话语多么繁杂，价值评价都应当不断回返到活生生的幸福与痛苦中去，让文明不至于随着日益复杂而积弊日深，最终迷失在愈发荒谬的话语迷宫并走向衰落。

5　启蒙主义的长远功利

辛格在堕胎、杀婴、自杀、安乐死等问题上批判宗教保守主义，并声明自己在世界观和道德上都是无神论者：首先，神的概念在解释事实时是冗余的；其次，神的全知、全善、全能无法解释"无意义的苦难"。[1] 查尔斯·卡莫西(Charles Camosy)却试图调和辛格与基督教,他罗列了二者"重要而非琐屑的共同点"并声称其分歧"惊人地狭窄"。[2] 从基督教两千年间不断变化的传统中,他找到了 C. S. 刘易斯、保罗二世、本笃十六世、斯坦利·豪尔瓦斯、玛丽·埃伯施达特、马修·斯库利等近几十年来支持保护动物的基督徒。[3] 辛格本人不赞同这种方法,并认为在动物保护和堕胎等问题上,基督教很难被解释成与功利主义一致。[4] 如果以对基督教的选择性解释调和两者,结果必然是基督教向功利主义靠拢。因为功利主义是一门严格的哲学,而基督教是一个解释空间很大的传统;调和一种严格的思想和一种不严格的思想,犹如用固体盛放液体,总是照着前者的模样塑造后者。

真正的问题是:既然一例安乐死、堕胎或杀婴就会导致本地的大量基督徒不悦,是否也该将后者的不悦纳入功利考量?[5] 罗纳德·德沃金(Ronald Dworkin)曾试图替功利主义解决此问题。他主张只考量"我想我如何"的个人偏好(personal preference),不考量"我想

---

1 Peter Singer, 'Engaging with Christianity', in John Perry (ed.) *God, the Good, and Utilitarianism*, Cambridge: Cambridge University Press, 2014. pp. 53 - 54. 神学家汉斯·约纳斯在奥斯威辛之后也放弃了上帝全能的观念。

2 Charles Camosy: *Peter Singer and Christian Ethics: Beyond Polarization*, Cambridge: Cambridge University Press, 2012. p. 8.

3 Camosy: *Peter Singer and Christian Ethics*, p. 134.

4 Singer, 'Engaging with Christianity', pp. 59 - 60.

5 类似的问题是:一名角斗士死亡的痛苦,能超过斗兽场内数万罗马人的欢乐吗?桑德尔认为功利主义支持角斗,是忽视了功利主义的文化批判力量。斗兽场虽带来片刻满足,却培育了这种残酷文化。Michael Sandel, *Justice: What's the Right Thing to Do*, Harmondsworth: Penguin Books, 2010. p. 37.

要他人如何"的外部偏好（external preference），并指责功利主义被后者腐蚀了。[1] 然而这种强行划界不可能成功，例如"我想有钱"其实出自比较心"我想比别人更有钱"，必然意味着"我想别人比我穷"。个人偏好与外部偏好间无法划界，根本上是因为此在于世界即与他人共在。功利主义不否认非理性的欲望，例如将自己的意识形态强加于他人的欲望；却要将其与导致的巨大痛苦相比较，且有消除这些意识形态的长远计划。坚持践行非意识形态的行为，本身即是在批判意识形态。况且信息技术穿透了社群的边界，当远方的进步主义者听闻，保守派社群中一名饱受折磨的病人不得安乐死，同样会痛苦；如果双方人数旗鼓相当，进步主义者和宗教徒的欲望应当算作相互抵消，功利主义者仍应当只考虑病人的痛苦。边沁认为，各地的法律实践可以适当尊重当地的意识形态，哪怕它既愚昧又痛苦；然而社群的边界在信息时代被削弱了，在地性（locality）的效用考量也会被削弱。此处涉及的更一般的命题是：当现代社会的时空切分（例如钟表）与整合（例如火车）技术瓦解了周遭世界的完整性时，人的幸福和痛苦也会沿着新的生活形式展开。

与基督教"不可杀"教条相对立的是在杀戮中取乐的残酷。迈克尔·桑德尔认为功利主义支持角斗，因为一名角斗士死亡的痛苦，不及斗兽场内数万罗马人的欢乐。[2] 这忽视了功利主义的文化实践。角

---

1 Ronald Dworkin, *Taking Rights Seriously*, Cambridge, MA: Harvard University Press. pp. 235 - 236, 276.
2 Michael Sandel, *Justice: What's the Right Thing to Do*, Harmondsworth: Penguin Books, 2010. p. 37.

斗虽带来片刻满足，从长远看却培育了残酷的文化。桑德尔将功利主义误解为经济学思维，只有经济学才从不质疑偏好或欲望是否合理，只计算供需曲线的交叉点。经济学只计算给定欲望的最大满足，无视文化变迁对欲望和效用的影响，默认文化史变化率为零。被默认不变的事物也就无所谓道德上应不应该，才会不分好坏地纳入一切偏好。

辛格强调本人和父母意愿之于安乐死、堕胎、杀婴的权重，是因为人们较熟悉切近的具体经验，且自爱和父母之爱普世皆有；他轻视宗教理由，是因为殊别意识形态会徒增取舍两难。宗教可以改变，而自爱与父母之爱不可改变，当二者矛盾时，可改变的事物应当给不可改变的事物让路。功利主义付诸言辞和行动去批判意识形态，其实是顾及未来的长远效用，意识形态带来的道德难题总得解决，一味拖延意味着在无尽未来中延续其痛苦，且旧意识形态与新时代不合更会加剧痛苦。这并非无视当代人被意识形态训练成的心理需要，主张"长痛不如短痛"的激进派也必须承认偏见瓦解的过程中伴随的痛苦。

我们可以区分哲学和历史这两种意义上的"激进"。

哲学衡量某学说是否激进的标准，是它对人性的要求高低。例如否定人性利己的乌托邦对人性要求最高，因此最激进；功利主义虽预设人性利己，却要批判一切意识形态，或至少将其视作潜在的批判对象，对人性要求也较高，这种**基进**的本质是严格性。

历史学衡量激进与否的标准，在于你打算在多短的时间内消除旧偏见：主张以代际更替淘汰偏见的，就不那么激进；主张改造成年人的思想和心理，以社会运动在更短时间内重塑文化的观点，则很激进。

　　然而以上两种激进通常是矛盾的。因为越是对人性高要求，就越需要漫长的时间，无法速成。越是要在短期内改变世界，就越要降低其理想，以适应既有的现实条件。

　　功利主义批判意识形态，其实是为了谋求未来长远幸福。假设人类将在一代人时间内灭绝，功利主义就会放弃揭露仍未被广泛意识到的偏见；因为从揭露、批判到消除一种意识形态，短期内痛苦常大于幸福。从小接受某种意识形态的人很可能拒绝改变自我，认为这有损人生"完整性"。人是有语言的动物，亦是有死的动物。从长远的观点看，人类社会有漫长的时间修正语言；然而人寿不过百年，其中黄金年华更是短暂。如果像卡尔维诺小说里那样，老人终于来到了能满足他全部青年旧梦的理想之城，又有何意义呢？青年比老年更易陷入短视的激进，原因之一便是青年的时间其实更紧迫；老人反正已错过了太多，自己无法享受到进步的果实，也易陷入短视的保守。渐进的许诺来不及补偿此生的急迫，所以当下政治承受着巨大的压力。青春与生命的短促造成了人的短视，启蒙的长远筹划也因此而艰难。

　　在对意识形态话语的批判中，可以推出功利主义的话语伦理。不妨比较以下两者：

　　一、康德式的话语伦理：说真话是善，说假话是恶。

　　二、维特根斯坦式的话语伦理：语言游戏及其规则应当简单明晰。[1]

　　功利主义对意识形态话语的批判明显属于后者。然而边沁要求政

1　Ludwig Wittgenstein, *The Blue and Brown Books*, Oxford: Blackwell, 1969. p. 17.

治语言简单明晰、具备普遍可理解性，其实也是在批判虚假意识的修辞，这与康德反对说谎区别何在呢？功利主义允许为一时权宜说出事实性谎言，却批判意识形态修辞，原因在于事实性谎言是临时的和立竿见影的，一则谎言的有限效用的影响范围有限。意识形态修辞却是弥天大谎，它经由长期宣传弥漫于世界，篡改了我们赖以理解世界的某些基础，会连带篡改诸多事实或道德命题。仍以康德的善意谎言思想实验为例：为了保护无辜者对凶手说谎"我不认识你要杀的人"，这句谎言的效用是确定且有限的；若要通过宗教宣传"不可杀"来降低谋杀率，即便在神权社会都做不到，因为狂热信仰很容易带来政治、经济、心理上的负效用，反而会滋生犯罪。

　暂时有用的意识形态若不加限制任其膨胀，会在时过境迁的未来造成痛苦。那么这里的"未来"到底有多长远，未来痛苦又如何估量呢？假设人类的未来有无限长，对意识形态的预防性批判却没有无穷大的效用。因为待到不受批判的幻觉酿成灾难，人类也会在悔恨中被迫反思它。因此，对尚且无害的幻觉的预防性批判之效用，其实是未雨绸缪胜过亡羊补牢的效用。一切效用都是有限的、可比较的，启蒙的效用也不例外。

　认为功利主义不区分意识形态的偏见（prejudices）与非意识形态的偏好（preferences）的观点，其实是把道德哲学的历史实践局限于政治这一个方面：只有哲学才区分意识形态与非意识形态的价值主张，从政治的观点看二者都是"意见"。政治是一种特殊的生活形式，它用外在强制力作用于那些很难通过理性与美说服（persuasion）改变之事，处理短期内无法说服化解的冲突。哲学关乎永恒的可能性，而政治关乎当下的必要性，后者的全部力量取自现状，比作用于未来的教育实践更短期。然而政治史只是历史的一个方面，功利主义在文化史、心智史方面的启蒙筹划须考虑与政治史的交互作用，权衡短期与长远、今人与来者的幸福。理性启蒙必会遭遇"理性及其不满"，功利主义处理该问题的方式是灵活的：当下的政治决策总要顾及这些不满，文教实践却应当勇猛精进地坚持理性，有必要尽可能维持两者的距离。学校里教的价值观无法不打折扣地投入政治实践，这并不虚伪，因为二者统一于长远的功利主义。政治规则可以立即改变而人性不能，政治理想无法突破当下的人性瓶颈；如果试图以政治运动重塑人性，当下的痛苦反而会毁坏教育，并毁坏未来的可能性。在被诸意识形态裹挟的、狭促又急迫的政治决断当下，总存在艰难的取舍，其"比例感"即是功利理性；然而功利主义不仅是一门"政治哲学"，还要兼顾长期与短期效用。

第二章　作为平等主义的功利主义

一　平等之尺度与人的道德能力

1　利益的平等考量原则

由于趋福避苦本就是人之天性，功利主义的最大幸福原则看似不是一个人际的道德原则，而只是利己的理性原则。然而，人如果只求自己一人的幸福，边沁的"关涉人数"这个功利考量尺度就无意义，"间接效用"所需考虑的范围也将大幅缩小，且只有策略意义而没有道德意义。功利主义强调启蒙的长远效用，其实已经考量了后人的幸福：尚不在场的后人力量为零，代际公平不可能出自现实政治的约束，因此必然预设了顾及他人幸福的道德原则。

正如个人权衡取舍诸效用的尺度一样，人际的道德尺度也是因有

限的时间、物质、精力和不可兼得的选择等因素而生的。正如"稀
缺"是经济学的固有概念，如果一切欲望都有无限资源和时间去满
足，就无所谓经济学；[1] "冲突"则是道德哲学的固有概念，如果诸
价值毫无冲突就无须道德。[2] 凡不可得兼的诸价值都必须排序，对众
多个体的幸福和痛苦求和必须规定人际相对权重的比例。功利主义主
张平等，边沁将其表达为"本国中每个人都算作一个人，无人算作多
于一个人"。[3] 密尔强调它是功利考量的基本原则，[4] 最后辛格主张
"利益的平等考量"[5] 且不局限于国家甚至物种，须平等权衡自己与
他人、当今与未来的幸福。

有一种观点认为："利益的平等考量"只是历史演化的结果，以
和平或合作效率来论证平等的价值只是循环论证，因为平等已内嵌于
功利计算，被预设为计算人际总效用的前提。倘若所有人都承认，甲
的幸福远比乙的幸福更重要，甚至乙自己也这样想，我们同样能"证
明"出"甲的幸福比乙的更重要"之信仰有利于增加全体幸福总量。
因此真正的道德并不是"在信仰平等的时代奉行平等"，而是"在每

1　Lionel Robbins, *An Essay On the Nature and Significance of Economic Science*, London：Macmillan, 1984. p. 16.

2　在该问题上针对过去半个世纪的非功利主义政治思想的批判，参见：Barbara H. Fried, *Facing Up to Scarcity：The Logic and Limits of Nonconsequentialist Thought*, Oxford：Oxford University Press, 2020.

3　Bentham, *Works*, Vol 7, p. 334. 至于思想史上的边沁究竟主张将利益的平等考量限制于本国，还是将此道德原则推广至普世，并无确定答案。参见 David R. Armitage, 'Globalizing Jeremy Bentham' in *History of Political Thought*, 32 (1), 2011. pp. 63 - 82。

4　Mill, *Utilitarianism and On Liberty*, p. 233.

5　Singer, *Practical Ethics*, p. 21.

一个时代奉行它所信仰的道德尺度"，前者只是后者的一个特殊表达。该观点的问题在于，它将人性视作了一种可以随意塑造的东西。

人性并不天然倾向于道德，然而只要有道德，它就有自觉或不自觉的平等倾向。这种日用而不知的平等倾向间接地展示于其反面：任何政治秩序，若要设定任一甲的利益比乙更重要，都须给出某种理由，乙与丙的平等却无需理由。等级制总需要某种理由，反过来说明平等是无缘无故的。人们总是注意到世界上的不平等，但其实平等现象远多于不平等，人们却习以为常。就像人们哀叹谎言改变了历史，却从不说真话**改变**了历史，因为世界本就**应该**由真话主导。人们只注意异常，有趣的异常却远不如寻常的真理有力量。正如谎言的机制也默认了真实性，否则谎言就无法以言行事；即便反平等的意识形态，也不是附加于一个"随机的"人际利益权重比例，而是默认平等为基点。例如君权神授论无法在"任意甲、乙利益权重比例未知"的基底上附加"国王（甲）的权重比乞丐（乙）重百倍"，因为未知数乘以100仍是未知数。当君权神授论者以神意证明国王比其他人更重要时，他们已经承认：如果不存在神，所有人的幸福就同样重要。当我们说甲站在山顶上，因此海拔比乙高时，我们必然已经预设了"人自身"的身高相近，否则山顶上的矮人不一定比山谷里的巨人高。人类学家研究某个社会中的不平等现象，必须给出具体解释：是何种社会机制或意识形态轻视了某些人的痛苦？如果人类学家找不出扭曲的社会机制或意识形态，便认为其不平等源于社会成员的人格"本来"就不平等，解释就失败了。维特根斯坦说："'规则'一词的语用和'等同’一词的语用相互交织。”[1] 因此，“法律面前人人平等”不仅是一个应然命题，而且是一个语法命题。人格平等正是一切不平等或伪平等的意识形态赖以作用的前见，只有先预设人格平等，才可能理解等级思想，否则就只剩下无序的混沌；然而意识排斥混沌，即便波洛克（Jackson Pollock）那些一团乱麻的画也是混沌中的秩序。

亚里士多德的政见有贵族主义倾向，却主张：同等事物同等对待。[2] 然而，同样俊美者有智愚之别，同样聪慧者也有美丑之别，究竟哪些方面的等同应受何种同等对待呢？现代人祛魅了意识形态的虚假差异，在属性、功能与**效用**之间建立了因果规则，排除了干扰信息，造出许多机制（例如考试）来取代那些不相干的干扰（例如出身）。至于在相关方面有差距的事物，是不能同等对待的。

征服者将被征服者贬为奴隶，不再承认二者平等，然而正因为他承认彼此的人格平等，征服才会是一种光荣；平等意识不是诞生于主奴斗争之后，而是先在的，奴隶意识只是让不自觉的平等自觉化的过程。若非先有了直线的概念，曲率的概念就无意义；启蒙哲学一旦清晰地画出了直线，弯曲就显得不可忍受。“人格平等”处在维特根斯坦所说的意义的河床底层，意识形态批判只是清除了遮蔽性的胡言乱语，让道德的这一语法命题自行敞现。种种社会意识形态建立在平等之真理的隐含基础上，却同时遮蔽着它。不存在纯粹的社会建构，一切社会建构都与人性自然打交道。批判一切是不可能的，因为批判总

---

1 Wittgenstein, *Philosophical Investigations*，§225. 本书第四章还将谈到，“规则”一词的语用与“预期”也相互交织。

2 Aristotle, *Nicomachean Ethics*, 1131a.

须基于某些赖以做批判的前见，这些前见有多坚实，批判就有多少力量。批判的本质就是在矛盾双方之间搭建逻辑通道，迫使双方相遇，让双方的诸前见相互较量。道德相对主义者，也就是那种以为道德就是意识形态的人，以及那些将平等定义为社会关系而非哲学原则的人，是看不到这一层的。

人格的等级是零和的，有高就有低，有人的重要性多于一个人，就有人少于一个人。抬高某一个人的权重，就等于略微贬低其他全体人类。然而因此产生的总效用却不是零和的，被非理性权力设定为低贱者的屈辱感，远大于被非理性地设定为高贵者的侥幸感。

"人格"之所以平等，是因为这个概念正是作为人之存在的**形式**共相被抽象出来的，而"快乐程度"则抽象出了一切价值**质料**的共相。结合形式共相与质料共相，即可推出世界上每一则经验的快乐与痛苦是平权的。否则，普全的生活世界就只是诸周遭世界之间零碎的拼贴与互渗，无法赢获一个公正的历史视域。既然"可测量性主要关涉等同性"，那么"生活世界的有效尺度的本原性究竟何在"之问题就不仅关乎算术基础，也关乎人际平等，且这一本原很难区分于艺术形式。[1] 我们无法再解释"人格平等"这个前见的来源，就像无法追问算术的最初概念"等于"何以诞生，或追问为何所有文明中都有"直"线；欧氏几何公理奠基于对"直"的自然理解，而非发明了它。我相信平等，这个"相信"不是教徒相信上帝存在的"相信"，而是

---

1 本哈德·瓦尔登费尔斯：《生活世界之网》，谢利民译。北京：商务印书馆，2020 年。第 223 页。

贡布里希相信秩序感存在的"相信"，我**不得不**相信这些。

功利主义认为，看见人际效用得到平等考量有令人**心悦**的内在价值（直接效用）；正因为此，平等才有维系政治和平或人际和谐的令人**诚服**的外在价值（间接效用）。

功利主义拒绝像宗教那样虚构一套世界观或修辞为平等"奠基"。宗教不能加固平等，与宗教结盟只会成为哲学的负累，将宗教的失败牵连至平等的失败，或扭曲平等的意义与尺度。宗教远不如哲学确定，较不确定的原则不能为更确定的原则奠基，尽管这是人们在寻求"奠基"或"证成"时经常忘记的。

将人格平等归结为类似"等于"或"直线"的形式秩序，并不意味着心理主义，因为心理学不区分抽象出来的和演化而来的东西。我们要提防一种粗糙的演化论，它将道德普遍性混淆为互惠性，认为普遍平等是互惠交往的博弈演化结果。普遍平等的道德源自哲学抽象，绝非"自然而然"演化出来的，历史环境等外部条件不能直接决定精神形式。长远利己的互惠性无须预设平等，它的道德化其实是"报"，其理想是恩怨分明，而非普遍平等。历史上的普遍主义理论，恰恰不产生于最需要互惠的商人或家人之间，而是由最抽离于具体互惠关系的僧侣阶级提出的。即便在保障诸利益和谐一致的完美制度下，互惠性也只是激励道德实践的工具，而非道德尺度本身。互惠关系基于长远利己的预期，甲帮助乙是希望乙回报甲，然而普遍的道德却让乙去帮助某个无法回报他们的、尚未出生的丙。仅考虑互惠性的社会是狭隘和短视的，社会应当更多地支持那些为了更远的未来而付出、其价值却较难在市场交换的人。最典型的例子是母亲，此外还有科学家等研究永恒真理的人，如果仅有短视的个体间互惠交换，就不会有人愿意生育，也没有人能有足够的资源研究科学。而艺术家获得名誉与支持的资格，也应取决于能否给未来人带来广泛的长远幸福。功利主义关心道德应得以促进行善，互惠性只是一种激励手段，不具备排他性的优先权。

人类并非天生就会思考自我与他人的利益权重比例，但人一旦有了这种问题，就必然有平等意识；尽管平等意识不一定强过其他意识，例如同样人人皆有的利己意识。道德作为人性的发明，必然基于某些人性事实。事实与道德的二分，不是说人性中不存在支持道德的事实，而是说我们无法非道德地选择此种（平等）而非彼种（利己）人性事实来建立道德。

以上观点意味着平等内在于道德中，却不能说道德内在于理性中。休谟指出理性并非道德的充分条件："宁愿整个世界毁灭，也不愿擦伤我的手指并不违背理性。"[1] 尽管这有所夸大，但宁愿与己无关的那部分世界毁灭，也不愿砍掉手指，确实不违背理性。道德原则不是心理的，而是判断各种心理是否道德的标准，否则说某种心理是"好"或"坏"、"有助"或"有碍"于道德实践就无意义。道德心理学考虑的即是何种心理（例如善意、爱、同情、渴望承认、比较、嫉妒、幸灾乐祸）在何种条件下有助或有碍于道德实践。

---

1 Hume, *A Treatise on Human Nature*, p. 416.

2 对同情的批判

我们考察人类践行功利主义的实践能力。人首先必须有认知他人的幸福和痛苦的共情（empathy）能力，才能知道自己的行为之于他人的价值。然而共情的首要问题，就是他人的体验不能被真正地、原初地给予我；同时，我对他人的理解，也并非简单粗暴地将自我投射到他人的位置。

共情能力基于某些共有构造，例如正常的身体。[1] 人类的表情被理解为生物语言。假设有人用笑容表示悲伤、用恸哭表示欢乐，他人不会意识到共情失灵了，而是仍会用一般规则推测其幸福和痛苦，并认为他是疯子。音乐之幸福和噪音之痛苦对于聋子都无意义。假设在某颗永远一面朝向恒星的行星上，生活着无须睡眠的外星人，他们将很难共情地球人对昼夜、晨昏和四季的体验。人类共同的诸生活形式（Lebensformen）是理解人类的诸价值体验的前提，其中最坚实的，例如有语言的动物渴望逻辑自洽，有死之人偏爱青春胜过衰老。意识形态会遮蔽人类共同的生活形式，增加共情理解的难度；意识形态越多元，体验就越陌生。

然而共情体验仅是认识或理解他人的幸福和痛苦，是解释学的事，平等考量众人的幸福是道德之事，分属两个层面。幸灾乐祸也基

---

1 埃德蒙德·胡塞尔：《生活世界现象学》，倪梁康、张廷国译。上海：上海译文出版社，2005 年。第 150—192 页。

于共情这一认识能力。完全可能存在共情能力强的恶人，或共情能力差、总是将贫乏的自我投射到他人身上的善人，其善意常是"己所欲，施于人"的愚蠢。

休谟认为是同情（sympathy）心理让我与他人的幸福度成正相关，他人的幸福或痛苦增进我的幸福或痛苦。相反，比较心从他人的劣境折射我的优越，以他人的优越反观我之劣境，其快乐和痛苦与他人成反相关。[1] 因此，同情心让利己和利他相合，比较心则让利己与利他相悖。然而边沁在描述同样的现象时，将休谟所说的"同情"换成了"仁爱"：我们会因他人幸福而产生"仁爱之幸福"，但也会因他人的痛苦而产生"仁爱之痛苦"。[2] 本节将说明"同情"与"仁爱"之间看似细微的区别是关键的。

边沁认为"同情与厌恶"等主观情绪皆有任意性，若视为道德，则会否定一切原则。[3] 这是因为同情不是**一种**心理，它的发生原理繁多，可能相互矛盾。有的人只同情战友，对敌人便如严冬一样冷酷无情；有的人反而更同情敌人，因为他相信为错误的理由而战，毫无意义地虚掷生命才更悲哀。前者在像自己的人身上看到了自己的影子，后者却悲哀于生命的无意义。生命有狭隘与阔大之分，最广大的同情源自普遍的慈悲善念。一场比赛结束后，有的人更同情末位者，有的人却同情第二名，认为第二名最遗憾和不幸；这两种同情，前者是基督教式的，后者是希腊悲剧式的。作为一个心理词汇，"同情"囊括

---

1 Hume, *A Treatise on Human Nature*, pp. 590 – 596.

2 Bentham, *An Introduction to the Principles of Moral and legislation*, pp. 36 – 40.

3 Bentham, *An Introduction to the Principles of Moral and legislation*, p. 16.

了太多幽微的东西。

无论在日常语言中还是在思想史上，对同情的讨论多指对痛苦的同情，所以本节专门研究对痛苦的同情。同情之苦毕竟是一种痛苦，它是坏的吗？古希腊人认为怜悯（eleos）是需要排泄掉的负面情绪。尼采批判叔本华式的共苦（Mitleid）令生命凋萎，在基督教文化中还会引起虚假的自我惩罚和罪化。然而许多人认为：按照功利原则，尽管同情本身增加痛苦，但只要同情激发出了利他行为，且对他人的增益大于自身的损耗，同情就是善的。

在道德哲学中，康德认为同情心理本身无法由理性确立为义务准则，成为思想史上最严厉地批判同情的哲学家之一。[1] 同情与康德哲学的相左之处，更在于康德要尊重的不是具体的私人体验，而是人性中普遍的道德可能性。同情不加区分地对待现实人性中坏的一面。边沁反对同情心理的任意性，作为理性主义道德哲学，边沁与康德对同情的批判都在于它缺乏原则。然而道德心理学从未主张过同情本身即是道德原则，它只是一种有助于道德实践的心理。我反对这一观点。

为他人的痛苦感到悲伤并不激发道德实践。同情让利己与利他相合，并不意味着它能凭此产生利他行动。谁会为摆脱自己的同情之苦而去助人呢？这种企图为人的一切动机寻找"利己基础"的心理学是荒谬的。"同情令人抑郁，当人同情，他就乏力。"[2] 它无法让人奋起行动，真正激发行动的是另一些积极有力的心理，只因它们相伴而生

---

1 Kant, *Grounding*, p. 11.

2 Nietzsche, *Der Antichrist*, KSA 6, S. 172.

才彼此混淆，将道德行动归功于同情是一种狐假虎威的错误归因。真正激发行动的情感，有因道德理性被冒犯而引起的义愤，或因自觉有力量助人而感到的责任。不是同情触发了道德，而是某种痛苦是否合乎**应然**决定了人是否同情，我们不**会**同情罪有**应得**之人，因为先在的是理性。同情心是一种心理，而人的心理是有语言的，同情随附于某种意义：只有当我们认为某种痛苦**应当**消除，才会去同情；痛苦越**不应得**，同情心越强；在尚不清楚是非曲直时，我们也会同情他人，这是因为我们在信息不足时默认他人有较大概率是无辜的，这种道德默认一旦被颠覆，同情也随之消散；如果"常人无辜"的默认经常被颠覆，人的同情心也会变浅。所以边沁准确地将同情带来的痛苦称作"仁爱之痛苦"：同情伴随仁爱而生的副现象，同情之苦是因知晓自己仁爱的对象受苦，导致仁爱意向不能满足。善良意志先于同情，而非相反。许多人误认为同情先于善意，将其误解成一种无语言、无前见的"本能"，仿佛我们的（语言的）第二天性与（感官的）第一天性是割裂的；这是对"人"的误解。康德这样解释道德实践的心理动力：德性即是"斗争中的道德心志"[1]，苗力田将康德的德性观解释为"德性就是力量"[2]。凡是理性主义道德，都得将德性理解成践行理性的心志力量，在这方面功利主义赞同康德。相反，同情之苦源自受挫的善良意志，它令人软弱甚至沉溺。

同情心不提供道德行动力，合乎道德的同情心也只是善良意志

---

1 Kant, *Critique of Practical Reason*, p. 109.
2 伊曼努尔·康德：《道德形而上学原理》，苗力田译，上海：上海人民出版社，2005年。

（受挫）的诸心理之一，并非唯一的心理反应，另一种更强有力的典型反应是义愤。萨特（Jean-Paul Sartre）曾夸张地指出过，心理悲伤在相当程度上是我们自己的选择，我们其实能够控制自己停止悲伤，例如他人的打扰能让我们暂时放下悲伤。[1] 萨特的观点对于承受真实痛苦的人来说言过其实，却适用于单纯的同情之苦。同情即便不是我们有意识的主动选择，也是生活经历中的文化选择，且受他人影响。

既然同情不激发道德，而是随附于道德，同情之苦不是仁爱的原因，而是仁爱受挫的结果；那就不存在"徒然同情"与"有用的同情"之分，有用的始终是仁爱。除了徒然同情之苦这一直接原因，许多哲学家对同情持保留态度，是因为同情心理的来源多样，它含糊了普遍的道德、差序的直觉、偏狭的意识形态之间的区别，会混淆理性与非理性，或引起政治上的党同伐异。

亚里士多德认为同情作为一种感情，总会过度或不足，并将其排除出了德性伦理学。[2] 他是在讨论城邦政治的演说术（也就是宣传术）的《修辞学》中讨论同情的，"人们怜悯与己相似者，无论其年龄、品性、习惯、阶层或出身"，因为人们从与己相似者的不幸中，看见了自己遭遇同样不幸的可能性。[3]

卢梭有条件地赞赏同情，却也指出其差序性：人只会同情自己可能遭受的痛苦。同情心偏向于自己更关心者，而非更苦难者。人只在

1　Jean-Paul Sartre, *Being and Nothingness*, trans. Hazel E. Barnes, New York: Pocket books, 1978. p. 61.

2　Aristotle, *Nicomachean Ethics*, 1105b–1106b.

3　Aristotle, *On Rhetoric*, trans. George A. Kennedy. Oxford: Oxford University Press, 2007. Book II, 8, 1386a.

想象痛苦时有同情心，正在亲历痛苦的人很少同情他人。[1] 然而卢梭认为人类更倾向于同情苦难而非幸福，则是一种误解。人们更倾向于同情的其实是他认为应当施予善意的人，无论幸福还是痛苦。如果真的有人无原则地既嫉妒一切幸福者，又同情一切悲惨者；那么无论他人幸福还是痛苦，他体验到的都是痛苦。

亚当·斯密（Adam Smith）认为同情的功能只是站在他人的立场上思考，以与自身保持距离，并达到"公平且无偏倚的旁观者"。[2] 斯密以"同情"入乎其内，终是为了出乎其外，达到客观视角，而非让自我与他人建立紧密的情感联结。他多次谈到亲疏远近会影响直觉，指出同情心理有差序性，做不到平等考量自己和他人。[3] 斯密举例道，如果某个欧洲人得知遥远的中国毁于地震，他的同情之苦会远小于砍掉一截手指。可见倘若只有同情心理却无道德理性，人就会为自己的一截手指牺牲遥远的亿万性命。斯密指出："我们胸腔中的理性、原则、良心，这内在的人，才是更伟大的仲裁者与指导者。"[4] 随附于直觉的同情继承了远近亲疏之别，在我们的时代，远近之别即

---

1 J. J. Rousseau, *Emile, or On Education*. trans. Allan Bloom. New York: Basic Books, 1979. pp. 224 – 225.

2 Smith, *The Theory of Moral Sentiments*, pp. 128 – 129. 这种作为认识能力的同情在后来被区分为共情，只因 18 世纪英语里没有 empathy 这个词，才统称为 sympathy。

3 Adam Smith, *The Theory of Moral Sentiments*. Cambridge: Cambridge University Press, 2002. p. 11.

4 Smith, *The Theory of Moral Sentiments*, pp. 157 – 158. 据波伏娃回忆，西蒙娜·薇依曾为远在中国的地震而大哭，这也许是同情与关怀心理的极限。但即便在她的例子中，斯密关于同情心因亲疏远近比例不同的命题仍然成立。参见：Eric O. Springsted, 'An Introduction to the Life and Thought of Simone Weil' in *Simone Weil*, Maryknoll, NY: Orbis Books, 1998. p. 15.

是与媒体镜头的距离。然而理性却尽可能超越眼前，将广大世界的诸方面关联理解，并平等考量其中的诸价值。

同情心理的以上缺陷，源自直觉的缺陷。直觉有近大远小的比例失调，达不到道德的要求；当随附于直觉的同情与随附于善良意志的同情相混淆并僭称道德时，人性之有限就会变成意识形态之偏狭。休谟认为同情心与比较心是相反的，但只要两者的对象被划分于共同体内外，那么同情自己人就与嫉恨他者不矛盾。况且同情心与比较心都将注意力投注在他人，专注于他人的生活的人，同情心和比较心都可能较强。专注于自己所要完成的、属于自己的事情的人，同情心和比较心都会较弱。

人们常以为功利主义是系统的，而直觉是非系统的。这纯属误解，因为系统必然存在。涂尔干（Emile Durkheim）研究过自杀的传染性，视其为无关社会结构的"纯心理现象"[1]；然而，塑造心理直觉的传播媒介却有结构，对自杀的传播会导致数百万读者的同情之苦。视同情为道德的误解也会构成系统：一个激励人们虚伪地表演同情甚至以苦为荣的系统。这仍是因为我们默认它随附于仁爱。直觉并非不参与构造系统，它只是拒绝反思某种行为一旦可重复化、规模化后所必然形成的系统。

社会越广大，直觉的弊端越明显。熟人社群中的生活情境具体、准确且有限；而在大众媒体和网络时代，随附于直觉的同情的对象是

1　Emile Durkheim, *Suicide: A Study in Sociology*, trans. John A. Spaulding & George Simpson. London & New York: Routledge, 2002. pp. 74–94.

标签化、模糊且无穷的，同情之苦的传染性、意识形态性和虚伪性被放大了。对想象中的遥远痛苦的同情，容易沦为道德意识的自欺。对痛苦的认知越具体，越能将其追索至清晰的因果链，我们就越是将其与世界上的其他事物隔开；对痛苦的想象越模糊，它越弥散于人的世界背景，越仿佛世间万物都因某一痛苦而失色。造成痛苦的施害者可以是分散的，例如1933 年投票给纳粹的选民，但必然具体存在；如果施害者是某种制度和结构，罪责将归于其缔造者并分散至其拥护者。如果造成痛苦的力量来自某套意识形态话语，罪责就归于话语发明者并分散至其使用者。对痛苦的归因越具体，改变的希望越大，对心理的伤害也越小；谁若把所见一切痛苦都归于"现代性"或"人性"这样的大词，总在问"世界"会好吗，就势必满怀无能的苦恨，同情之苦也最强烈。面对具体罪行导致的苦难，连一条具体的法律都无力修改的人，却要通过让人类都变成圣人来解决问题；也正是那些无力具体地改革法律的人，更易生出这般空洞的幻想。承受具体痛苦的人只需解决具体问题便不再痛苦。痛苦不同于悲观，一位病痛者的精神底色，可能比主张同情的悲观主义者敞亮得多。叔本华是现代人将同情道德化的真正起源，这与休谟、斯密、卢梭所说的那种面对面社群中切近具体的同情不同：广大的同情出自想象，以同情观万物，万物皆着悲观之色彩，经由意识形态放大形成了"世界性痛苦（Weltschmerz）"，当痛苦成为"世界"的属性，不仅禁欲苦行成了自然的选择，审美观照也堕落为短暂的出世逃避。[1] 近年来流行的新词"政治性抑郁"即是当代的同情道德，但它更狭窄了，仿佛现时代的"政治"不仅是诸生活形式之一，更占据了全部的注意力。

同情在大规模社会中的弊端，解释了为何上文中众多哲学家都对同情持保留态度：因为能产生前述哲学家的社会一定已是复杂、大规模的陌生人社会，这些弊端已很明显。然而在文化史上，同情反而兴起于熟人社群解体之际，直到叔本华、费尔巴哈和孔德的时代才被宣扬，其背后原因是社会与文化变迁。

理解同情的名声为何上升，关键在于理解仁爱的名声何以冷落。古代熟人社群规模小，生活简单，文化较统一，施善对象具体有限且天然具备互惠性。随着社群的瓦解，在广大的陌生人社会中，个人的仁爱实践变得困难：大都市里的过客们是否如同古代乡民互助一样，有义务救助每一个路边的流浪汉呢？古人受困于窄小的世界中，其周遭世界就是整个世界，博大的仁爱与切近的关怀是合一的；身处巨大世界中的现代人，却面临两者的分裂。亲熟社群成为现代人的乡愁，被想象的共同体取代，人们仍然渴望社会成员如熟人社群那样彼此对待。正是在这样的条件下，同情成为道德，取代了仁爱德性：这恰恰是因为仁爱必须付诸行动，且在广大的现代世界中要求无偏见的公正，而同情只是一种廉价的心理状态。

功利主义同样诞生于现代世界前夜。与宗教道德相同，功利主义

---

1 Frederick C. Beiser, *Weltschmerz: Pessimism in German Philosophy*, 1860—1900. Oxford: Oxford University Press, 2016. pp. 59 - 62.

也强调仁爱；与宗教道德不同，功利主义不是绝对道德而是程度道德，承认价值认知的信息有限，因此也适应庞大且复杂的现代世界。然而"同情"这个词带有的心理暗示是一切道德理性无法提供的。熟人社群的瓦解和宗教的衰落令现代人孤独，现代人不比过去的人更能爱，却更缺爱。善良意志是触发同情的原理，却无法提供"同情"这个词暗示的"共同体"或"人际联结"之意义。在那些从不分析"同情"之原理的人心中，这个词有着心灵感应的魔力，这种幻觉满足了相濡以沫的心理需要，其弊端如尼采所说，是容易沦为以邻人为准绳的畜群道德和集体自愚。同情是差序的，其政治意涵并非普遍平等而是集体主义。同情的对象是情绪，它倾听情绪而非追问情绪背后的意义，无论多么荒谬的话语产生的情绪都要求"同情的理解"。从现代到后现代，时代越宽容非理性情绪，越赞美同情。同情一种情绪必须连带同情它背后的意义，至少暂时**赞同**这种意义所基于的语境和前见（而仅仅理解一种意义无需赞同，只需**意识到**它的语境和前见），因此是非理性思想的传染通道。而道德坚持理性情绪的优先权，贬低非理性情绪，在直觉上看似无情。

　　然而人的同情并非"动物本能"，其对象和范围取决于意义系统。只有道德理性坚持平等对待普全的生活世界，理性的没落终会令同情也紊乱狭隘。身处撕裂社会中的人一边主张相对主义，一边仍把同情当作救命稻草；殊不知"同情"这个词虚构的共通感，只在有普遍道德共识的时代才能团结人类；到了意识形态撕裂的时代，党同伐异者只同情自己人，同情虚拟出的共通感也只会让社会撕裂更情绪化。撕裂社会中的人们眷念昨日的世界，本能地抓住同情情绪，企盼它仍能发挥黏合剂的作用，却不知同情只会虚拟地放大情绪而不能扭转情绪。人类的团结必须依靠高于私人情绪的力量，而非拉住我们往下坠的消极情绪。

尼采说同情是"太人性的"，其备受推崇折射出人们已不认识更高的德性。他说哲学是"为一切人又不为任何人"的，即是说哲学的普遍尺度向一切人敞开：在较好的时代，它昭示着时代的可能性与活生生的希望；而在较糟糕的时代，当人变得短视、绝望且可能性被降低，理性的原则便只会刺痛人，于是哲学也就"不爱邻人，爱最遥远的未来人"[1] 了。功利主义也是一样，它能够适用于一切历史情境，就无须为任何情境弯折自身的原则。哲学原则无法改变，道与人的距离完全取决于人与道的距离。哲学爱的不是具体的人，而是人性所能企及的理想；正是这种爱坚定了价值的尺度，才能公正地对待具体的人，这是一切真正哲学的特征。宽宏博大的普遍主义通常孕育于充满希望的时代，同样的道理在危机时代却显得高处不胜寒。近年来，道德理性主义衰落而同情道德兴起，这一思想史变迁也应当如此理解。反过来说，尼采将平等误解为同情道德，同样阻断了解决之道。我们应当承认，日常描述心理状态的一些语言本身是错误的，并用揭示思维的真实构造的语言取代含混的心理词汇，将"同情之苦"改写为"善良意志受挫之苦"，以澄清它真实的发生原理，这就能将某种同情是否合理的争论还原为善意对象的道德地位争论。

道德原则不是心理的，道德行动力却受心理影响。下面我们讨论

---

1 Friedrich Nietzsche, "Von der Nächstenliebe", KSA 4, S. 78 - 79.

二者与道德实践的关系。

3 诸心理类型的道德行动力差异

由于苏格拉底许诺了美德即知识，"什么是善的生活？"和"怎样的人生才值得过？"这两个问题的答案是同一的："未经反思的生活不值得过。"然而对于现代人而言，它们**在理论上**已是两个不同的问题，前者属于道德哲学，后者属于生存论。二者仍有关联，却已不再同一。无论美德还是知识，都不再许诺追求美德与知识的人生值得度过，理性也不再许诺理性之力量终将胜利。当人类不再能对宗教信以为真，道德的价值陷入疑问，真理的价值也遭怀疑。功利主义这门最抽象的道德哲学本身就是对"道德的价值何在"这个问题的回答：无须另立"善与恶"，让一切价值评价紧扣"好与坏"，所谓"善与恶"不过是"好与坏"的比例。道德的价值并不异于非道德的价值，而是对诸多非道德价值的统筹。问题在于，此处关涉的是谁之幸福？这一追问须直面如下问题：如果以"最大多数人的最大幸福"规定"善的生活"，以"个人幸福"规定"值得过的生活"，这两种生活**在实践中**能否相统一？

辛格试图证明功利道德能增进个人幸福，为奉行利益的平等考量原则提供理性的理由。他意识到"为什么应当道德地行事"不同于"为什么应当允许堕胎"等具体问题。[1] 前者质疑的不是某种具体行

---

1 Singer, *Practical Ethics*, p. 314.

为的道德属性，而是道德实践本身。在关于西季威克的作品中，辛格说这是"最深刻的道德问题"，并认为西季威克未能给出理性的答案。[1] 辛格承认这一质问"道德"的问句中本身就有"应当"，已经预设了道德的观点，因此不是一个有意义的问题，[2] 却仍坚称：即便无法"为道德提供**道德的**根据"，也要为"为什么道德地行事"提供一个基于个人幸福考量的**理性的**答案，即"人性中的哪些事实说明伦理与自利是相合的"。[3] 当然，我们不能遗忘了相反的问题，即：人性中的哪些事实是与道德相悖？对人性**事实**的研究有助于阐明：人性能在何种程度上奉行功利主义？抑或，功利主义受到哪些**事实条件**限制，能够要求人类在何种程度上奉行它？一旦在某方面越过人性的限度，就反而会导致更大的痛苦。

辛格对人的道德能力做了两重界定：第一，能否平等对待现在和未来的幸福；第二，能否平等对待自己和他人的幸福。他依此区分了三种心理类型。

第一种：不顾及自己的未来与他人的幸福，只享受一己当下快感。辛格称这类人为"人格变态者"（psychopath）。

第二种：平等考量自己当下与未来的幸福，却不顾他人。即"审慎的唯我论者"。

第三种：平等考量自己当下的幸福、未来的幸福、他人的幸福。

1 Katarzyna de Lazari & Peter Singer, *The Point of View of the Universe*: *Sidgwick and Contemporary Ethics*. Oxford: Oxford University Press, 2014. pp. 149 - 162.

2 Singer, *Practical Ethics*, p. 315.

3 Singer, *Practical Ethics*, p. 327.

即"道德的人格"。

心理差异无法穷举。然而以上三类倾向，却已从功利主义视角涵盖了除损人不利己的恶意或自恨自残之外的一切心理类别。此三者共存于一切人身上：人人皆有及时行乐、长远利己、道德平等这三种倾向。人心并非永远一致，可能在前一刻及时行乐，在此刻长远利己，在下一刻唤醒了道德良心。辛格承认，这三类心理产生快乐和痛苦的机制不同，我们很难居高临下地怜悯"人格变态者"因其不计后果的行为而招致的痛苦：

> 人格变态者的存在驳斥了如下立论：每个人都具备仁爱、同情和罪恶感。这看似瓦解了在这些品性与幸福之间建立联系的企图。但在接受后一个结论之前，让我们稍作停顿。我们必须接受人格变态者对自己幸福的评价吗？他们毕竟是众所周知的高超撒谎者。此外，即使他们向我们说了实话，当他们看来不能体验在较正常者的幸福和满足中起了很大作用的情感状态时，他们真有资格称自己是真正幸福的吗？诚然，人格变态者可以用同一论证反驳我们：如果从未经历过不受任何责任约束的激动和自由，我们怎能说自己是真正幸福的呢？由于我们不能进入人格变态者的主观世界，他们也不能进入我们的世界，这个争论就难以解决。[1]

---

1 Singer, *Practical Ethics*, p. 329.

辛格将此类心理类比为"被强迫坐下来看《李尔王》的儿童"，却不得不承认这一比喻修辞"不太可能用科学的方式证实"。[1] 毕竟伟大的艺术中常有疯狂的激情，及时行乐者完全可能比辛格更喜欢《李尔王》。

至于第二种心理倾向，虽然平等地关心现在与未来的幸福，却认为自己比他人更重要。利己主义者能够相互理解，却仍相互冲突（二者分别说明了政治之可能与政治之必要）：

> 杰克一旦采纳了纯粹唯我论，它就引导他增进自己的利益，吉尔一旦采纳了纯粹唯我论，也会增进自己的利益。于是，他们就具体行为产生了分歧……当纯粹唯我论的理性行动者的行为相互抵触，并不表示他们对纯粹唯我论的合理性产生分歧。[2]

辛格还认为，只关心自己的未来而不顾他人的人，其快乐其实在追求未来的过程中，而非达到的状态中：

> 由于他们有扩张自身利益的目的，审慎的利己主义者或许能在他们的生命中找到片刻的意义，然而这些积累将换来什么呢？当我们实现了全部的利益，真的就能坐下来享受快

---

1 Singer, *Practical Ethics*, p. 330.
2 Singer, *Practical Ethics*, p. 319.

乐了吗？我们能通过这种方式获得快乐吗？抑或我们将决
定：我们尚未达到我们的目标，在坐下休息之前，尚且有某
些其他东西是我们所需要的？[1]

　　辛格认为利己的心理类型不是追求某个具体目标，而是追求"追
求"；目标的达成即目标的消失，奋进的欲望一旦枯竭就会滑向虚无。
然而，这种将全部欲望投射于未来目标的意识也可能是道德的，道德
的欲望也可能永不满足。伟大的人可能永远渴望更伟大，无论是否道
德；他们令常人瞩目的成就，或许只是其心中更远大目标的半途折
载。"他们浑身是力，因此必然积极充沛，其幸福无法区分于行动。
他们将积极行动认作幸福的必要部分。"[2] **行为**功利主义也必然将积
极的行动力视作一种重要的德性。这些人的幸福源于专注的投入，
"利己"也好，"利他"也罢，这些念头并不占据其意识。创作艺术、
研究科学也是人生的美好享受，不必惠及他人。约翰·赫伊津哈
(Johan Huizinga) 精辟地阐述过人类诸种活动中的游戏性，[3] 功利主
义绝不能忽视这种幸福。人在不倦的追求中获得的幸福不必小于宁静
生活的幸福。相反，自觉的利己意识专注于"我"而非"事"，沉湎
于和他人的比较，如此在世之在的生存方式是塌缩的，"我"成了一
个空虚的奇点。利己的人生筹划只有在它是间接的时候，才令人幸

1　Singer, *Practical Ethics*, pp. 332 - 333.

2　Friedrich Nietzsche, *Zur Genealogie der Moral*, KSA 5, S. 272.

3　Johan Huizinga, *Homo Ludens*：*A Study of the Play-Element in Culture*, London：
　　Routledge & Kegan Paul, 1949.

福；人若将"利己"之念时时刻刻挂在心头，多半会不幸。

　　人性中确有与道德相合的倾向，但我们不能忽视人性中与道德相悖的倾向。辛格最终承认："我们无法为'为何要道德地行事'提供一个适用于每个人的压倒性理由。伦理上无法辩护的行为并不都是非理性的。"然而，他仍对理性启蒙持乐观态度，在全书的最后一句话中意味深长地说："那些有反思力提出本章所讨论问题的人，最有可能领会为采取伦理观点而提供的诸多理由。"[1] 这与《人性论》第三卷结尾相近，休谟认为道德反思本身就产生道德力量。既然道德能力是心理的而道德是哲学的，这即是说，有些心理力量是**随附于**哲学反思产生的。一个认真对待道德哲学的人，可能比一个轻视道德反思的人更有使命感，边沁及其改革家门徒们即是典型。就像热衷于铸剑的人很可能喜欢使剑，尽管铸剑和使剑是两回事。然而这种影响只是**一种**可能性，不能排除相反的可能状况：对道德的理性反思也可能弱化其力量，严密而抽象的道德哲学的副作用很小，但它提供的心理力量或许也较弱。功利主义从不认为，懂得一门道德哲学，自由意志就变得无比坚强，必能做正确的事了。人的道德态度不完全取决于有没有严肃地反思道德，个人性格是坚定还是软弱取决于多种因素。功利主义的道德实践热情，除了来自具体地改善某事态的幸福感，亦有对人性中某些最基本的幸福的共通的信念，或将自身的细流融汇至浩瀚的宇宙中的感情。

　　人的道德行动力是否充沛，不仅取决于主动的反思，更取决于另

1　Singer, *Practical Ethics*, pp. 334 - 335.

一些因素。人对道德实践有多少坚持，取决于道德所关联的意义构造有多么深广，例如我的信念在世界历史意义上是否正义，或人的自由意志在宇宙秩序中的位置。在事关稀缺资源的事情上，道德的人格将自身与他人视作同等重要，却要将个人尊严等非稀缺价值视作不容折损的，"顶天立地"的"大写的人"当然比自轻自贱者更容易道德地行事。

在辛格关于个人幸福与社会效用的论述中，"社会"或生活世界是一种无结构的、被动的道德实践对象，辛格并未讨论个人与社会的互动行为及其之于功利主义的意义。下一节将讨论这一点。

二　个人行为与社会功利

1　利己、利他与认知亲疏

上一节说到，利己主义之所以无法成为道德原则，是因为普遍的利己主义会产生矛盾。然而斯马特指出，同样的批判也适用于利他主义：

> 我们必须记住，功利主义的最高道德原则并不表现为利他主义，而是博爱；行为者既不将自己算作比任何人更多，也不比任何人更少。纯粹的利他主义不能作为普遍道德的基

础，因为即便情况完全相同，它也可能将不同的人引向不同
的甚至矛盾的行为。当两人相互谦让，请对方先通过一扇门
时，无解的悖谬就产生了。[1]

"不平等"的责难不仅适用于过度利己者，也适用于主张任何生
命更优先者。严格地说，任何偏爱都不道德。人们不会将利他偏爱视
为道德，这些情感却令人幸福。利他心受到颂扬，不能解释为它比利
己更道德。斯密洞见到了利己心的效用：

> 我们不会轻易怀疑任何人缺乏自私，然而这并非人性中
> 坏的一面，或我们未能怀疑却本可怀疑的。如果有人不是为
> 了家庭或朋友之故，却不去适当地关心他的健康、生命和财
> 产，这无疑是一种缺憾。而这本是仅靠自我保存的动机就能
> 促使的。[2]

边沁在《宪法典》中则更进一步：

> 假设有任意两人，只有 B 考虑 A 的幸福，而 A 从不顾
> 及自己；只有 A 考虑 B 的幸福，B 也从不考虑自己，如果
> 这种情况普遍存在，物种将无法存续。即便不在几天或数周

---

1 Smart, 'An Outline of a System of Utilitarian Ethics', p. 32.
2 Smith, *The Theory of Moral Sentiments*, p. 359.

内灭绝，也活不过几个月。[1]

这一现象的原因在于：生命对他人利益的认识，绝大多数时候都不如对自身利益的认识真切。人人优先增进自己最了解的自身利益的世界，其效率必高于人人优先增进他人利益的世界。我们全面地直接体验到自己的需求，却只能根据片面的信息认识他人的需求。利己心的社会功效，在于将人们较清楚的利益和较关心的利益合一，等效于天赋与兴趣的合一，以高效地分配注意力。注意力是一种主动的意识活动，它有稀缺性；价值重要性排序内在于注意力之构造，是它的前结构。[2] 事物的重要性总是相对于某人、某些人或潜在相关者而言的。当我们选择注意某事物而非其他事物时，不仅预设了某些事物比另一些更美、更奇异、更重要（更多地影响幸福和痛苦），也已经预设了相关人群范围：我的生活世界由我的遭遇和注意力编织而成。直觉以"我"为中心出发点，这是限制道德实践的**事实**条件。利己与功利原则都会支配注意力，人的价值实践与认知活动无法分割。不仅"重要性"直接取决于功利大小，"美"和"奇异"也有间接的认知效用：生命为何会直觉某些现象值得注意？此在被置于与他人共在之世界的中心，因此注意力的价值重要性排序以自身为中心同样合理，这与平等的人际权重比例并不矛盾。相反，如果有人无私地把有限的注

1 Bentham, *Works*, Vol. 9, p. 6.

2 导致注意力稀缺性的，不仅是时间的稀缺性，更在于人类将诸经验组织关联的能力有限，意识在任一时刻只能注意一个意识对象（尽管可包含很多相互关联的"事物"）。参见 William James, *The Principles of Psychology*, Cambridge, MA: Harvard University Press, 1981. pp. 380 – 383。

意力平均分配给遭遇到的每一个人（这在意识构造上不可能），就只会为微小幸福而牺牲极大。功利主义对每一份幸福的无偏倚，反而要求注意力分配上的偏倚。

启蒙时代首先承认"自我"的饱满和健康，因此卢梭讲自爱（self-love）与爱人，边沁讲自顾（self-regard）与善意，斯密讲自利（self-interest）与利他。愚蠢地导致自身痛苦的自私不能算"利己"。利己心的唯一缺点是比例失调，让自身的较小幸福优先于他人明显更大的幸福，但最终仍服务于爱自身。到了 19 世纪，葛朗台爱金币，却不能将金币变成令自身幸福的**生活形式**。货币的意义只在相对数量比较，所以葛朗台重视的不是自己的在世之在，而只是自己与他人的货币持有量**差异**。这很难说是利己的，功利的尺度是幸福而非货币。

边沁在《经济人的心理学》开头就说明："总体上说在一个人的生命期间，他的自顾利益大过其他一切利益的总和。简而言之，自顾心是主宰性的，它无处不在。"[1] 因此，人类在做道德行为决策时，也须预设他人是利己的。**小范围内**的无私可能反而使规则失效，导致**更大范围**的恶。例如子贡赎回奴隶，做了善事却拒绝领赏，孔子批评他：如此会让别人不再愿意行善。再如一名工人，因热爱自己濒临倒闭的企业而无私奉献，甘愿以极低的工资努力工作，即是在给坏企业输血：不仅拉低了同行业其他工人的工资水平，还拖延了低效企业的破产。企业这种组织的存在理由仅是降低社会成本，即企业内部的管

---

1 Jeremy Bentham, 'The Psychology of Economic Man', in *Jeremy Bentham's Economic Writings*, W. Stark (ed.) London & New York: Routledge, 2005. p. 293. 另参见: Bentham, *Constitutional Code*, p. 5.

理成本应当低于外部市场的组织交易成本。这既是企业存在的功利主义目的，也是其边界与规模的约束条件。[1]

纯粹的"唯他论"甚至比唯我论更有害。只因为利他心能在一定程度上抵消人性中过度的利己心，才广受称颂。一个例外证明规则的例子是：理想的家庭需要的既非自私的父母，也非一味牺牲自己的父母，而是平等地对待孩子的父母。由于父母的利己心和利他的父母之爱相抵消，已经趋于平衡，这时人们就不再一味鼓励无私奉献。辛格等功利主义哲学家倡导有效利他主义（effective altruism），主张有效地使用有限资源施行利他行为。然而事情的不对称性在于，我们既无须强调利己心，也很少怀疑利己行为是否在帮倒忙。

"毫不利己、专门利人"这种不平等的价值观被广为称颂，反而说明人类优先利己的倾向根深蒂固。继续分析边沁提出的情境：A 将 B 的幸福置于自身幸福之上，B 也将 A 的幸福置于自身幸福之上。这样的世界不会充满幸福。因为倘若 A 真的将 B 的幸福置于自己之上，那么当 A 得知 B 也这样对他/她时，不仅不会幸福，反而会愤怒，且愤怒程度不亚于两个自私者的欲望冲突，因为这违背了 A 坚持的"B 的幸福高于 A 的幸福"。然而绝大多数人在此情况下体验到的是幸福与感动，由此可以反推出，利己心可能被利他情感抵消甚至超越，却不会消失。假设 A 对 B 的利他心真的超过利己心，B 若不能同等地回报 A，则可能心生歉疚，这也是源自人性中的道德平等意识。人类

---

1 R. H. Coase, 'The Nature of the Firm', *Economica*, New Series, Vol. 4, No. 16. (Nov., 1937), pp. 386 – 405. 这篇 1937 年的经典论文阐明了"管理"的必要性与边界，以及为何无政府的个体自由与过于庞杂的计划指令皆是成本极高昂的。

绝大多数的善良意愿也不是追求普遍幸福，而是实现诸多利己与利他欲望；人性不是绝对光滑的冰面，而是受到诸多互相冲突的力量支配的大海。道德的心理不是诸欲望的消灭，而是诸欲望之间比例良好。

适当的利己心能够增进社会功利，在于人类熟悉自己胜过了解他人，"我"其实是亲疏关系中"亲"的极端。事物之间的关联强弱、信息多寡受限于客观条件。功利主义不赋予熟人比陌生人更高的道德地位，然而人能够较方便、较有把握地帮助的仍是熟人；尽管道德哲学不限制功利考量的范围，人有限的能力却在事实层面限制着它。

越是在相知相熟者之间，利他实践越具体而高效，只有在深刻地理解一个人之后，善意的对象才可能是其生命整体，而不仅是某一方面，这是"爱"的前提。现代世界瓦解了中等规模的社群，产生了小家庭与大社会。陌生人社会中的利他心不以个体为对象，更关注普遍可理解的政治、经济、法律等结构，而非各异的心理情绪。陀思妥耶夫斯基说过一种现象——"爱普遍的人类，不爱具体的人"，然而陌生人之间就该如此，这是认识能力有限的人类增进社会幸福的方法。人不可能爱"这一个"具体的陌生人，除非先花大量精力让双方变成熟人，否则你爱的也只是自己的心理投射。"爱的意向可以指向整个社会，却不可能指向组成整体的每个个体"，共同体成员之间的"爱"只是一种虚伪的夸张恭维。[1] 宗教中存在爱一切具体个人的可能性，是因为它预设无所不知的上帝熟悉所有人，胜过我们熟悉自己。[2] 即

---

[1] Helmuth Plessner, *The Limits of Community: A Critique of Social Radicalism*, trans. Andrew Wallace, New York: Humanity Books, 1999. pp. 87 - 90.

[2] Michael Slote, *Morals from Motives*, Oxford: Oxford University Press, 2001. p. 117.

便将来阶层、民族、性别、肤色、宗教等区别都不再重要，熟悉和陌生的区别仍必然重要。排除一切陌生性的家乡根本不是生活世界，只是一座封闭的活死人墓。[1] 亲熟与陌生没有道德地位的落差，却有生活形式的差异，[2] 因此个体施善于熟人和陌生人的方式也不同。爱你的亲人和平等对待一切人并无矛盾，父母应当照料自己的孩子优先于其他孩子，却不该为亲族利益篡改法律，这是因为在家庭与公共这两种不同的生活形式中，增进幸福的高效方法也不同。熟悉和理解的程度不取决于血缘，因此假如你熟悉并理解一个远方的人，功利主义也鼓励你去爱他，这并不意味着当他危害公共利益时你不该反对他。

因此，功利主义承认私德与公德之差异，这是将同样的道德哲学应用于不同的生活形式的结果。亲熟切近的社群与陌生广大的社会在概念上相互区分，却在现象上相互交织。[3] 私德与公德之差别看似因人而异，只是因为人际亲疏已融入了行为的意义，影响幸福和痛苦，实质仍是因**事**制宜的。因意义而生的幸福和痛苦是巨大的。例如，如果天下父母都把给孩子买玩具的钱全捐给儿童福利组织，那每个家庭的孩子都可能更少幸福；但如果某个父母是自己孩子所在班级的老师，在教学中一视同仁就是这件事的语境所适合的。

将熟人当作陌生人一般对待，是徒然地浪费信息和打断预期，因

---

1 瓦尔登费尔斯：《生活世界之网》，第 211 页。

2 Alfred Schutz, *The Phenomenology of the Social World*, trans. George Walsh & Frederick Lehnert, Evanston: Northwestern University Press, 1967. pp. 163－206. 阿尔弗雷德·舒茨揭示的价值中立（wertfrei）的诸生活形式，是无论何种道德哲学都必须承认的生活世界的事实构造。

3 Ferdinand Tönnies, *Community and Civil Society*, Jose Harris & Margaret Hollis, Cambridge: Cambridge University Press, 2001.

此有违功利。无偏倚性原则上是对事不对人的，但人的过去已承载了当下之事的语境。熟人间的理解基于回忆的纽带，却指向未来的期望。在最相知者间，一个足够丰富的人甚至能独力支撑一个语境，达成对默会知识的默契，"世尊拈花，迦叶微笑"便是典型的一例。[1]

然而假如某个人不了解自己，却懂得另外某个人，功利主义就会要求他优先为另一个人着想，这仍然取消了利己心的合理性。道德上似乎如此。可是就事实而言，理解他人的灵魂胜过理解自我是不可能的，因为人总是经由自我来理解他人；人不可能深刻地理解了莎士比亚，却不了解他自己，因为凡是理解莎士比亚的人必定已经理解了，甚至创造了自己。自爱之强烈，不是因为每个人在道德哲学上，都自以为高人一等；而是因为在解释学上，亲身体验都是无间地被给予的（unmittelbar gegeben）。人类爱自己胜过爱别人，倾向于优先照顾自己的体验，是因为人们太理解自己。当你不了解他人，你的关心可能事倍功半，甚至成为他人的负担。解释学中的意义确定性，即是功利考量中的效用确定性。每个人都以为那些对自己而言最珍贵的人、事、价值即是世界上最珍贵的，这是因为世界乃此在之世界（例如自己的孩子总是最好的）。然而只要人际效用确定性并无明显差距，例如事关那些无涉幽微的心理差异、有普遍标准的效用时，功利主义仍然要求对自己与他人一视同仁，这些方面的自私仍与道德相冲突（例如考官不应当利用职权让自己的孩子舞弊）。

---

1 Peter Winch, *The Idea of Social Science and its Relation to Philosophy*, London: Routledge, 1990. p. 130.

法学家和经济学家用看得见的规则和"看不见的手"来调节人的主观利己行为，促成客观的利他效果。也曾有人试图改造人性，例如戈德温要以无私的仁爱实现"最大普遍善"，并认为自私和贪婪皆由社会或政治机制造成，主张无政府版本的功利主义。[1] 主流的功利主义思想不承认戈德温的空想，而利己、亲疏与平等的矛盾最尖锐地暴露于西季威克的学说。

2 宇宙的观点与人类的未来

西季威克指出，道德与利己心的矛盾无法消除：

> 一个基本的道德信念（a）：若牺牲自己的幸福能增进他人的幸福，且其增量大于我的损失，我就应当牺牲自己的幸福。但我也发现另一信念（b）：尽管说它是"道德"会成为悖论，其基础地位却毫不逊色——牺牲任何比例的自我幸福总是非理性的，除非这牺牲可以某种方式在某些时候获得对等的增加自我幸福的补偿。[2]

---

1 William Godwin, *Enquiry Concerning Political Justice*, *and its Influence on General Virtue and Happiness*, Dublin, 1793. 马尔萨斯曾批判戈德温：自私是具有一定人口规模的社会因资源稀缺而必然产生的，无法消除。Thomas Malthus, *An Essay on the Principle of Population*, St. Pauls, 1798. Chapter 10 - 13.

2 Henry Sidgwick, 'Some Fundamental Ethical Controversies', in *Essays on Ethics and Method*. Oxford: Clarendon Press, 2000.

同时，西季威克又指出，功利主义的最理想状况是平等权衡全宇宙的所有幸福和痛苦，并提出了"宇宙的观点"：

> 至此我们只考虑了单个人的"整体善"，但正如这个概念本身即是由我们意识状态中的"诸善"的比较与整合中建构的；通过比较并整合诸个人的诸善，我们提出所有人类及有知觉的存在的"普遍（universal）善"的概念。正如在之前的例子中遇到的，通过考虑整体中诸组成部分彼此之间的关系，我主张这一自明的原则，即从（若能如此说的话）宇宙的观点（point of view of the universe）看……作为一个理性的存在，在我的力所能及之内，我不得不以一般的善，而非仅以其中某个殊别部分的善为目标。一切人道德上都应当视他人的利益等同于他自己的，除非他能无偏见地判断出他人的利益更少，抑或不像自己的一样确定或易于达成。[1]

威廉姆斯认为，西季威克以彻底的逻辑推演，暴露了功利主义的谬误。因为"宇宙的观点"平等考量的，并非人人皆普遍仁爱时的欲望，反而是人人以自身为中心的诸体验，后者正是与功利主义不相容的"常识道德"。[2] 这一批评混淆了价值体验与道德判断：在**道德上**平等地考量并权衡每个人**心理上**的诸价值，并无逻辑上的自相矛盾。

---

1 Sidgwick, *The Methods of Ethics*, p. 382.
2 Bernard Williams, *The Sense of the Past*, Princeton: Princeton University Press, 2008. pp. 286 - 288.

然而"宇宙的观点"有两个实践困难。其一是认识能力有限：考量稍复杂的众人幸福都会降低确定性，更不可能顾及每一行为的最远、最间接受影响者。"西季威克去寻找宇宙，找到的却仅是混沌。"[1] 道德实践出发于此在的当下，这限制了我们的信息和力量；然而只要把收集信息的成本也计入考量，平等考量一切已知相关者的无偏倚视角就仍是对的。

第二个困难正如西季威克所说：利己心、亲疏差序和宇宙的观点相矛盾。黑尔指出："每个人都算作一个人，无人算作多于一个人，若将这翻译成实践语言，看来我就有义务（而不仅是值得赞扬）施舍我所有的尘世财产，直到和孟加拉最穷的贫民一样穷。"[2] 毕竟在每件事上，总有某个人比我更需要某些资源，能产生更大的社会总幸福。最终西季威克不得不承认，无人应当为考量全宇宙的幸福而毁灭自己的幸福。[3] 于是，托马斯·内格尔（Thomas Nagel）承认功利主义是一种非个人的（impersonal）、行为者中立（agent-neutral）的、无人能不打折扣地奉行的道德哲学，却仍然坚持："从没有人说过道德是容易的……道德哲学是关于人如何正确地生活的，仅指出遵奉这种哲学就会活得更糟糕，是不能反驳它的。"[4]

然而，由于一切行为的最终施动者都是个人，功利主义必须站在

---

1 Alasdair MacIntyre, *After Virtue*. Notre Dame, Indiana: University of Notre Dame Press, 2007. p. 65.

2 Hare, *Moral Thinking*, p. 199.

3 Sidgwick, *The Methods of Ethics*, p. 498.

4 Thomas Nagel, *The View From Nowhere*, Oxford: Oxford University Press, 1986. pp. 191-192.

具体的个人视角上做决策，问题也就不是人群中任意一人是否应当为"宇宙的幸福"捐弃自己，而是那些有意愿这样做的道德圣人，是否应当为庸人捐弃自己。如果"宇宙的观点"要毁灭一个全无偏倚的圣人来增加庸人们的幸福，会让社会平均德性水准降低，从长远看产出幸福的能力也将减少。西季威克将"宇宙的观点"理解为无差别的无限无私是短视的，反而有损于长远幸福。假如一个罪大恶极之人被劫富济贫，大多数人不会同情他；假如一位圣人因捐出全部财产而陷入赤贫，我们却会认为圣人不该以如此"不值得"的方式牺牲自己。这是因为我们相信，这样的心志在世界上远比钱财更稀缺，如此高尚的人本可以达成远比这更有益于人类的伟大事业。道德哲学家往往只考虑物质的稀缺性，并认为精神因素本不**应当**稀缺；但后者在现实中同样**是**稀缺的，心灵并不比物质更易改变，改变它需要努力与时间。

对提升全社会精神素质所需时间的预期，相当程度上解释了激进和保守的区别。激进派倾向于低估教化所需的时间，甚至误认为德性会随着社会经济的约束条件的撤销立即自动提升；在此前提下，一切特权或区别对待都是对人类潜能的压抑和非理性歧视。保守派则倾向于高估教化所需的时间，甚至误认为德性完全不可提升；在此前提下，开启民智只是幻想，重要的仅是维持德性对恶习的相对政治优势。二者在各自想象的人性事实构建的世界观中，其实都采取了符合最大多数人最大幸福的实践结论，功利主义仍然是日用而不知的道德哲学，问题出在双方都误判了人性事实。

回到内格尔的观点，他将善的要求与可执行性相分离：如果我因奉行道德而活得差，那么错的是世界而不是我。我却认为，只要承认了精神因素的稀缺性，低效消耗掉最珍贵的精神资源本就是错。马基雅维利区分了"人们应当怎样生活"和"人们是怎样生活"，其首要推论便是"身处众多不善者中，每时每刻都行善者必然毁灭"。[1] 正因为此，《理想国》第二卷中所说，要让正义之人活得好，不义之人活得差，才是道德实践避不开的限制条件；任何道德学说都要尽量地维持善恶与果报的正相关，否则这门道德将难以为继。反过来说，人的道德心智，最直接地暴露于认为何种人活得好、何种人活得差是天经地义：如果一个人认为，社会机制应当奖励有用的发明家和商人，让其比遵守义务与律法的武士或僧侣活得更好，此人就是一个功利主义者。历史上的很多动荡起于人们的道德判断与利益的相对分配不符，至于究竟是哪一方错了，则取决于哪一方带来更大的幸福或痛苦。

高尚者的自毁就是把世界让给卑劣者，任何道德想要把世界改造得如己所愿，都必须区别对待它眼中的善与恶。假想一个社会极度腐败，其中多数人非但不尊敬，反而嘲笑急公好义之人，功利主义者的善行也会更有选择性。德性之所以稀缺，在于它只在较易产生德性的环境中才受尊重。因此，功利主义者在好时代兼济天下，在坏时代既不像义务论者那样为奉行准则去做烈士，也不像德性论者那样独善其身，而是为后人谋福，尽量留下遗产给更有希望的未来人。功利主义既将每个人的幸福视作目的，也将每个人的行为视作手段。作为道德

1　Niccolò Machiavelli, *The Prince*, trans. Peter Bondanella, Oxford: Oxford University Press, 2005. p. 53.

目的，形式人格皆平等；作为实践手段，每个人产生的幸福与痛苦却不等。坏时代的特征是缺乏高效的行善渠道，导致一整代人的行善能力处于历史低谷；然而有一些长远、确定、对短期历史波动不敏感的因果链，道德实践越深嵌其中，心志就越坚定。道德目的始终是人类长远幸福，对恶的无差别慷慨才是短视的伪善。例如，亚里士多德认为真正的慷慨是"为正确的目的，在恰当的时机，以正确的方式，给对的人，适度的金钱"[1]，最能将长期效用最大化。正因为此，救急优先于救穷，"急"只是暂时的瓶颈；相反，乘人之危或明珠暗投之恶，在于掐断了原本极有可能实现的幸福。

辛格认为，演化的逻辑注定人性自私，自然倾向并非道德，却限制着实践的可能性。[2] 然而演化其实也激励利他行为：生物的自私不是个体层面而是基因层面的，基因库的整体利己恰恰解释了个体为何会利他。道德作为一种文化觅母（meme）寻求传续和扩张，也会让信奉它的个体**选择性**地利他。[3] 从演化的观点看，恰当的利他正因为能给较为利他的人群带来概率上的优势，才能够长期维系。这无关互惠性。互惠实践需要充足的时间，道德实践却会让人慷慨相助那些比自己更能实现道德理想的人，即便明知他们来不及回馈自己，或自己等不到那一天。功利主义作为觅母的差序实践，本就是一种增益幸福的文化实践，且不止传播自身，觅母的传播会支持一切与之相合的文化，反对与之相悖的文化。例如维特根斯坦的语言批判有助于批判意

1　Aristotle, *Nicomachean Ethics*, 1109a.

2　Singer, *A Darwinian Left*, p. 61.

3　道金斯：《自私的基因》，第214—227页。

识形态，叔本华的悲观主义令人自寻痛苦，所以功利主义应当支持前者驳斥后者。相反，意识形态偏见也是一种文化觅母，其扩张却更可能加速幻觉的破灭。长远的无偏倚性恰恰要求当下的偏倚，因为人类的未来是效用天平上的隐形砝码；无偏倚的道德哲学本无立场，但在历史中它有了启蒙的立场。功利主义者会优先帮扶另一个功利主义者，而非一个宗教原教旨狂信徒，因为原教旨主义会制造无端痛苦。当邪恶凝聚力量，拆掉善的城垒既是非理性的，也是恶的。功利主义作为一种启蒙哲学必然带有战斗性，其手段不限于理性说服，意识的改变总是随附于或呼唤着生活的改变。

道德本身是一种文化觅母，它必须能在与其他文化的演化竞争中延续。这既解释了不区分善恶的无边大爱为何其实在毁坏道德，也解释了严苛僵硬的道德准则为何会走向残酷。假如一门道德将无私奉献视作义务准则，它就必须与一切出于利己的行为（例如贸易）为敌；否则商人过得好，圣人过得坏，这种强迫每个人做圣人的道德要么无以为继，要么就必须打击商人。然而善恶诸行种类繁多，划分敌友的准则"底线"本身随历史境况浮动，任何僵硬的标准不是太高就是太低，因此功利主义这种程度道德在实践上优于任何一种绝对道德。不同的道德维持善人与恶人境遇落差的手段也不同，功利主义主张尽可能多地依靠奖励，尽可能少地使用惩罚。

他人与世界既是功利主义的施善对象，也是其限制条件。正因为此，个人的道德实践才需要通过交往行为与策略博弈，演变出政治的集体行动。立法行为同样是行为。有限的理性虽不足以直接考量每个人的幸福，却足以反思政治结构，思考何种规则能让众人的利己行为促进社会福祉。例如在竞争关系中不可能平等考量己方与对手的利益，但我们仍然能反思竞争机制：良性竞争虽然损及对手，却有利于更广大的幸福。有损于社会总体幸福的竞争就是恶性的，此时诸方应当以清晰坦率的言行建立信任，以共同行动打破困境。

社会并非个体的简单相加，在个体间存在着语言、暴力以及二者结成的政治规则。任何试图说服某人甘居人下的意识形态，即便耗费大量的宣传资源也很难服众。平等主义能借用利己心达到人际制衡，去监督他人在资源分配中是否逾越了"每个人只算一个人"的界限。只要维持、实践平等之信念所需耗费的政治经济成本最小，它就优于任何不平等的人际幸福权重比例，因为节省下来的成本可以生产更大的功利。下一节将讨论这一点。

3　道德平等的政治实践

在面临取舍决策时，功利主义认为诸个体的幸福权重平等。然而边沁在《道德与立法原理导论》将近结尾处论述了与之矛盾的"私人伦理"：

> 私人伦理教导每一个人如何凭借自发的动机，按照最有利于自身幸福的方法行事；而立法的艺术（它可被视作法律科学的一个分支）教导一群组成了共同体的人，如何凭立法

者的动机，按照总体上最有利于整个共同体的幸福的方法行事。[1]

边沁在其晚年最后一部作品《宪法典》中主张了第一原则"最大幸福原则"、第二原则"自我偏好原则"、第三原则"应然与实然应当统一"。"第一原则宣布了'应当'，第二原则宣布'是'，最后的原则关乎将'是'协调于'应当'的手段。"[2] 功利主义虽以相关者的幸福总量作为**道德**尺度，它对人性的**事实**预设却是自利的，并据此订立法律规则。

边沁解决利己与道德之矛盾的方案，是区隔二者的**时间**：在立法时，应当平等考量最大多数人的最大幸福；规则确立后，每个人只需增进自身幸福。里昂斯指出这是一种双重标准："每当边沁谈论或（被认为）暗示他的原则要求推进**共同体**的公共幸福时，他总是在关注被他归为**政治**事务的那些事。"[3]

边沁通过区分立法行为与其他行为，区分道德平等与利己心理分别支配的领域，以避免冲突。然而我们很难想象一个在其他行为上自私的人，能在立法议会上慷慨无私地发言或投票；即便有人能做到因事制宜"公私分明"，身兼公正无私的规则设计者和精明利己的游戏参与者，看似也会导致行为原则前后不一致（inconsistency）。[4] 然而

1　Bentham, *An Introduction to the Principle of Morals and legislation*, p. 323.

2　Bentham, *Constitutional Code*, p. 6.

3　David Lyons, 'Was Bentham a Utilitarian?' in *Reason and Reality*, London: Macmillan, 1972. p. 204.

4　Lyons, *In the Interest of the Governed*, pp. 36 - 37.

这并不意味着边沁将人分裂成了两个性格截然不同、目标彼此矛盾的人。当旨在增加幸福的规则本身以自利心为预设时，不恰当的无私反而会让规则失灵，上文所举的子贡赎人就是一例。在经济学中，未能纳入规则的外部性总是低效的，即便正外部性也是缺乏激励的低效。由于个人的亲身体验和周遭视域有限，人需要通过规则来理解世界，规则也是一种供决策的**信息**。然而规则并非世界的全部，在规则所不及之处，在历史的例外关头，功利主义仍主张博大的仁爱；英雄其实是规则不完美的结果，尽管没有任何规则绝对完美。

能够制约立法行为的规则必定不是人造法，而是限制人类的自然条件。"伦理唯我论也极少（如果有的话）建议采取只顾自我的行为，因为在考虑长远利益时我们几乎从不（如果有的话）乱踩别人的脚趾。"[1] 这并非道德的力量，而是外在制约的力量。立法中的公正不全赖立法者道德自觉，边沁提出了更现实的政治理由：

> 当我说政府的正当目的是所有人的最大幸福，或最大多数人的最大幸福时，那么在我看来我也就向所有人宣示了和平与善意。
>
> 假如我说政府的正当目的是某个人或某一小部分人的幸福最大化，并指出他们的姓名，那么在我看来也就是向所有人宣战，除那个人或那几个人之外。[2]

---

1 Lyons, *In the Interest of the Governed*, p. 37.
2 Bentham, *Constitutional Code*, p. 5.

因此，利益的平等考量有助于避免争执损耗以增加幸福。战争的净损耗必然意味着存在更优解：既然战争结果是双方按照一定比例分配利益，何不在战前就按照这一比例分配利益？伤亡和损耗使战争必定有损于总体功利。[1]

在这方面边沁与霍布斯仍有不同：霍布斯视避免战争状态为政治的第一要务，赋予和平最高优先权，而功利主义不承认任何价值的绝对优先权。内战时代的霍布斯甘愿为保障和平赋予利维坦绝对权威，然而和平只是幸福的诸条件之一，利维坦若为保障和平牺牲太多其他幸福，痛苦的人也可能反过来破坏和平状态。今人对"利维坦"的恐惧出自 20 世纪的历史记忆，在此之前，人类根本没有能力在和平年代人为制造出比战争更大的痛苦，所以霍布斯将战争认作政治上的极恶，只属于他那个时代的见解。

功利主义法学一方面是以赏罚调节行为的幸福经济学，另一方面也是以限制资源使用方式维持均势和平的军事学。自利的立法者与执法者奉行增进普遍幸福的法律，是为避免以寡敌众的战争。法律对权力者的监督和限制，是为了制造人际均势平衡，其原理与限制军备条约无异。只有各方都有力量与意愿去维护的规则才是现实的，而那些强者缺乏意愿、弱者缺乏力量去维护的规则无法存续。这意味着"政治"从未远离战争状态，"政治和平"总是"潜在战争"。均势政治的基础不是道德，而是人类的自然条件：

1　James Fearon, 'Rationalist Explanations for War', in *International Organization*, Vol. 49, No. 3 (Summer, 1995), pp. 379 - 414.

自然将人的身体和心灵的能力塑造得很均等。尽管时而有人在体力上明显强于他人，或在心智上更聪明；但把这些都考虑在内，人与人之间的差异仍并不会大到某人能要求他人所不能如他那样要求的任何利益。因为就身体强壮而言，哪怕最弱的人也足够以密谋的方式，或与处在相同险境者共谋来杀死最强者。[1]

紧接着，霍布斯又指出，"人人都认为，全世界除了名望极盛或自己赞同的少数几人之外，自己最为智慧。"该结论尤其适用于利益相关且视角多元的政治争论，而不适用于无关私利且标准清晰的科学或逻辑问题。最愚蠢的进步主张，就是将原本利弊清楚之事，变成意识形态化的政治运动；最有力的反智宣传，就是把原本清晰的问题政治化，将科学说成特定阶层或文化的权力。政治异见之间极难相互说服，因为政治语言不为阐明事实或逻辑，而是为了施加影响。科学真相关乎地球和太阳谁绕着谁转，政治真相关乎谁有权力审判谁，这取决于诸意见背后的暴力。政治语言皆是以言行事，政治行为却时常以行动发出信号，即以事行言。彼得·温奇（Peter Winch）早年曾认为，"将社会互动比作对话中的观念交流，较之比作物理系统中力的相互作用更有益"；但他晚年自认这一观点忽视了生活世界中的暴力因素。[2] 肉身痛苦与身体力量必然存在。规则必须考虑制衡，是因为

---

1 Hobbes, *Leviathan*, p. 63.
2 Winch, *The Idea of Social Science and its Relation to Philosophy*, pp. xvii – xviii.

人们的原始暴力相差不大。规则失衡意味着人们既不能凭借规则保障利益，也无法在短时间内相互说服，就会宁愿回到原始暴力均势。霍布斯是根据每个人最终能做的事，来界定最初的自然状态的。通过结构上的制衡，能保障规则的效力和稳定。均势有利于和平，而和平增进效用，其原理如下：

第一，均势制衡由"每个人的身体暴力相差不多"保障。

第二，均势制衡因"每个人都自以为高明"而成为必须。

人的以上两个自然条件，限定了诸政治的可能与不可能，这一限制是政治（暴力）的，而非道德或理性（说服）的。"每个人都自以为高明"意味着说服之力量有限，说服失败之处，即身体暴力之始，即便以引而不发的形式。正如《理想国》的开篇之问："如果我们不听，你还能说服吗？"紧接着苏格拉底被不由分说地带走，他是在一个立即当下被强拉进了政治，然后才开始抽丝剥茧地讨论政治哲学的。[1] 人类以言行事的方式多种多样，语言的**政治**用途不是说服（陈列事实、逻辑分析和修辞感化等说服手段，只间接地影响政治），而是建立契约（关于行为预期的公共知识）。[2] 暴力和语言是人的两种**基本生活形式**，而政治即是语言对暴力的组织，[3] 是一种**复合生活形式**。霍布斯将人规定为"有语言的狼"，这是对"政治人"的规定而

1　柏拉图：《理想国》，郭斌和、张竹明译。北京：商务印书馆，1986 年。第 2 页。

2　J. L. Austin, *How to Do Things with Words*, Oxford：Clarendon Press, 1955. p. 10.

3　对有语言的权力（power）和沉默的暴力（force）的区分，是政治哲学中最原初的区分。在埃斯库罗斯的《被缚的普罗米修斯》中，"权力"与"暴力"相伴登场，却只有"权力"有台词。

非对"人性"的规定，只关乎人性中的政治方面。[1] 我们无法完整地定义"人是什么"，不是因为人性毫无规律，而是因为人性诸方面的诸规律太多了，另一个典型例子是"经济人"。在不同的意识活动中，不同的思维规则在起作用，不像物理规律那样普遍一贯。企图整体地规定人性僭越了理性的界限。

霍布斯指出的两个事实条件，极大地限制了政治实践的可能性，它意味着政治的力量结构注定偏向当下的众意；任何高瞻远瞩的筹划如果枉顾这一事实，都可能事倍功半。而传播智识将其扩散为公共知识需要时间成本。密尔认为一人一票的决策机制不合功利，最好只给未受教育者一票权重，知识越多票数权重应当越大，[2] 且普罗大众只要"感到别人比自己对相关领域懂得更多"就应当能够理解这一安排。[3] 然而假如霍布斯的观点正确，在政治问题上人人自以为高明，密尔设置票数权重差异的主张，就恐怕只会增加争执和痛苦。

人际效用的平等考量、人人皆有的利己心、暴力均势三者不可混淆：平等是道德尺度，利己心是一个心理现实，而暴力的原始均势是一个生物学事实。要让利己的人类共同承认平等的道德尺度，不仅要靠日用而不知的道德理性及其说服力，还基于该物种较均衡的物理和心智条件。[4] 每个人都重视自己和某些人的幸福胜过陌生人的幸福，

---

1 正是由于霍布斯对政治人的这一规定，波考克将他誉为"众多政治思想家中的第一位政治哲学家"。参见 Pocock, *The Varieties of British Political Thought*, pp. 160 - 163。

2 John Stuart Mill, 'Thoughts on Parliamentary Reform', in *Essays on Politics and Society*, Toronto: University of Toronto Press, 1977. pp. 324 - 325.

3 Mill, 'Considerations on Representative Government', in *Essays on Politics and Society*, p. 474.

4 David Gauthier, *Morals by Agreement*, Oxford: Clarendon Press, 1986. p. 17.

是原始暴力的均势让人们相互妥协，并让平等主义者不屑于隐藏自己
的观点。若非因为弱者也能威胁强者的生命，自利的强者不会承认平
等；若非因为人是有语言的动物，有相互妥协、信任、结成规则的能
力，战争状态就会永无休止。而用数人头取代砍人头、以投票取代内
战、规则的确定性、权力的可问责性是对政治的规则化。陌生人之间
的权力关系常是赤裸的，它考虑的不是他人做了什么或正在做什么，
而是他人只要想做就能做什么，是一种战争边缘的意识。

陌生人之间的关系首先是政治关系，巨大的现代社会将"政治"
这一人类共同的生活形式规则化了，也就相对削弱了文化殊别性的力
量，并导致了一个现代现象：幸福的国家都是相似的，不幸的国家各
有各的不幸。[1] 政治规则是亿万陌生人对彼此行为的长久预期，若不
借助意识形态迷魅，非平等不可。意识形态常将社会比作"社群"或
"大家庭"，然而政治的生活世界是陌生世界（Fremdwelt）而非家乡
世界（Heimwelt）。政治仅关心人类作为陌生人的共在方式。即便亲
人在对簿公堂、彼此关系退化为政治关系时，也只相当于陌生人。

功利主义承认人的自利，通过外在激励机制鼓励立法者们平等地
考量诸利益。此类激励机制作用于非道德的利己心，受激励者只是在
讨好众人，奉行尽可能满足更大多数人更大偏好的偏好功利主义，而
非古典功利主义。在群体博弈激烈或偏见撕裂共识的时代，道德的激
励也将被偏见的激励取代，伪善者常会片面或投机地利用道德，把隐

---

1 然而现实或多或少会偏离这个理想模型。人际平等应用于国际政治的难度要大得多，
地理区隔会造成暴力组织的强弱差异，高科技武器，尤其是机器智能也会破坏人际原
始暴力的均势。

形的代价甩给社会或后人。偏好功利主义的平等即"同等偏好同等考量"，[1] 而古典功利主义不认为人永远最清楚自己的幸福所在，或偏好满足皆是幸福。即便在理想的制度和公民道德水平下，精明长远的利己心也只能激励立法者平等考量诸偏好；要让人们明白自己的幸福何在，已不是仅靠道德热忱或政治制度就能达成的事情。

三 超越差异的道德平等及其政治实践

1 个体身心差异下的平等

在资源分配的"道德应得"问题上，功利主义认为：只有当资源分配能够增进社会总幸福，某人才配得上社会分配的资源。[2] 同等资源用在身心差异很大的人身上，产生幸福的效率不同。阻碍每个人幸福的约束条件也不同：穷人缺钱，盲人缺盲道，可是有的人缺一个更融洽完整的自我，或一个能让自己幸福的欲望。弥补它们的难度也不相同。平等意味着每个人的幸福同样重要，而非谁也不能比他人更幸福；若要让全人类同样幸福，就只会让全人类都和最痛苦者一样痛苦。假如人人都"先天下之忧而忧，后天下之乐而乐"，那将是一个

---

1 Hare, *Moral Thinking*, p. 144.
2 因此，功利主义要求那些被分配到聪明、富有等运气的幸运者更努力地增进自己和社会的幸福。

极度痛苦的世界。任何实践都受事实条件约束，身心差异无法抹去。功利主义反对"陪"那些很难变幸福的痛苦者一同受苦，徒然同情甚至可能让他们因为拖累他人的愧疚而更痛苦。

由于存在身心差异，当某种资源分配给甲产生的快乐远大于分配给乙，功利主义就会将较多资源给予甲，直到边际效用降至给乙的水平。诺齐克提出了反驳："功利怪物（utility monster）存在的可能性令功利主义尴尬，该怪物能够在别人的牺牲中获得极大效用，远多于别人的损失。"[1] 假设甲、乙两人，甲痛觉迟钝，乙患有痛觉敏感症，若两人均负伤，止痛药显然应当优先供乙使用。这正是功利主义的灵活变通之处。

然而"正常人"能容忍功利怪物怪到何种程度？假如某头怪兽的痛觉极端灵敏，要耗尽一万倍于人类的止痛药才能止痛，否则就会遭受一亿倍的痛苦，且其痛昏、痛死的生理机制失灵了，那是否应该把一万份止痛药给它，放弃一万名病人呢？这种幻想中的怪物无法反驳功利主义。因为功利主义并不将"不可杀"视作绝对的道德准则，对这样的悲惨怪物施行安乐死，也不会导致他人对暴死的恐惧和焦虑。死亡之痛苦总是有限的。功利主义不会因为同情怪物，就为它牺牲更多健康人的更大幸福。

类似的是黑尔提到的"疯子"的功利主义："如果一个疯子听懂了、理解了功利主义，并承认了所有事实后仍坚持己见，为功利主义

---

1 Nozick, *Anarchy*, *State and Utopia*, p. 41.

的辩护就会出现漏洞。"[1] 黑尔指出，许多疯狂的价值理由其实只是因为人们拒绝反思或不愿承认事实，这种"伪疯子"并不对功利主义构成反驳；只有那些充分反思并承认了功利主义道德，却仍拥有"疯狂"的价值体验的"真疯子"会对功利主义构成反驳。黑尔承认"真疯子"是逻辑上可能的，但现实中不存在。[2]

有人会说，杀死怪物的解决方式只适用于"痛苦怪物"，其存在是世界的悲哀；至于能通过伤害他人体验到狂喜的"极乐怪物"，其降临岂不是世界的赐福？设想一个杀人狂，能在杀戮中体验到比死者的恐惧绝望加上死者家属的悲痛和社会恐慌更大量的快乐，功利主义似乎应当支持他去杀戮。然而这种怪物不存在，即便这种"内在体验"存在，也会沦为私人语言。极乐怪物所能有意义地表达的，仍是"极乐"等日常语言。本书第一节即引用过维特根斯坦："快乐"与"痛苦"的语用最终基于欢笑、哭泣等可被自然理解的、人类共同的生活形式。如果不预设人类用相同行为表示的"内在体验"相当，人们如何知道彼此不是内在怪物呢？"怪"物的内在体验若极大地超出"人类共同"的程度便不可理解，而呈现为一个陌生的深渊。价值体验不可**言说**，只能被**展示**，然而我们想象不出一张展示如此极乐的脸，因此即便"内在体验"上的怪物存在，也是不可认识的。

有人会认为，可借助测量神经或激素来测量幸福度，这样功利怪物便是可认识的了。然而即便能在快感与生理变化之间建立关系，我

1　Hare, *Moral Thinking*, p. 170.
2　Hare, *Moral Thinking*, pp. 170–171.

们也无法将二者的关联等比例推延到超常的域。假设常态下某根神经颤动越强则快感越强，这绝不意味着它若以百倍振幅和频率抖动，就是百倍的快感，因为反常的剧烈生理变化造成的往往都是痛感。

仅凭表情直觉估量痛苦的准确性有限，确实有些人会表现得比常人更痛苦或更不痛苦。我们判断某个人是否夸大或隐忍自身痛苦的依据，是更广或更久的历史语境，例如此人过去的语言表达习惯。

对"功利怪物"的分析足以说明：首先，功利主义作为一门道德哲学，无涉体验幸福和痛苦的是何物种，超越于身心构造产生的具体价值体验。其次，以语言或行为展示出的幸福和痛苦，无法远超出常人的认识范围。无论人们创造或占有的价值相差多么大，每个人体验幸福的极限只能被预设为大致相当。例如无论莫扎特留给人类的幸福是普通人的多少万倍，无论一个亿万富翁的财产相当于几万人的总和，他们在某一时刻能够体验到的快乐并不比孩童玩耍时的更大。这是功利实践的隐含前提，否则"每个人都只算一个人"将是无意义的，人际效用也将无法加总。

接下来我们讨论日常意义上的身心差异。人们几乎都有些在多数人看来挺"怪"的心理癖，个体差异也影响价值理解与道德评价。设想两个人：甲幸灾乐祸却爱护动物，乙乐于助人却虐待动物。理性无法论证两人中谁的心理更道德，然而在甲的数量远多于乙的时代，人们会将甲称为平庸的正常人，把乙称为一半天使一半邪魔的怪人；倘若乙的数量远多于甲，人们对此二人的评价也会颠倒。人类常厌憎怪人胜过庸人，是出于偏爱可理解的事物、恐惧陌生的事物。由可相互共情理解的"常人"组成的社会，通常比差异极大、难以互相理解的社会更幸福。然而，这样的危险是陷入以邻人为准绳的集体平庸。伟大的灵魂既是其文化的产物，也是其文化的敌人，在一个精神上相互依存（interdependent）的社会里，他们的精神更独立（independent）。因此社会成员的个体间心理差异既非越小越好，也并非越大越好。

假如全人类共有某种有损幸福的心理机制，例如对个体独一无二性的偏执强调，导致全人类普遍地"憎恨与自己同名同姓且同一天出生的人"，并不会产生道德实践上的两难。因为任意一种普遍的心理虽会降低人类可能企及的幸福，但现实中的人性同样不完美，我们如何知道人类不是一种普遍疯狂的动物呢？这违背了"疯子"这个词的语义："全人类都是同一类可相互理解的疯子"这句话没有意义，因为此时疯狂已占据了正常的语义；正如当我们构想一个"整个世界是一场梦"的世界，这句话中的"梦"已占据了现实的语义。

功利主义既适用于积极行动、勇于追求幸福的人，也适用于厌恶风险、优先躲避痛苦的人。要谋求社会幸福最大化，就要允许不同的人各寻合适归宿。若强求普遍一致，要么是前者的创造力和生命力受到压抑扭曲，要么是后者的身心被强加了过重负担，产生出厌世者、怨恨者、苦行主义者。功利主义主张一种尊重个体差异的社会，既反对拔高的共同体，也反对低就的共同体。

功利主义处理身心差异的原则，还体现于跨性别者相关问题。跨性别者与同性恋不同，其痛苦不全来自他人的歧视，更在于"男跨女""女跨男"本身是摹状词（description），其意义基于"男""女"的意义。当跨性别者自我理解为"男跨女"时，这个词赖以被理解的基础仍是生理性别。人际间的歧视是可消除的，然而自我理解中的身心不一致带来的痛苦却无法消除。身心差异还会牵涉效用规模：有人认为，男跨女跨性别者应当参加女性运动会，无须考虑其生理优势。功利主义反对这一做法，因为这会打击女性体育竞技的积极性。尽管不让跨性别者参加女性赛事同样会打击这部分人的运动积极性，但是女性人口百倍于跨性别者人口，为保护后者打击前者，相当于在有轨电车难题中，为救一人主动扳过铁轨杀死百人。本节刚说过，功利主义主张每个人的幸福权重相同，而非人人同样幸福。如果要让跨性别特征不产生任何痛苦，就需要一个全然无视生理性别的世界，例如赞美独身并禁止运动会和体育竞技。身体的平等需要对肉身的轻蔑。

可见，如果一切由可描述的因果关系（即由可结构化的力量）导致的价值体验的差距皆是特权（privilege），那么功利主义并不全盘否定所有特权。全盘否定特权的主张，其实是将财产平均的古老观念弥散到生活的一切其他方面，这种观念在后冷战时期的兴起，只是左派丧失历史方向后的产物。仅消除可转移的财产特权的平均主义，显然比消除一切特权的空想更具体可行，后者没有造成过巨大危害只因它根本无法实践。丝毫不具备现实性的空想永远能叶公好龙地自称无害，然而它仍然真实地毒害了文化心智。例如母语是身心的重要部分，决定性地组织了人的生活世界；而学习一门语言的效用取决于它接入的文本资源、使用人口、经济活力等因素，如果要敉平一切语言的特权，唯有全人类回到封闭的村落社群才能实现，否则官话与方言、书面与口语的权势差就仍在。物质是唯一可转移的身外之物。身心差异的特权不可转移，若要敉平则必有摧残身心的残酷。因此功利主义承认一些特权是合理的，这不包括仅因关于身心的意识形态（例如种族和性别歧视）产生的特权。所谓歧视就是将意识形态臆想的落差，误认为是真实的身心差异导致的，将非理性特权伪装成合理的。反歧视即是澄清非理性特权并非源于身心差异，这同样预设了只要能增进社会效用，身心差异的特权就是合理的。如果非理性特权产生了教育资源不均，继而产生了身心能力的差距，系于身心的特权也只能通过均衡地提升教育在未来削弱。不可转移的身心特权应当被发扬出来，由于个人体验的快乐程度是有上限的，以此增进幸福必然要以合理的规则使其惠及更多的人。

功利主义对积极平权行动（affirmative action）倾向于社会弱势群体的政策的态度，也取决于社会总效用。规定议会议员中任何族裔与性别比例不得显著低于其所占人口比例，这种制度很合理；若如此规定一家科技公司的雇员比例，则不合理。同理，哈佛大学培养政治家，在招生时调节族裔和性别比例有利于社会；麻省理工等培养科学家的院校若这样做，则会资源错配，提高辍学率。为了修改某条具体的法律，以身份政治的宣传短期动员某一族裔是可行的；然而若以改变文化和心智为目标，持久的认同动员就会撕裂社会，犹如打一场目标模糊、遥遥无期的战争，损害人文教化的根基。改革法律就像扳过铁轨岔道一样清晰，将政治斗争蔓延到精神文化层面却会窒息创造力。动员型政治倾向于将群体想象成均质、扁平的共同体，并将一切问题设想成力度问题；法理型政治却承认诸事的诸条件是各异的，是能够相互区分且必须具体对待的。功利主义用平均生活水平或穷人的福利而非富人的享受衡量经济体水平，是因为边际效用递减；一个文化传统的精神成就，却不是以其平均水准，而是以其杰作来衡量，因为越高的精神文化的价值越可普遍共享、积累传承且更少依赖偏见。穷人算人，而差劲的艺术不算艺术，因此功利主义主张照顾物质匮乏的穷人，却不会同情精神匮乏的艺术。物质与精神生活各有规律，功利主义主张依据科学、政治、人文等诸门类自身的规律指导实践，而意识形态狂热者手中只有锤子，所以看一切事物都像钉子。

最可转移的特权是物质，下一节中我们讨论利益平等考量原则的政治经济学推论。

2　政治经济差异下的平等

上文说明，考虑到个体身心差异，"平等"并不意味着"相同"，而身心差异总会与政治经济差异相互转化。有人将平等定义为"普遍的规则"，但这样的平等空洞无力：高个子会声称公平地比赛打篮球即平等，矮个子会认为公平地比赛钻地洞才平等。哪怕最荒谬残暴的法律，只要被普遍执行都可被解释为"平等"，人类总能编出意识形态理由，设定普遍的准则，来执行殊别的价值级序。另一些人认为"普遍的规则"是伪平等，他们要求抹平某些差异并将平等定义为"普遍的状态"，例如"起点平等"或"结果平等"，[1] 这些平等观试图描绘某种静态的理念，而非历史现实中的实践。

正因为实践的历史性，普遍的规则总是会对一些人更有利，导致不普遍的状态。就连保障言论自由的普遍规则，也会对知识群体更有

---

[1] 二者的对立仅是意识形态修辞上的，子女辈的起点平等，必然要求父母辈的结果平等。

利，因为他们掌握的事实与道理更反直觉，越是精密复杂的思维越需要更大空间，而知识的充分伸展必然带来权力，知识的权力不仅关乎"谁得到什么"，更关乎"谁说了算"。权力取决于各人接入规则的生活形式。但我们很难说言论自由和重逻辑轻动机的辩论规则皆是知识群体特权制。

"平等"的词义含混源自历史遗留的意识形态混乱。雅克·巴尔赞（Jacques Barzun）曾做出分期：1789 年之前的焦点问题是个人的地位（status）与政府的形式，1790 年之后则是社会与经济平等。[1] 托克维尔认为，美国的民主并未取消主仆关系，而是取消了固有的主人阶级，承认人人皆可能暂时成为主人。民主之平等是"想象的"而非具体"情境中的"。[2] 皮埃尔·马南（Pierre Manent）在结束对托克维尔的研究时主张：无论是否认"形式的平等"，还是企图"将形式的平等转变为实质的"皆有害。[3] 这里"形式的平等"即是启蒙时代主张的法律面前人人平等，"实质的平等"是 19 世纪之后谈论的社会经济平等。

功利主义认为以上观点全部曲解了"平等"。在使用词汇前须考察其意义或用法，范畴错误与歧义会硬造出无解的伪问题。人际平等的真正意义只是"人格平等"，它是利益平等考量原则的形而上学奠

---

1 Jacques Barzun, *From Dawn to Decadence*: 500 *Years of Western Cultural Life*. New York: Harper Collins, 2000. p. xvii.

2 A. Tocqueville, *Democracy in America*, trans. James T. Schleifer. Indianapolis: Liberty Fund, 2010. p. 1015.

3 Pierre Manent, *Tocqueville and the Nature of Democracy*, trans. John Waggoner. Lanham: Rowman & Littlefield Publishers, Inc., 1996. p. 130.

基，且会调节资源分配，影响人际相对幸福度。"人性"不同于"人格"，人性并不平等，崇高与卑琐显然有高下之别。那种认为边沁将利益"平等考量"、康德主张"普遍尊严"的后果会遗失仰慕、轻蔑等情感的观点[1]是荒谬的。我们崇敬永远平等对待一切人的圣贤，恰是因为圣贤与常人的形式人格是平等的，他践行了真理，因此他的人性更高贵。马丁·路德·金的平权名言是"以品格而非肤色评价人"，而非放弃评价。平等不是一切价值都同样高尚，而是用同一尺度衡量一切价值。人格平等是个体间的，群体间的平等必须还原至个体。例如"黑人和白人平等"只能理解为任意一个黑人的幸福不比任意一个白人的同等幸福更重要或更不重要。人际效用平等被大多数政治、经济学者认作"平等"概念无法丢弃的核心意义，[2] 以赛亚·伯林认为它最能构成众多平等观念的公约数。[3]

"每个人都算一个人，无人算作多于一个人"胜过其他平等观，是因为它是从历史现实出发的**实践原则**。无论是被"普遍的规则"还是"普遍的状态"定义的"形式的"或"实质的"平等观都是非历史的理念，在实践中必然强行忽视某些历史现实。功利主义却只关心**行为**的道德程度，以某行为是否"平等地"影响众人来判断它是否是"平等的"，行为功利主义的"平等"是一个修饰动词的副词，而非形

---

1 Charles Taylor, 'The Diversity of Goods' in *Utilitarianism and Beyond*, Amartya Sen & Bernard Williams (ed.), Cambridge: Cambridge University Press, 1990. pp. 138 - 139. 持类似观点的还有弗朗西斯·福山，他认为追求卓越与主体间平等是矛盾的。

2 Robert Dahl, *On Political Equality*. New Haven: Yale University Press, 2006. p. 4.

3 Isaiah Berlin, *Concepts and Categories: Philosophical Essays*. Princeton: Princeton University Press, 2013. pp. 106 - 107.

容词，它既不企盼也不基于任何理想的状况，而是在历史当下考量一切行为（包括大规模改造系统的主张）的预期效用与代价。本书开头就讨论了这门实践哲学的历史性：功利主义没有虚构的终极理想，只有**此在**的愿望与筹划。

利益平等考量原则反对为某些人的较小幸福，牺牲另一些人的更大幸福。若将"效率"定义为效用最大化，将"公平"定义为利益的平等考量，则二者不可能矛盾：凡是不公平的行为，即为了某些人的较小幸福造成另一些人的更大痛苦，总量求和上必不高效。既然任何政策都有受损者和（相对的和间接的）受益者，凡是产生幸福的效率低下的机制，必然也不公平。此处要注意区别的是：有些生活结构并非人为的社会建构，而是现象学的先验构造，或演化来的必须尊重的事实。例如广泛的统计调查表明，女性的平均幸福感略高于男性；[1] 这种幸福感可能出自无法转移的、非稀缺的生活背景；例如在生育之事上，生命的奇迹与日常的延续合一，因此女性更易满足于平凡的日常，而男性更虚无。功利主义不是将幸福者定义为特权者，而是将总体低效的人造机制的受益者定义为**非理性特权**者，以幸福的**绝对**总量最大化目标，决定**相对**的资源分配。

功利主义不把物质的"分配"和"消费"区别于"生产"，而是同视作**生产幸福**的诸环节。公平的分配就是高效率地生产幸福的分配。边沁对经济学的一大贡献在于他提出了边际效用递减论：

---

1 罗纳德·英格尔哈特：《发达工业社会的文化转型》，张秀琴译。北京：社会科学文献出版社，2013 年。第 227 页。

但是幸福量并不会继续随着财富量的增长而同比例增长——当财富增长一万倍，幸福不会增长一万倍。甚至一万倍的财富能否增加两倍幸福都很可疑。如是，那么——当一个人的财富超出另一个人的部分持续增长，财富产生幸福的效果持续递减：换句话说，单位财富所产生的幸福会一个比一个少；第二个单位财富产生的幸福会少于第一个产生的，第三个少于第二个的，以此类推。[1]

首先要说明的是，边际效用递减律虽是一条心理的价值规律，却不是一条或然规律。换句话说，有价值体验的生命必然要演化成这个样子。因为它是被有限稀缺资源下"先做重要的事，后做不重要的事"的行为规律训练出来的。

边沁的观点被心理学所实证。十年前的一项研究认为，钱在未及中产水平的阶段，消除痛苦的效用很大，此后就只影响自我评价的满足感。[2] 然而最近的研究表明，日常体验中的幸福度（而不仅是自我评价）也随财产的增加而上升，大约与财产呈对数关系。[3] 这即是

---

1 Bentham, *Works*, Vol. 3. p. 229. 边沁并非这一理论的首创者，路易十六的财政大臣 A. R. J. 杜尔哥已阐明过这一点。相关经济学理论却要到 1870 年代的"边际革命"之后才成熟。

2 Daniel Kahneman & Angus Deaton, 'High Income Improves Evaluation of Life but Not Emotional Well-Being,' in *Proceedings of the National Academy of Sciences* Vol. 107, No. 38 (September 21, 2010).

3 Matthew A. Killingsworth, 'Experienced well-being rises with income, even above $75,000 per year' in *Proceedings of the National Academy of Sciences* Vol. 118, No. 4 (January 26, 2021).

说：如果百万富翁能"明显地"比只有几千块钱的人更幸福，那就得身家十亿才能够"同样明显地"比百万富翁更幸福。

边际效用递减解释了很多经济现象。例如与此相应的是，赚钱的难度也随着既有资本的增加而递减，"第一桶金"虽然最难，幸福感却最高。换句话说，在正常健康的经济体中，诸阶层通过财富增长提高幸福感的难度应当相差不大，否则就会让穷人陷入绝望，或让富人丧失进取心。归根结底：幸福度才是真实的价值尺度，为之付出的时间与风险才是真实的代价，金钱只是协调两者的社会组织工具。再例如风险厌恶（risk aversion）：大多数人不创业，是因为创业成功即便身家十亿，幸福也有限；创业失败也许只损失百万，倾家荡产的痛苦却极大。在福利经济学中，边际效用递减意味着如果不考虑生产，分配越平均效用越大。在消费经济学中，由于幸福不会随消费同比例激增，消费也就不会随财富同比例激增，所以贫富差距过大会导致市场低迷。而且在多数情境下，分配不均还会催生嫉妒，仅在少数特殊时代（例如一个经济体腾飞时）会被理解为希望和机遇。然而边沁反对平均主义："财产平等将毁灭所有生存原则，将社会连根拔起。如果劳动果实不被保障，就无人愿意劳动。"[1] 功利主义既非右派市场主义，亦非左派平均主义，最大幸福在二者间的"某个程度"[2]，受到心智与技术等因素影响。

---

1 Mary Peter Mack, *Jeremy Bentham: An Odyssey of Ideas*, 1748—1792, New York: Columbia University Press, 1963. p. 464.

2 Bentham, *Works*, Vol. 3. pp. 229–230.

创业风险中幸福与痛苦的不对称正是右派论证财产不均的理由，[1] 人际边际效用递减正是左派支持福利制度的理由，功利主义非左非右，却是二者的共同前见。这种普适的基础理论，由于无法在意见场中服务于任何一方的偏见，反而时常被遗忘或故意忽略。

批评者常说，功利主义的至善理想对人性要求过于无私。然而细察即会发现，功利主义和废除私产的主张差别显著。即便设想一个人人皆圣人的社会，以至善版功利主义为经济原则，其政策史无前例地倾向于穷人，但也只会将可转移的钱再分配，不会要求捐出带个人属性的财产（例如衣服、承载回忆的物件、偏爱的书籍、自用的穿衣住房、习惯的工具）。某些财产并非身外之物，它们与人的身体、心智、回忆、擅长、关注配套互嵌，构成了威廉·詹姆士（William James）所说的"物质自我（material self）"。用约翰·杜威（John Dewey）的话说：是这一则又一则的完整经验组织（organize）了我们的身心。这亦是损失厌恶（loss aversion）心理的根源：直觉默认损失的是我的整体生命的有机部分，因而痛苦较大；而得到的新部分却是尚未嵌入我的外物，因此幸福较小。当人们损失某些事物，就连带剪断了相关的生活世界之网，这即是为何人不应当谋取无法长期守住的事物，因为得而复失的痛苦会远大于遥远的羡慕。人们得到预期之外的陌生力量，却不知道如何恰当地使用，这即是"飞来横财"更易腐化人而非提升人、"暴发户"常遭鄙视的原因。损失厌恶是心理学中的保守

---

1 该理由不可混淆于斯密提出的风险-回报理论，功利主义是以幸福而非货币为尺度的。Adam Smith, *An Inquiry Into the Nature and Causes of the Wealth of Nations*, Oxford: Oxford University Press, 1976. pp. 122-123.

势力，作为一种普遍可理解的心理，它不能被排除出功利考量[1]。完全取消个人财产或彻底再分配的主张，往往更吸引与世界处于破碎关系的人的破碎自我，这种人的损失厌恶最小；相反，与周遭世界处于完整连接中的人，即便穷苦也可能反对取消个人财产，而自我的整体性是幸福感与创造力的源泉。

物质资源可以继承，精神资源却只能由每个人从小锻炼，至死归零。唯物主义的洞见是物质具有可转移性，且是人类幸福与发展的重要约束条件；个人主义的洞见是每个人的能力与筹划常与其物质和精神资源相缠结，难以割裂。功利主义承认自主（autonomy）是一种重要的价值，它源自人类组织诸经验的结构，却非绝对优先的道德准则。一个社会越少打断人们的自主性，越多宽容并协调众人的自主性，就越有利于幸福。因此，哪怕一个社会中人人皆平等、无私、勤奋、无需物质激励，也只会导致边际效用低下的奢侈品消亡，[2] 用节省的成本更高效地增进幸福，而非私有财产的消亡。即便至善版本的功利主义也只会削减而非抹去贫富差距，同时仍保护个人财产的清晰权界，因为过大的贫富差距与完全的平均主义都会导致大量物质和精

1　罗尔斯认为功利主义不能考虑损失厌恶，这不仅误解了功利主义，更误解了生活世界的事实构造。Rawls, *A Theory of Justice*, p. 165.

2　辛格批判奢侈的例子是豪华私人游艇。Peter Singer, *The Life You Can Save*, New York: Random House, 2010. pp. 157‑159. 再例如某种人工宝石比同类开采成本昂贵的天然宝石更无瑕，却要伪造瑕疵以抬高价格，这只折射出了购买者占有他人劳动血汗、以苦难和代价衡量价值的残酷心智。但并非一切精致事物都不经济，价格相差万倍的钢琴音色确有天差地别。对音色的定价是一个有趣的问题，它反映出幸福的"质"是如何"量化"的，演奏会和唱片是如何将其成本分摊到每个享受到这种幸福的听众的。

神资源的低效浪费。说到底，功利主义反对的是"取之尽锱铢，用之如泥沙"。最后，物质再分配应当尽可能制度化和专业化，功利主义不会要求无私地分配时间。每个人应当首要专注于自己擅长和热爱的有益事业，因为分工能够高效率地创造价值，时间是生命本身，精力与注意力的耗散和碎片化意味着生命整体的瓦解。

有人会问：功利主义的上述推论和"各尽所能，各取所需"又有多大区别？二者区别在于：后者以"创造"和"享受"为思想的基本范畴，一切政治经济装置，乃至对人性的改造，都应当服务于这两者，仿佛只有它们是幸福的直接来源，其余皆是促进这两个直接来源的间接条件。功利主义却以更抽象和宽泛的"行动"和"体验"为思想范畴，包括了一切生活形式下的价值体验。创造和享受只是幸福的两个来源，并非全部直接来源。正因为功利主义要尽可能全面地顾及幸福与痛苦的无穷面相，这门思想拒绝定义人性，也不要求整体地转变人性。所有拒绝整体地规定人性的学说，其实都是以"迄今历史"中的诸方面来理解"人性"之诸可能性的，并规定了日常生活的边界。人性中的"日常性"区分了可持续的与注定短暂的事物，也区分了旨在让日常经验更顺畅的变革与反对日常性的注定失败的空想。现代的末世思想却要扭转"迄今历史"——它被解释成物质生产与阶级斗争的历史。伯林曾将思想家们区分为有一大知识的刺猬和有许多小知识的狐狸。在实践哲学中，刺猬型思想家专注于某一方面的可能性，边沁却是狐狸型思想家，力求诸生活形式的周全。

3 国际的功利主义实践

"国际（international）"这个词就是边沁造的。功利考量的范围即行为产生可预期影响的范围，不会被人为划定的国界线截断。幸福与痛苦的承受者和施行者皆是个人，功利主义以"行为"和"价值体验"为思想范畴，是方法论个人主义的。"个体"是诸行为和诸体验的时间同一性结构，我与他人之别是生活世界中最重要的基础结构之一。[1] 作为行为者，有死之"我"规定了时间稀缺性等限制条件；作为体验者，诸"我"更是唯一的体验单元。边沁指出："'共同体的利益'是最笼统的道德用语之一，难怪它常常丧失意义。这个表达有意义时则是：共同体乃一虚构实体，由那些被认为构成其成员的个人组成。共同体的利益又是什么？组成它的若干成员的利益总和。"[2] 共同体在功利考量中仅是诸个体的相加，其边界没有道德意义，因此不该在**道德上**区别共同体内外的个体。这意味着两方面的推论。

首先，从国际关系的观点看：

---

1 人们时常问：现代哲学究竟是主体性的还是结构主义的？周全的回答是：现代哲学将主体视作世界的逻辑构造之一，主体在时间中完成了对其他诸结构的组织和关联（Zusammenhang）。狄尔泰：《精神科学中历史世界的建构》，第 177 页。

2 Bentham, *An Introduction to the Principles of Morals and legislation*, p. 3. 意识形态家热爱"共同体"或"社群"，因为它们是意识形态发挥作用的名义与机制。优势意识形态常支持集体主义，劣势意识形态多支持宽容个体，但等形势逆转，攻守易势，被压迫者也会变成压迫者。历史上新教对抗天主教，当今左派对抗右派，无不如此。功利主义不是意识形态，一以贯之地警惕"共同体"。对"共同体"的批判已超出了本书主题，参见：Plessner, *The Limits of Community*.

功利主义反对那种认为国际政治不存在道德的现实主义。E. H. 卡尔认为边沁哲学不适用于国际关系，指出国际间的道德比人际间的更难保障。[1] 确实，即便良性的国际关系也多是互惠交易，很难做到利益的平等考量。但这不能否定道德，因为效用不关乎"国"而关乎"人"：国家既非行为的主体，亦非幸福与痛苦的承受者，它只**应当**是人们进行道德实践的一种工具。彻底的非道德观点无法区分互惠与互害，甚至无法说世界大战是一场灾难。由于地区条件差异巨大，国际政治的诸规则必然是多元的，利益相关者常只顾本国利益选择性地加入规则，"对共同体的忠诚既出自利他主义，也是转移了的利己主义"。[2] 但在旁观者看来，善恶标准仍然存在。那些矛盾又混乱的国际关系原则，正是为了让各方都能主张自身利益，并让旁人保持道德考量的灵活性而设计的。那些昨天刚凭《联合国宪章》在某件事上支持主权完整、今天又借《联合国宪章》在另一件事上支持民族自决或人道主义干涉的人，要么是出于利己，要么是不自觉的功利主义者，但反正不可能是康德主义者。现实主义政治只表达了实践活动的实然约束，但我们仍应当支持较能增进人类长远幸福的国际关系。

功利主义道德的国际关系实践遭遇的真正难题，在于国际竞争是点对点的。正如同完全竞争市场适用边际考量，而少量寡头之间的竞争则需要用博弈论。个人在茫茫人海中与千万人竞争，理性的策略是做好自己；除非竞争者数量极有限，否则打击别人就属徒劳。然而每

---

1 E. H. Carr, *The Twenty Years' Crisis*, *1919—1939*. London: Palgrave Macmillan, 2016.

2 Carr, *The Twenty Years' Crisis*, p. 145.

个国家只与少数几国竞争，损害对手可能对人类福祉不利，却间接对自己有利。例如河流下游国家故意造桥堵死上游国家的出海口，这看似损人不利己，却能够挟制邻国。再例如同样是竞争，有的国家倡导正和（positive sum）竞争模式；另一些却根据本国的有利与不利条件，采取赢面更大却整体负和（negative sum）的竞争手段，例如军事强而经济弱的国家会倾向于战争。人际社会中有执法部门，国际社会没有；要解决这些问题，只能靠国际社会团结对抗那些不道德的国家。

在衡量一整个社会的好坏时，帕菲特认为"人均幸福"和"幸福总量"之间存在矛盾：是一个人均非常幸福的仅一千人的社会好，还是人均稍稍幸福却有一亿人的社会好？前者人均更幸福，后者幸福总量更大。[1] 人口众多却只是稍稍幸福的社会，通常有力量保卫自己，而人口很少却极为幸福的社会，遭遇天灾或战争时往往更脆弱。假如一个社会人口更少，却不仅人均极为幸福，其力量（因其科技先进、社会组织构造丰富）也胜过人口众多却只稍稍幸福的社会，即便后者的全人口总幸福更大，我们也会认为前者更好。功利主义评价一个社会只考量人均幸福，人口规模并无内在价值，但它的抵抗力和修复力却有抵御灾难的**潜在效用**。功利主义的国际关系学应用，可以解释人类集团为追求规模而牺牲平均幸福度：假如小国寡民、轻徭薄赋最能增益幸福，为何会产生现代国家这样庞大的组织？因为假定其他条件

---

1 Derek Parfit, 'Overpopulation and the Quality of Life' in Peter Singer (ed.), *Applied Ethics*, Oxford: Oxford University Press, 1986. pp. 145 – 164.

皆相同，规模就意味着力量，它能让幸福更稳定；然而"假定其他条件皆不变"本身是幼稚的，追逐规模的过程会改变很多条件，让有些国家走向得不偿失的痛苦，例如过度鼓励生育反而会导致经济停滞，再例如德国占领了阿尔萨斯和洛林，地缘环境反而更危险了。

其次，关于想象的共同体的虚构边界：

功利主义反对社群主义，认为历史共同体只有描述当下现状的实然意义（取决于语言习惯等历史遗产和地缘条件），却没有道德意义。国内法与国际法是相接的而非平行孤立的。熟人与陌生人、周遭与陌生世界的区别都只是现象学的，在道德实践中只应当有默会知识的丰富度与适应成本区别。功利主义寻求具体问题的最优解，简单粗暴的共同体政治在任何情境下都不可能是最优解；且社会越复杂，共同体主义越是弊大于利。康德主义用普遍的原则规定非历史的实践，功利主义将普遍的原则贯穿历史的实践，社群主义以非普遍的原则投入历史的实践。这三者其实对应于古典、现代、后现代的思想范式。

与全球化时代兴起的社群主义意识形态相反，中世纪真的有社群而无社会，圣维克多的雨果却说："认为世上只有家乡最美好的人只是温柔的雏儿，认为所有地方都犹如家乡的人已经长大，但只有认识到整个世界都是异乡的人，才走向完美的智慧。温柔的灵魂将爱固着于世界的一角，强健的人将爱扩展到所有的地方，而完美的人熄灭了俗世之爱。"[1] 没有宗教的现代人不必弃绝俗世，却更应当承认广大

---

[1] Hugh of St. Victor, *Didascalicon: A Medieval Guide to the Arts*, trans. Jerome Taylor. New York: Columbia University Press, 1961. p. 101.

胜过狭隘，否则甚至很难像中世纪家乡社群中的人那样"温柔"，因为古人窄小的视域是被自然条件限制的，这无损于心灵的博大；全球化时代的社群主义却强行截断生活并制造边界，这才会导致心灵狭隘。共同体的边界内外一旦被赋予道德意义，在制造优先权落差的两种手段中，提升共同体内的互爱较困难，激发对外人的恨较容易。无论社群主义或身份政治的口号多么美好，在现实中总是催生仇恨。因为对共同体的同质想象总会瓦解于生活的近处，却能在陌生的远方畅行无阻；在生活的近处，同质性想象一旦遭遇差异与威胁，也会变成以"团结"为名的共同体内部的非理性暴力。

世界上不存在所谓"无负载的自我（unencumbered self）"，人总是此在于或广阔或狭小的世界。然而共同体身份认同不一定道德。在社群主义者看来剥离于一时一地的社群者，可能反而背负了对未来、对更广大人群的道德责任。

当道德命题关涉某种普遍的生活经验，它就必然超越人为划分的地界，正因为此，合法性基础相悖的国家难以友好相处。同样的问题存在于一国之内，例如理性主义道德哲学必然反对以"州权"区分讨论堕胎等无关地域差别的生活经验，这种"权利"只是在遮掩意识形态以躲避反思。堕胎与行车靠左还是靠右的法律不同，女性和胎儿的生理学是普遍的科学。地界无法截断道德的普遍倾向，这意味着当反堕胎州自称道德，逻辑上必然在谴责可堕胎州的法律是邪恶的。反之，可堕胎州的法律的存立，也已经在谴责反堕胎州的法律是邪恶的。"州权"只求短期内息事宁人妥协共存，却会更深远地将意识形态撕裂与对抗巩固下来。南北战争之前，美国曾经搁置原东部南方州蓄奴争议，只讨论西部新纳入版图的州是否可蓄奴，但丝毫没能缓和矛盾，因为只要北方在新领土反对奴隶制，就已经在道德上谴责南方。

在论及难民问题时，辛格指出，接纳难民的数量存在某个最优顶点，超过它反而会增加痛苦。[1] 一种常见的误解认为这是一种"过度平等"。然而上一小节说过：最大幸福原则与利益平等考量原则根本无法矛盾。如果接纳过多难民反而损害了效用，则是为难民的较小幸福牺牲原住民的较大幸福。"过度平等"是一个无意义的词，它只是倒置的不平等。如果为补偿原先不利者减少了全体的幸福总量，等效于赋予他们"多于一个人"的权重。

"国家（state）"在思想史上并无确定意义。霍布斯承认"国家"概念出自虚构，[2] 边沁认为此类虚构有害无益。现代国家的国界不比古代城邦的城墙更神圣，它也只是一实用工具。清晰的国界直到十九世纪才大量出现，如果国界不确定，法律的边界就无法确定；"确定性"是功利考量的六个尺度之一，实践中的权界的确定性是人为造出来的。功利考量不主张立即取消国界，是考虑到现实操作的困难。如果加拿大或澳大利亚等地广人稀的国家开放边境，其财政、福利、教育、医疗会因迅速高涨的人口数量而瘫痪，新移民的年龄和性别比例可能失衡，甚至语言不通，根本制度也可能毁坏，丧失持续繁荣的能力。不同制度创造科技、文化、经济繁荣的能力不同，而每一国的制

1　Singer, *Practical Ethics*, p. 261.

2　Quentin Skinner, 'Hobbes and the Purely Artificial Person of the State', *Journal of Political Philosophy*, Vol. 7 No. 1 (1999), pp. 1 - 29.

度都只能理解为该国多数人的政治德性的产物。因此"现代国家"这一历史现象必然与控制人口流动的国境相伴而生。原住民如果因损失厌恶而产生很大痛苦，可能产生社会撕裂和排外主义。[1] 功利主义拒绝民族主义，却不会无视其存在；国界没有应然的道德意义，却不能忽视实然的历史条件的限制。

在当前历史条件下取消国界弊大于利，更有益的做法是支援发展中地区。罗尔斯在《万民法》中认为，功利主义主张的大规模国际援助无法实现，因为任何国家的人民都会主张本国同胞优先。辛格承认这确是**当今**事实，却认为罗尔斯违背了无知之幕后的原初状态的契约论设定：在投胎之前，谁能保证自己不会生于穷国呢？[2] 经济贫富和人口数量并非功利主义考量国际秩序的唯一标准，辛格同样看重各国政府代表国民长远利益的能力（取决于政制以及是否接受国际监督），并主张在联合国区别对待。[3] 随后在 2010 年出版的书中，辛格呼吁富裕国家的中产阶级捐赠 5%（富人可捐更多）的收入，支援世界上贫困地区的教育和卫生。[4] 这一集体行动依赖安全、互信的国际政治环境，该主张也产生于较接近这些条件的时代，可惜当年都未能达成共识，在经济动荡或战争时期就更难施行。功利主义只能从现实的诸可能性中选择最可能促进人类长远幸福的，如果各国主流民意都是功利主义而非民族主义，互不信任与战争威胁的结构也更容

---

1 Singer, *Practical Ethics*, p. 262.

2 Peter Singer, *One World: The Ethics of Globalization*, New Haven: Yale University Press, 2002. pp. 177 - 178.

3 Singer, *One World*, pp. 147 - 148.

4 Singer, *The Life You Can Save*, pp. 164 - 165.

易被打破。

功利主义是方法论个人主义的，不以"国家"为道德主体，却不会无视作为行为结构的国家。例如盟国对德国宣战，而不可能仅对希特勒一人或纳粹一党宣战，是由于被现实条件制约：德国已经被纳粹用兵役、税收和军工生产绑架了。假设德国人民推翻纳粹，瓦解了绑架，盟国就会停战。哲学与艺术皆放眼于未来的可能性，政治却必须处理当下的急迫，所以政治狭小。但以政治为志业者，永远不该忘记自己是在为最广大的道德理由而战斗。在功利主义框架下，应然的理想主义与实然的现实主义之间不存在哲学上的冲突，道德目的与现实手段本无矛盾，二者是相互规定和相互限制的。

4　普遍性法则的两种功利主义变形

当诸效用产生人际冲突，必须比较取舍时，功利主义规定"每个人都算作一个人，无人算作多于一个人"。一些后世学者，例如伯林，认为这正是康德关于道德平等的观点。[1] 然而这两种哲学的"平等"意义不同。康德将平等理解为准则的可普遍性，却未设定诸准则间的优先级序，"人不能继续问人性中什么构成了某一条道德准则的主观基础，而非相反的另一条。因为这个基础最终不再是一个准则，而只

1　Berlin, *Political Ideas in the Romantic Age*, p. 163.

是自然冲动"。[1]

即便先验成立的准则（例如诚实）也只是诸准则之一，片面地赋予某条准则优先权，会让道德大义沦为服务于殊别价值级序的意识形态：历史有多重面相，不同的人可以排列出多种诸准则的级序，私人道德也就无所谓道德，优先权的争执将诉诸力量与巧智，多元世界也即是诸神之争的战场。仅靠"让你的准则（Maxime）成为一切人的准则"这一道德法则（Gesetz）并不能实现平等，该法则是先验（transcendental）的，理性规定的诸准则也是先验的；但在诸准则间塑造固有优先级序却要诉诸超验（transcendent）的宗教，如果这种级序不是固定的，那就要诉诸历史化的功利考量。

首先必须考虑的是语言批判："一个事件可以被描述成另一个样子。"[2] 语言批判的传统在英语世界由来已久。霍布斯早已意识到滥用修辞之害："一个人称为智慧的，另一个人叫它畏怯；一个人称为残酷的，另一个人叫它正义；一个人称为挥霍的，另一人却说是慷慨；一个人称为庄严的，另一个人称作愚笨。"[3] 功利主义主张了一种褒贬标准：智慧与畏怯的区别在于避开的危险与放弃的幸福之间的

---

1 Immanuel Kant, *Religion within the Boundaries of Mere Reason and Other Writings*, Trans. Allen Wood & George di Giovanni. Cambridge: Cambridge University Press, 1998. p. 47.

2 G. E. M. Anscombe, 'Modern Moral Philosophy' in *The Collected Philosophical Papers of G. E. M. Anscombe*, Vol. 3: *Ethics, Religion and Politics*. Oxford: Basil Blackwell, 1981. p. 27.

3 Hobbes, *Leviathan*. p. 18. 霍布斯在《论公民》中批判雄辩术，并试图建立一门独立于修辞学的理性的政治学；在《利维坦》中，他认为表达真理也应当借助准确典雅的言辞。参见：昆廷·斯金纳：《霍布斯哲学思想中的理性和修辞》，王加丰、郑崧译。上海：华东师范大学出版社，2005年。第159—189页。

比例；残酷与正义的区别在于残酷之痛苦是徒然的，正义却能够预止更大的痛苦；挥霍与慷慨的区别在于后者增加幸福而前者降低它；庄严是美学词汇，它与愚笨的区别在于带来愉悦或不快；"诚实"与"背叛"的差别也取决于"说真话"的政治效用。功利主义反对修辞相对主义，即认为只需将某个行为**命名为**"慷慨"它便不再是"挥霍"，或将某个说真话的行为**命名为**"诚实"它便不再是"背叛"。这貌似只是常识，但颠倒混乱的修辞充斥着意识形态话语的历史，即所谓政治思想史。例如亚里士多德说慷慨是吝啬与挥霍的中道，[1] 而马基雅维利说慷慨是恶习而吝啬是德性，[2] 然而二者区别只在修辞上：马基雅维利所说的慷慨，其实就是亚里士多德所说的挥霍。功利主义要解除意识形态对褒贬语义的捆绑，让幸福和痛苦决定褒贬。反对修辞相对主义依赖不含道德倾向和语言；先描述关乎价值的事实存在，再做道德上的权衡判断。例如，"挥霍""慷慨""吝啬"等道德词汇，都不应当出现在有待判断的事实描述中，记账本应当以数字写成。

由于身心和境况差异，诸义务准则间不存在客观的优先级序。一种以抽象的"幸福"超越个体差异的方法是利己主义："让你追求幸福的原则，成为让一切人追求自身幸福的原则。"利己主义虽已是理性的，却无法道德地处理人际矛盾。超越个体差异的道德，是将康德哲学抽象化并变换为功利主义："让你追求幸福的原则，成为每个人

1　Aristotle, *Nicomachean Ethics*, 1107b.
2　Machiavelli, *The Prince*, pp. 54–56.

追求最大多数人的最大幸福的原则。"[1] 功利主义可被视作一种摒弃了固化的诸价值优先级序的、抽象化的康德主义。

在康德哲学中，普遍性法则须由某种意识形态（例如基督教或儒家）**填充**，才能规定诸准则的优先级序并指导具体实践；在功利主义中，普遍性法则经由（去意识形态化）**抽象**，在实践上与生活世界中的具体价值体验相结合。此在的历史性无法消去，康德哲学主张存在非历史的优先级序和准则，反而迫使诸准则被历史文化决定；功利主义主张在每一具体的历史情境中权衡利弊，反而使其道德尺度能够超越历史。

以上只是"现代版"普遍性法则的一种可能性，其他解释同样存在，偏好功利主义也是其中之一，其代表人物黑尔也指出了道德普遍主义的内在问题：

> 可普遍化会产生如下要求：如果我现在说我应当对某人做某事，且同时认可如果我在他的处境下（包括有同样的个人性格，尤其是动机状态），同样的事情该发生在我身上。然而现在他真正持有的动机状态与我持有的相反，例如他或许会非常反对我主张应当对他做的事（包括让我去做这件事）。我们发现，我若完全处在他包括了动机的当下，我自

---

1 Smart, 'An Outline of a System of Utilitarian Ethics', p. 12. "痛苦"在个人视角与普遍视角上皆不可欲，这是不证自明的。内格尔却勉强提供了一个证明，并指出：希望他人痛苦并非对"痛苦本身"的单纯喜好，只有在一些复杂条件（例如稀缺性）下才是理性的、可理解的。Nagel, *The View From Nowhere*, pp. 159–162.

己也会有一个相应动机，即同样的事不该发生在我身上。[1]

　　黑尔处理主体间诸优先权冲突的方法，是一视同仁地考量每个人的偏好强度：既然殊别的私人性格无法规定普遍的准则级序，伪装成道德准则的偏见（prejudice）就应当被澄清，还原为赤裸裸的价值偏好（preference）。[2] 它并不瓦解偏见，而是强令其沉默。偏好功利主义认为偏好强度比幸福程度更易把握，也更能让**现实政治**顺应诸意见（doxa），所以主张将普遍性法则改写成"让你满足诸偏好的原则，成为让最大多数人满足最大偏好的原则"，并以"同等偏好平等考量"的尺度权衡取舍。[3] 可见偏好功利主义并不是一门规定善恶的道德哲学，也不具备历史实践的全域性，而是一种为适应**政治的**必然构造而产生的实践主张。

　　上文说过，古典功利主义并不认为偏好满足总能令人幸福，人类并非在每件事上都最了解自身利益，某些非理性偏好甚至清晰可辨。边沁认为我们"通过参考自己的欲望和感觉"判断他人的幸福和痛苦，[4] 共情体验基于共同的生活形式，这是古典功利主义批判无法被自然理解的意识形态的原因之一。偏好功利主义本身不必然主张启蒙，尽管偏好功利主义者为了不偏离幸福太远，也会用启蒙主义弥补不足。人完全可能欲望很大，真正实现后幸福感却很小。叶公好龙的

1　Hare, *Moral Thinking*, pp. 108–109.
2　Hare, *Moral Thinking*, pp. 178–179.
3　Hare, *Moral Thinking*, p. 144.
4　Shirley Letwin, *The Pursuit of Certainty: David Hume, Jeremy Bentham, John Stuart Mill, Beatrice Webb*, Cambridge: Cambridge University Press, 1965. p. 138.

夸张、信息匮乏或认知比例失调都可能导致虚假欲望。

偏好功利主义否认存在他人比自己更明白自身幸福的情况，充分肯定人的自主权。"自愿（做某事）"是一种重要的正价值**意向**，凡具体"做某事"的价值体验都很大程度上取决于自愿与否，单凭"不自愿"就已能将绝大多数体验确定为负价值。这不仅适用于人们被迫做原本就不愿做的事情的时候。即便原本可欲的事，一旦变成被迫不得不做的事，也会变得不再可欲。例如一个习惯了宅在家中的人，若被强制居家禁足，仍会很不舒服。一种事无巨细、绝对高效地利用了一切冗余的指令经济，意味着将一切余裕变成必需，每一环节都容错率为零，人人充满焦虑、唯恐出错。自由不仅是用来实现具体价值的途径或可能性，它本身就有价值。当宽松的世界被条条框框逼向紧迫，此在的周遭于边缘被截断，未受损的部分也会向内皱缩，失去的不仅是"非必要"的延展。正如当人们穿过刚好与其身高相同的门时，也会不自觉地低头。主动或被迫做同一件事的区别，是可能性的区别，在体验上则是开阔与逼仄的区别。人类那些丰沛美好的意向与体验，都是心灵舒展时才会有的。"力量的过剩才是力量的证明。"[1]

在处理复杂多样的心理体验时，古典功利主义也强调"自愿"的内在价值。詹姆士指出，综合体验不是部分体验的加总，统合一百个心理体验后得到的第一百零一个体验是一个新体验。[2] 例如协奏曲不

---

1 Friedrich Nietzsche, *Götzen-Dämmerung*, KSA 6, S. 57.
2 James, *The Principles of Psychology*, p. 162. 本书开头即说，边沁列举了功利考量的六个尺度。其实边沁还提出过幸福与痛苦的"纯度"，"悲喜交加"则效用纯度较低。我认为"纯度"就像"交加"一样，属于解释学概念而非道德哲学概念，故未提及。

是将脆亮的钢琴与低沉的提琴的分别体验相加。悲喜交加并非不悲不喜，悲与喜不能相互抵消，应当作为一整个体验来考量总幸福；由于总体验中有太多不可言传的部分，其效用只能表达为偏好强度。每个人都最清楚自己的亲身体验，其快乐或痛苦不见得小于那些可与外人言、可被外人理解的部分。功利主义尊重个体差异与个人选择，典型的例子是边沁据此支持婚姻与离婚自由。[1] 在涉及复杂的私人体验的事上，默会知识是强大的。懂得绘制地图的地理学家，常无法如土著民那样迅捷地穿过当地的河流，土著民则不会使用地图。强行用地图给土著民指路是可笑的，在此类事情上，分散的决策机制胜过集中决策的命令式机制。在分散决策机制中，哈贝马斯主张的交往理性（communicative rationality）或话语伦理（discourse ethics）是增益功利的一个必要条件，它让每个人的价值体验能被公共地表达和理解。

然而，在有清晰单一的判定标准的事情上，古典功利主义认为家长主义（paternalism）不一定错。无论"自愿"这种价值现象多么重要，由于可能与其他价值相冲突，即便一件事主要只影响自己，古典功利主义仍不一定主张绝对自主权，例如骑摩托强制戴头盔的法律。他人无法比自己更了解亲身体验过的幸福和痛苦，然而在有客观标准的事上就并非如此；知识的积累与历史的进步也发生在这些方面，而在每个人都得亲身经历的方面则不存在进步。只要不激起逆反，自上而下违逆多数人偏好推行改革消除陋习，也被古典功利主义所认可。在许多现代国家的近代史上，都有例子佐证这种改革的成效。然而政

---

1 Bentham, *Works*, Vol. 1, p. 355.

治中存在远比革除陋习更重大的问题，例如后发国家如何扩大政治参与；开明君主式改革的危险是它反而需要抑制政治参与，其当下手段与长远目标背道而驰。[1] 这种改革较容易逐个解决较简单的问题（例如强制骑摩托戴头盔），却会把最难的问题变得更加无解。另外，管制权力的存在合理性在于其正确性超越民众的理解，它基于盲信，容易发展成自命一贯正确的权威，背上知错难改的包袱。这种权力为了维持自身必须比民众**更**正确，因此天然具有反常识倾向，容易走向荒谬。在知识爆炸的时代，一贯正确与野无遗贤都是不可能的。

四 幸福与德性的合一

1 幸福的高低、长远与偏见

边沁为度量效用设立的标准即强度、时长、确定性、远近、间接效用、涉及人数，其中没有幸福的"质"的"高低"。边沁认为儿童玩推针游戏（push-pin）产生的快乐并不比阅读诗歌的快乐更"低"，诗只是对日常语言的误用，[2] 人们推崇诗歌和音乐只因它们"能取悦

---

1 Huntington, *Political Order in Changing Societies*, pp. 179 – 180.
2 Bentham, *The Rationale of Reward*, p. 205. 尽管十八世纪尚没有语言哲学，但当时英国的识字中产阶级对"普通英语（plain English）"的推崇和对语义混乱的警惕极强。

那些最难取悦的人"。[1] 这样的观点在同时代立即引起了争议。最耐人寻味的是，威廉·哈兹利特（William Hazlitt）将边沁贬低诗歌视作一种新的清教苦行；[2] 而边沁本人明确指出，苦行主义与功利主义截然相悖。半个世纪后，新一代功利主义者密尔反对边沁的观点，认为简单快乐只是"狭隘者的完满"[3]。孩子能从推针游戏中获得快乐，诗人却只能从诗歌中获得快乐，不是孩子胜过诗人，而是孩子的世界较贫乏。

密尔批判边沁忽视了诸幸福的高低差异。他引用重视精神幸福胜于物质快感的伊壁鸠鲁学派，[4] 然而思想史是历史学的一个方面，不能佐证哲学。对精神幸福高于肉体快感的反驳，是二者的体验常为一体。音乐享受既是内时间意识中的，也离不开生理反应，身心微妙地相互纠缠。情人无法区分交换情书的幸福和脑细胞分泌多巴胺的幸福。边沁认为性快感不应被基于"趣味"的偏见束缚，主张同性恋去罪化。[5] 这不仅是因为功利主义不反对"低级"快乐，也在于我们无法证明性快感"低级"。人有"性"，动物只"交配"。

密尔如是展示幸福的"质—量"区别：

1　Bentham, *The Rationale of Reward*, p. 206.

2　Paul Keen, *A Defence of the Humanities in a Utilitarian Age: Imagining What we Know*, 1800—1850. London: Palgrave Macmillan, 2020. p. 28. 这一"苦行主义"批判可在尼采、韦伯和罗伯特·默顿对现代科学技术的生存论阐释中找到回音。

3　J. S. Mill, *Dissertation and Discussions*, *Vol. I*, London: Parker, 1859. p. 389.

4　Mill, *Utilitarianism and On Liberty*, p. 186.

5　Jeremy Bentham, *Of Sexual Irregularities and Other Writings on Sexual Morality*, Oxford: Clarendon Press, 2014. p. 4. 在"homosexual"这个词出现之前一个世纪，边沁以对"趣味"的批判为其辩护。哲学原理不作用于具体事物，而是作用于事物所属的范畴。

宁可做一个不满足的人，亦不愿做心满意足的猪；宁愿做不满足的苏格拉底，也不愿成为满足的傻瓜。如若傻瓜或猪对此有不同意见，那只是因为他们只知道自己的那一面，而这组对比中的其他人却洞悉双方的情况。[1]

这段话与密尔所说"狭隘者的完满"一致：猪无忧无虑，只因猪活在感官当下，贫乏于世界。猪遗忘了死亡，猪没有时间性，猪不是有语言的动物。然而这段名言在后世遭遇了诘难："苏格拉底真的知道做傻瓜是怎么回事吗？他真的能于简单事物中体验闲散之乐，而不为理解和改造世界的欲望所累吗？"[2] 辛格的反驳用语精确：苏格拉底无法从"简单事物"中体验快乐。这里有现代哲学对生活世界的肯定与对固有价值级序的祛魅。苏格拉底不会抛下"理念世界"去做一个小学教师、搬运工或园丁，维特根斯坦却会，他宁可寻求"简单事物"中的快乐，也不愿被"改造世界"的欲望所纠缠。当我们对比苏格拉底和傻瓜时，似乎前者胜过后者；但如果问身陷"理念世界"无法自拔的苏格拉底，与通过语言分析消解哲学困惑获得"治疗"的维特根斯坦谁更幸福，或哪一种幸福更值得追求时，就不一定了。据柏

---

1 Mill, *Utilitarianism and On Liberty*, p. 188.
2 Singer, *Practical Ethics*, p. 108.

拉图说，苏格拉底饮下毒酒之前是幸福的，维特根斯坦的遗言也是如此。[1]

密尔区分诸类幸福的高低，认为愚人比智者更幸福；[2] 智者的幸福尽管在"量"上较少，"质"却更高。这并非逻辑推演的结论，而是社会观察结果。我们不妨先考察这组对立诞生的历史背景，再看它在哲学上能否成立。

边沁与密尔的差异，源自从十八世纪到十九世纪的欧洲心态史转变。密尔不止一次将其时代文化归结为"十九世纪对十八世纪的反动"。[3] 启蒙时代充满乐观精神，浪漫主义之后却是悲观时代。边沁同时代的艺术家是莫扎特和贝多芬，在古典主义音乐中美与幸福是合一的；其同时代思想家是康德、歌德与席勒，他们不曾认为幸福的"质"和"量"相矛盾，而是相信"鼓起勇气运用自己的理智"，一心追求知识、改造世界的浮士德终将得救，"幸福（Freude）"超越"风俗（Mode）"并将人类重新团结为兄弟。密尔的同时代人却是叔本华和瓦格纳，叔本华认为智性越高痛苦越大：既然演化中越高级的动物

---

1 维特根斯坦多次批判苏格拉底。《泰阿泰德篇》中苏格拉底认为若不知道"什么是知识"，就无法知道诸如"对鞋的知识"等具体知识。维特根斯坦说："苏格拉底斥责那个针对追问知识的本质问题列举诸知识的学生，他甚至拒绝将这看作通向该问题的回答的一个初步步骤。然而，我们的回答恰恰在于这样一些列举，和些许类比（从某种意义上说，我们让事情在哲学上对我们而言变得越来越容易）。" Ludwig Wittgenstein, *Philosophical Grammar*, trans. Anthony Kenny. Oxford: Basil Blackwell, 1974. §76. 在《蓝皮书》中他重述了这一批判。Wittgenstein, *The Blue and Brown Books*, p. 20.

2 Mill, *Utilitarianism and On Liberty*, pp. 187–188.

3 John Stuart Mill, *Autobiography and Literary Essays*, Toronto: University of Toronto Press, 1981. p. 169. 后来这句话因格奥尔格·勃兰兑斯（Georg Brandes）的《十九世纪文学主流》而闻名。

能感到的身体痛苦越敏锐，人必定也是越智慧就越痛苦。[1] 这是错误类比，因为身体痛苦是演化史强加的被动机能，精神痛苦却很可能是庸人主动自扰的。边沁是一个坚决的启蒙哲学家，主张消除一切偏见，将功利原则贯彻到底，必然默认了"知识即德性，德性即幸福"；密尔却认为知识有损于幸福"量"，需要更高的"质"来补偿，平庸蒙昧倒成了轻松快活的生活方式。

密尔反对将康德的道德法则简陋化为"让你的准则成为一切理性存在者的准则"：普遍的邪恶之所以不可实践，是因为其结果不可接受，然而普遍的自私和平庸却仍可接受，仅靠"可普遍性"无法分辨道德行为和平庸行为。[2] 康德从未遇到过如此低级的困扰，而密尔却要花费笔墨去对付它，这也折射出了文化史的变迁。波德莱尔离开了文艺复兴以来的人文主义：既然人性与自然中有善有恶、有美有丑，卢梭、康德说要尊敬自己，为何只强调人性中崇高伟大的一面呢？康德的道德形而上学只在人文主义的光焰中焕发光芒，这既是他比边沁更令人敬畏的一面，也是康德哲学在历史超越性上不如功利主义的原因：康德代表了欧洲文明顶峰时代的信念，而功利主义是一个面向永恒的学说。本书第一节引用过模态逻辑学家的论证：康德相信诸义务准则能够并行不悖，其实是相信"一切可能世界中最好的世界"；十九世纪的叔本华却宣扬：我们生活在一切可能世界中最坏的世界。[3]文化史将哲学理解为生活形式，理性主义是幸福时代的结晶：承认理

---

1 Schopenhauer, *The World as Will and Representation*, Vol. 1, pp. 336 – 337.

2 Mill, *Utilitarianism and On Liberty*, pp. 183, 225.

3 Beiser, *Weltschmerz*, p. 47.

性的尊严，意味着相信人类可以带着宁折勿弯的刚直活在世上；专注概念分析，意味着相信人类可以用名正言顺的方式解决问题。功利主义则承认历史不完美，它将自身的理论抽象到最稀薄的限度，坚持道德哲学的普遍效力。待到更"同情理解"地看待人性的时代，尊重人性意味着尊重个人偏好，仅凭借审慎长远的自利心也能组成一个有秩序的、勉强公平的游戏规则，无关任何高尚的事物。密尔反对普遍平庸，要求区别可普遍的庸俗和高尚的道德，这是对历史的回应。十九世纪至二十世纪初对诸价值"高低"的焦虑是一个文化史现象，托克维尔对"普遍平庸"的反思和卡莱尔的英雄崇拜皆属此类。尼采主张：哲学的使命即是确立诸价值的级序。[1]

在讨论价值高低级序的学说中，舍勒的价值现象学最值得关注。他发现越是延续的、永恒的价值就越高，越是临时、仓促的价值就越低；越不可分的价值越高（例如音乐不能截断，多人听体验仍然完整），越可分割的价值越低（例如面包可以分割，两人吃则每人只得半块）；越不依赖于其他前提的内在价值越高，越是相对的价值越低。[2] 这些价值直觉也契合功利的尺度：越是延续的甚至永恒的幸福时间越长，未来确定性越高。内在价值确定性越高则适用范围越广泛；相对的价值确定性低，适用范围狭小，易引起争执。然而现象学缺乏历史的视域，仅凭高低级序不足以规定历史中的道德实践：何时

1　Nietzsche, *Zur Genealogie der Moral*, KSA 5, S. 289.

2　Max Scheler, *Formalism in Ethics and Non-Formal Ethics of Values*, trans. Manfred S. Frings & Roger L. Funk. Evanston: Northwestern University Press, 1973. pp. 90 - 100. 正是这一组标准，反驳了舍勒认为"文化价值"高于物质价值的结论，因为文化中的意识形态偏见会沦为相对主义。

需要面包、何时需要音乐，取决于情境。泰坦尼克号沉没之前，三个小提琴手仍在演奏音乐，这是一件无比高贵的事情，这不是人类与动物的共性，而是人性高于动物的部分，直到这个物种毁灭的前夜，这些琴声仍会在永恒中持续回响。但假如音乐能换来救生艇那就更好了。马斯洛需求层次理论（Maslow's Hierarchy of Needs）是对一切试图从价值级序中推出道德抉择的人的警醒，尽管这种"低级优先于高级"的标准同样是僵化的，其中有对人性的某些根本误解，无法一贯地投入实践。

历史地看，二战之后，人类社会经历了深刻而广泛的变迁：政治参与扩大、去殖民化、平权运动、交通与通信发展、多元价值混融，全球化迅速将诸多陌生异域纳入了生活世界，人们的注意力从时间中的历史筹划，转向了空间中的他者。稳定的"价值级序"所需的**封闭而完整**的古典共同体荡然无存，取而代之的是**开放而破碎**的后现代文化。诞生于特定历史的"质——量"问题，也在历史中消逝了；这难免会令人认为，该问题没有被解决，只是被历史遗忘了。然而幸福的"质——量"问题其实早已被解决了，密尔所说的幸福的"质"并未超出边沁衡量诸幸福的"量"的诸尺度，它能被化约到其中。这即是说，功利主义作为一种**开放且完整**的现代哲学，能够将二者统一。

价值趣味"高"这个形容词原是从空间关系中借来的我们赖以生活的隐喻，就像"兴致很高""地位很高"等说法一样。[1] 更真切地描绘价值体验的词汇，反而被"高"这个隐喻遮蔽了。黑尔认为"我

---

1 Lakoff & Johnson, *Metaphors We Live By*, pp. 14 - 18.

们无需将密尔与边沁对立起来",因为"鼓励良好的欲望与高尚的快乐也将有利于长远的偏好满足。即便用无偏见的、不关心其内容的尺度衡量偏好满足时也是如此"。[1] 密尔将效用重新定义为"人类作为不断进步的存在者的永久利益"[2],该定义强调幸福的"时长"和"间接效用",涵盖了他所说的幸福的"高低"。艾耶尔(A. J. Ayer)指出:"在这一点上,密尔的语言有歧义,边沁的语言非常清晰。"[3] 两人的差异被澄清为修辞不同而非逻辑矛盾。边沁以更标准的语言涵盖了密尔的问题,而"高低"这样的词却很武断。正因为密尔的语言不够清晰,他用浪漫主义补充功利主义,才呈现为内部矛盾的折衷主义(Eclecticism)。这种理论矛盾本可在功利主义框架之内化解,统一的框架有利于缓和每个人都认为自己趣味最高的相对主义。

2 艺术与人类幸福

功利主义将审美视作一种当下体验的直接效用,具备教化的间接效用。关于前者其实没什么可说的,但我还是要先反驳一些流传甚广的误解。摩尔曾批判西季威克忽视了一切无关人的主观体验的价值。他假设存在两个缺乏有知觉的生命的世界,一个很美丽而另一个很丑

---

[1] Hare, *Moral Thinking*, pp. 144 - 146. 另参见 Smart, 'An Outline of a System of Utilitarian Ethics', pp. 15 - 16.

[2] Mill, *Utilitarianism and On Liberty*, p. 95.

[3] A. J. Ayer, 'The Principle of Utility', in *Bentham: Moral, Political and Legal Philosophy*, Vol. I, Burlington: Ashgate Publishing, 2002. p. 158.

陋，功利主义主张两者同样没有价值，这忽视了"美本身"的价值。[1] 反驳摩尔也很简单：他以为一个无知觉的宇宙中还有所谓"美本身"，这种说法没有意义。

艺术直觉总是纠缠于道德和实用，却无法还原为道德与实用。最广泛的例子，如贡布里希多次说到的：推崇简洁朴素、贬低繁复装饰的偏好其实出自道德意识。若要追问为何简洁**暗示**着道德？就涉及对简洁性的实用主义解释。然而艺术为了**展示**简洁朴素，却不能一味单调。水渠是与水打交道的实用工具，而艺术通过与人性打交道实现其效用。

不存在一门功利主义艺术理论，若有的话，那将是空洞的同义反复。然而我们仍可找到与功利主义相契合的艺术理论。斯蒂芬·戴维斯（Stephen Davis）将迄今的艺术理论归结为两大类，即功能主义的（functionalist）和程式主义的（proceduralist）。前者认为艺术必须完成某种功能，例如引起审美愉悦、唤醒德性与认知；后者认为只要是遵照某些程式规则制作的作品，都可称作艺术。在这个二分上，功利主义显然会与功能主义的艺术理论结盟：艺术家无须自觉地为了某个功能目的而创作，艺术品的价值却取决于审美或教育效用，取决于作品在多大程度上开启、深掘、拓宽、舒展了观者的生命体验。按照司汤达的说法，"美是对幸福的许诺"。戴维斯承认，艺术中的程式规则是从功能中派生而出的，却获得了独立性。[2] 功利主义反对程式独立

---

1 Moore, *Principia Ethica*, pp. 83 - 84.

2 Stephen Davis, *Definitions of Art*, Ithaca, NY: Cornell University Press, 1991. pp. 31 - 32.

于功能，这意味着艺术对生活世界的背离。

我们接下来讨论艺术的教化效用。人的幸福不仅缘于具体的事件和际遇，也取决于内在性情，后者构成了比人生悲喜起落更恒定的背景底色，其效用通常不被仅作为取舍决策机制的功利主义道德所重视。然而人生有涯，时间稀缺，对精神养分的取舍亦是一种取舍。人选择自己是谁，比选择婚姻对象更重要。功利主义主张的艺术，必是那些最能让心灵获得幸福的能力的杰作。莫扎特的音乐与孩子的游戏都没问题，最高的艺术与最平凡的生活都是幸福的源泉，但意识形态化的作品，却只求眼下的政治力量，其更大范围的长远效用不确定，可能有损幸福。功利主义主张艺术应当博大，要像尼采说的那样"肯定生命"；[1] 同时它对意识形态应当吝啬，不应将自身的光辉借给时过境迁便会沦为荒诞的宣传；否则不仅会在当下造成比例失调的错觉，从长远看还会败坏心智。艺术之效用类同人文诗教，而非政治宣传；其自觉的道德目的应当对人性长远而模糊的未来负责，而非对当下现状负责。正因为此，艺术不以题材大小论优劣。最能长久地陶冶精神的，不必是同时代最能引起共鸣的"典型环境中的典型人物"；"平均人"是经济学和社会学的必要虚构，而精神上的平均就是平庸了。未来极难预期，文化艺术中效用最大的做法就是放弃零碎的猜度或臆想，回返至最深的普遍性；而价值秩序中少数真正确定的因素，也将如黑夜里的星星一般显现。

---

1 有趣的是，尼采说：唯独在诗歌与功利的问题上，他站在功利主义一边。他认为诗源于种种实用的价值，例如抚平心灵也是一种实用，反对那种"无关利害"之美学。Friedrich Nietzsche, *Die fröhliche Wissenschaft*, KSA 3, S. 439–440.

上文强调过，功利主义的教育实践无须与政治实践一致，因为政治关乎当下的必要性，教育塑造未来的可能性。教育旨在提升人，而不仅是维持当下的和平，也不满足于社会政治秩序的"再生产"，因此功利主义的历史实践必须考虑较"高"的价值。尽管传统上功利主义在诸德性中最看重"仁爱"，但教育应当培育精神的高贵健壮而不仅是善良。无偏倚的公正需要很强的精神力量来维持，公正的视角是俯瞰的，是权力意志的一种表达；相反，过度自私、非理性地要世界围着自己转则暴露出软弱。强健的道德能够在历史激流中自由变化，其根本原则却岿然不动；软弱的人在意见上顽固极端，其原则却随风摇摆。凡忽视锻炼精神力量的善，如尼采所说，都会沦为以邻人为准绳的畜群道德，只为"让现状存在下去，以牺牲未来为代价"。[1] 因为功利主义最看重人对幸福的想象力和现实感，它推崇的不是能给当今的大多数人带来最大快乐的艺术，而是能够最长久地超越历史、让所有时代的人认识幸福的艺术。人类在对幸福的认识中，也认识了自己最好的一面。

功利主义关心艺术超越历史的长远效用，并非创作指南，而是评价标准。创作须由生命体验而发，现代哲学不承认康德式"普遍的美"，每一种美都有其前见和语境，例如人类的身心和直觉。然而不同的前见和语境的丰富与坚固程度不同，认识与提升人性的效用也有大小。功利主义是程度道德而非绝对道德，而程度判断意味着说某件作品高于另一件仍有意义，不会消解评价标准。功利主义不支持文艺

---

1 Nietzsche, *Zur Genealogie der Moral*, KSA 5, S. 253.

审查，是因为艺术大多模糊而法律必须清晰，审查的法律技术困难是无解的，它造成的问题远多于解决的，且容易为当下一时的稳定和秩序牺牲长远未来。然而人的精神成长所需养分有先后之分，针对不同年龄层的受众，进行粗略的作品分级仍然可行。

功利主义视角下的艺术"高低"无关文化史意义上的"雅俗"。例如，论及长远的社会效用，巴赫的音乐与民歌《友谊地久天长》难分高下。功利主义不强求将社会统一为文化共同体，因为人类心灵的差异巨大，且这种差异无法被民族、宗教、种族、性别、阶层等外在标准涵盖。所有"身份共同体"的虚构边界都在限制人的发展，而"普遍共同体"也是一种不切实际的奢望。功利主义偏好那些具备普遍性的艺术，却不强求改造他人，只求让其影响自然流溢。功利主义的文化实践主体是社会中的个人，而非共同体的成员。

当密尔们说《哈姆雷特》唤起的情感比滑稽戏更"高"，是因为艺术杰作为心灵带来恒久的慷慨与宁静，而滑稽戏仅一笑了之。诗能缓和痛苦、增强幸福，将切身的苦痛抚平为超然的凄怆，并将转瞬即逝的幸福转化为创造性的力量。彰显人性中超越时空的普遍价值的艺术与时势偏见引起的兴奋之间的差别，即便不考虑后者的负面效应，也相当于无限耐用品与一次性用品的差别。"高"的艺术须有助于教养，锻造勇毅和正大的精神，赐予人克服千难万险的力量。边沁对诗的不屑，说明他对政治的理解限于法律技术，对政治与人性的关系所思不深。边沁指出了苦行主义的悖谬，它创造出偶像来反对生活世界。但边沁只停留于外部批判（太正常者无法理解病人）。尼采却意识到"苦行理想源于业已衰败的生命的防御与治疗的直觉"，它恰是身心已出现衰败的生命，从那尚存的最深的权力直觉中发明的抵抗工具。[1] 因此，如边沁那样批判苦行主义，只能在公共事务上瓦解其欺骗性的话语，确保正常价值的优势不被颠倒；若要从内心克服苦行主义，则需让生命健壮，要用更健康的价值取代它。否则苦行主义者即便自知"错了"，或"不自洽"，他们仍会坚持错误。人总要寻求某种超出一己微命的意义，创作艺术、研究科学、生养儿女、信奉宗教、认同集体都是如此。在这些活动中，个体的孤独不再荒芜难忍，有死的命运不再虚无可怕，飘零的自我有了锚与帆。不仰望星辰的人也会去读煽动性的小册子，无缘在诗中找到自己的人更可能通过集体主义逃避自己；破碎的自我更易沉迷于乌托邦，贫瘠者远比充实者更易被蛊惑成狂热分子。[2] 相反，充满力与美的心灵也更可能对狂热和仇恨免疫。诗与生活的距离有助于训练理性反思的距离，追求超越的文化与政治理性主义互为表里；人文诗教衰落的世界不会是一个朴实单纯的世界，而是一个充斥着扭曲的意识形态的世界，因为"人"是意义的动物，不可能真的像猪一样朴实单纯。

　　艺术只应以间接的形式关乎政治。上文屡次说到，功利主义是日用而不知的道德原则，我想列举一些无关道德哲学的文本说明这一点。金庸在其政治小说《笑傲江湖》后记中说："聪明才智之士，勇武有力之人，极大多数是积极进取的。道德标准把他们划分为两类：努力目标是为大多数人谋福利的，是好人；只着眼于自己的权力名

1　Nietzsche, *Zur Genealogie der Moral*, KSA 5, S. 366.
2　Eric Hoffer, *The True Believer: Thoughts on the Nature of Mass Movements*. New York: HarperCollins, 2010.

位、物质欲望，而损害旁人的，是坏人。好人或坏人的大小，以其嘉惠或损害的人数和程度而定。"在艺术创作上，"影射性的小说并无多大意义，政治情况很快就会改变，只有刻画人性，才有较长期的价值"。正是这"长期的价值"让人文艺术高于政治宣传，即便政治小说也须持守这一标准。王国维有名言："政治家与国民以物质上之利益，而文学家与以精神上之利益。……物质上之利益，一时的也；精神上之利益，永久的也。"这不是说二者谁更重要，而是说政治与文学的效用须放在不同的时间尺度下考量。越是能够超越时代文化界域的杰作效用越大。换句话说，精神文化领域的总效用，不取决于其产品的平均水平，而是不成比例地集中于其中少数最高成就，因为残次品多被遗忘，而超越时代的作品即便一时被埋没也终会被再度发现。

然而短视的观点却很常见，例如常有人问：德奥音乐的熏陶为何未能阻止纳粹大屠杀？该问题将历史简化至文化与政治两个方面，预设了"文化决定政治"的错误历史观。道德归责要有相关性，例如只要世界上有饥寒之人，该事实就是在谴责浪费粮食行为。可是音乐与生存权之间并无矛盾，以后者的苦难指责前者的辉煌是无的放矢。在杀人技术落后的和平年代，更残忍地杀戮更人比例人口的事也屡见于史册，却较少有人严肃地反思它们；[1] 仿佛德国的浩劫是"人性"的浩劫，柬埔寨的浩劫只是柬埔寨人的。二十世纪德国的灾难，不是因

---

[1] 斯蒂芬·平克，一位勉强算是功利主义者的心理学家，以一视同仁的统计学看待历史上的杀戮。Steven Pinker, *The Better Angels of our Nature: Why Violence Has Declined*. New York: Viking Penguin, 2011.

为他们自我认同为歌德和贝多芬的后人，而是因为他们自认为匈奴人。[1] 幸好历经教化的德国人变不成匈奴人，否则"最终解决"就不会拖到 1942 年，死亡人数会更多，形式会更残酷，"匈奴王希特勒"也无须对匈奴人掩饰灭绝营的存在，就连"最终解决"这句晦涩的遮掩都不用。野蛮人视杀戮为寻常娱乐。类似的问题是：为何哲学、文化和制度成就极高的雅典在战争中发动了米洛斯屠城？却少有人质问斯巴达人为何在和平时期每年屠杀希洛人。人文诗教、理性民主"按理说"应当有助于消除残暴，正因为有此规则，才有了针对德国人和雅典人（而非匈奴人和斯巴达人）的质问；并非例外推翻了规则，而是例外预设了规则。

经济学讨论的是物质稀缺性，而艺术与此关系不大。越是纯粹的艺术形式，例如音乐，越难被物质主义的历史理论解释。我们可以说，建铁路会导致马场破产，因为铁路与马匹是稀缺竞争的，马场的衰落是交通进步的必须代价，因此合乎功利。然而，我们很难说艺术创造力与物质因素之间存在稀缺竞争。所以音乐的衰落总令人遗憾，它无法被理解为时代进步的必须代价，这种衰落只能被理解为不合功利的。当今人们仍然聆听并推崇巴赫与莫扎特，古典音乐仍被大量用在都市生活的影视作品中，也就是说，仍然可能成为现代生活世界的情绪背景。那究竟是什么原因让我们的时代再难产出巴赫与莫扎特，这才是音乐社会学的困难问题，任何答案都只能建立一些缥缈含糊的相关性。

---

1 参见德皇威廉二世的"匈奴演说"。

3 功利主义与诸美德

历史上曾有和将有的诸意识形态无穷无尽，道德哲学不是对它们的思想史研究，而是对道德判断之逻辑的研究。迄今一切道德的逻辑，皆可归于以下三大范畴（categories）。

功利论：这样做能增大所有相关者的总幸福。

义务论：这样做是合义务的（诸意识形态规定的诸义务间优先级序不同）。

德性论：这样做是勇敢的、真诚的、仁爱的……

以儒家为例，"孝"涉及外在关系，其逻辑是义务论的；"仁"却不规定外在的关系或行为，是德性论的；"修身"是德性论的，"平天下"则是功利论的；"为往圣继绝学"是义务论的，"为万世开太平"则是功利论的。道德哲学不关心儒家、基督教等意识形态间的差异，它是对诸道德理由的逻辑研究。即便看似落于这三大范畴之外的道德直觉主义，其分析到底仍是由这三者按照不同比例混融而成。直觉主义者意识到，自己在诸事中的道德理由是多元性和不融贯的，可是他们却安于这种不融贯。既然在每一情境下，是"直觉"从诸多道德原则之间做选择，那么这种"直觉"又有何**道德**根据呢？

由于"直觉"只是个笼统的总称，诸直觉无法穷举，所以将道德直觉主义还原为功利论、义务论、德性论的混融的命题难以直接论证。但不妨反过来想：如果存在某种直觉上善的行为，它同时被功利论、义务论、德性论贬斥，这便能证明存在原则上独立于以上三者的

"道德的直觉之维"。然而我无法设想这样一种行为。如果直觉主义者反对将直觉主义贬低为无原则的混融主义和相对主义，也只需找到这样一种行为即可。

此三类道德哲学中，功利论与义务论是互斥的，因为二者都规定外在行为。德性论本身不规定外在行为，其道德实践必须与义务论或功利论相结合。从语言的观点看，功利论和义务论要求的行动都是动词，而德性论词汇是修饰它们的副词。例如内在德性"真诚"可能被用来形容真诚**地**"说真话"。康德认为"说真话"是一个义务准则，而庇护无辜者免遭杀害不是，因此宁毁一条命，不说一句谎。[1] 然而当"真诚"被理解为"不自欺"**地**考量相关者的最大幸福，就会得出功利论的实践结论。与内在"真诚"相反的是内在"自欺"，而非外在行为上的"说假话"。正如真诚与勇敢等其他德性相通，自欺也内嵌于诸多不同的恶。自欺恰恰出自道德意识，它将某些恶行装扮成善的，或将不必要的痛苦装作必要的。

既然功利主义的善良意志即"仁爱"，它就与德性相通。而康德主张的诚实之义务，又离不开"真诚"之德性。这里可能造成的误解是，由于功利论和义务论相矛盾，仿佛"仁爱"与"真诚"这两种德性之间也有矛盾。关键在于功利主义的善良意志与"仁爱"之德性完全等价，康德主张的外在行为"说真话"和内在德性"真诚"却不等价，二者只是被"诚实"这个词捆绑在了一起；我们完全可以设想一种语言中没有"诚实"这个道德词汇，只有"真话"这个更朴素的表

---

1 Kant, 'On a Supposed Right to Lie Because of Philanthropic Concerns', pp. 64 - 65.

达，就像《格列佛游记》的慧骃语中没有"说谎"这个道德词汇，而只有"说不存在的事"。[1] "诚实"是一种道德化的修辞，有语言的动物必然意愿说真话，却不一定将其价值优先级设定为至高无上。

功利主义强调"仁爱"之德性，其实和亚里士多德强调"公正"的部分原因相同：二者都关乎政治社会中的人际关系，是这种特殊的德性，令其他诸德性服务于众人，而非只为自己一人。亚里士多德强调公正（just）即比例适当、恰到好处，本身即是中道，不会过犹不及，因此是诸德性中完美的；[2] 而功利主义更准确地定义了人际平等，为公正提供了一种标准。"公正"是一种尺度，那么恪守这种尺度的性情品质，就是被称为"正直"的德性。

然而亚里士多德的"黄金中道（golden mean）"德性观有语义学上的盲区。这是一种典型的希腊思想：美德即是比例适当。鲁莽（过度）与怯懦（不足）的中道是勇敢，而怯懦（过度）与鲁莽（不足）的中道是审慎。如果德性仅被定义为两极之间的适中**程度**，"勇敢"与"审慎"这两个词的**意义**就都是"在鲁莽与怯懦之间"，这就忽视了二者的意义区别：勇敢意味着克服恐惧，而审慎意味着思虑周全。按照德性词汇的固有意义，鲁莽不是**过度**的勇敢，而是**片面**的勇敢，是勇敢的行动欠缺勇敢的思想，惧怕反思的自欺亦是一种怯懦。怯懦

---

1 罗莎琳德·赫斯特豪斯（Rosalind Hursthouse）也指出德性论词汇是副词而非动词，却仍认为这些副词必然导向某些动词，将德性与行为义务挂钩。她所举的例子就是"诚实"必然导向"说真话"。然而"诚实"这个词本身不能免受语言批判。赫斯特豪斯受后期维特根斯坦哲学影响，却未能坚持维氏关于语言游戏规则的多样可能性的哲学：由于"说真话"并非无条件的善，有时应当被描述为"背叛"。罗莎琳德·赫斯特豪斯：《美德伦理学》，李义天译。南京：译林出版社，2016年。第41页。

2 Aristotle, *Nicomachean Ethics*, 1129a–1138b.

也不是**过度**的审慎，而是**片面**的审慎，怯懦者在思虑是否要努力争取某事物时恐惧，却在决定放弃它时鲁莽草率。可见怯懦与鲁莽看似两极，却往往是同一件事的两面，全面的勇敢也必然与审慎相通。我们既可以说，对尚不存在的威胁的过度反应是鲁莽的，但也可以说它是怯懦的。亚里士多德倾向于认为，用何种意义来形容何种行为是自明的，要注意的只是程度问题；至维特根斯坦之后，语境的自明性消失了，我们便不再能坚持"鲁莽—怯懦"的对立。功利主义在这个问题上仅须主张：不能通过更换德性词汇颠倒褒贬，例如"鲁莽"的行为在另一语境中可被描述为"怯懦"的，虽然意义改变了，贬义词仍只能换成贬义词；矛盾并不发生在说某件事鲁莽的人和说它怯懦的人之间，而发生在说它鲁莽、怯懦的人与说它勇敢、审慎的人之间。意义解释可以是多元的，但政治态度不能相互矛盾。

只有当德性被捆绑于外在的行为准则，它才可能有违功利。因此与功利论矛盾的并非内在德性，而仍是规定诸义务及其优先级序的意识形态。自洽的德性论必须让诸德性无矛盾，勇敢、真诚、纯粹等所有德性不可与"仁爱"相矛盾，也就无法与功利论相矛盾，且因此必然与义务论相矛盾。如果将德性捆绑于外在行为准则，会将诸准则在不完美的历史情境中的矛盾牵连至诸德性的矛盾；如果奉行仁爱之德性，仅凭功利考量规定外在行为，诸内在德性就不可能矛盾，也就无所谓优先级序。这样的德性论在理论上完全自洽，在实践上摆脱了两难困境，做到了有原则而无立场。[1]

仁爱之德性是一种道德力量。功利主义坚持意识形态批判需要"鼓起勇气运用理性"，勇敢之德性也赋予了它力量。上文已多次论证过：功利主义道德原则无关人类物种的身心条件，只有认知他人幸福和痛苦的过程是人类学的，因此功利实践虽依赖对人性的认知，却不是"太人性的"。德性论关乎人性，然而当勇敢、仁爱、真诚等德性抛去了意识形态化的历史想象，也不会是"太人性的"。德性之规定仍出自理性，仁爱与勇敢凭此区分于同情和鲁莽。德性之力量却不单源自理性，而是如亚里士多德所说，源自习惯[2]，或如席勒所说，源自人文诗教。功利论则是政治经济学的道德基础。说社会"需要"德性，或德性对社会"有用"无助于培养德性。只要德性不僵化为外在行为义务，诸德性就不会自相矛盾，它与功利主义也不会矛盾。英雄品质是德性论意义上的，英雄之功效却是功利论意义上的。德性论是激情的，功利论是冷静的；不关怀人类幸福的德性论是偏狭的，缺乏德性之力量的功利论是软弱的。对社会效用的反思可以区分真德性和意识形态的伪德性，却不能取代德性之力量。为增进人类幸福，仅凭功利考量是不够的。

唯有行为导致的效用有道德意义，且这层意义会影响幸福和痛苦。行为功利主义的德性不仅有仁爱，还有一切实践所需的现实精神，并拒绝自欺，否则就会误用这一原理。例如，有人将在地震中死

1　苏格拉底论证诸德性相统一的方式，正是诉诸"功利原理"。Plato, *Protagoras*, 353a-357a.

2　Aristotle, *Nicomachean Ethics*, 1103a-b.

于偷工减料建筑的受害者，解释为死于"自然灾害"，以欺骗来减轻社会不满；再例如巫术虽然其实没用，却将被动受难者转变成了积极行动者，而积极行动的过程本身就令人充实快乐。在更精巧、更牵涉生命根本问题的虚构中，那些无能在这一个生活世界中幸福的厌世者，渴望另一种别样的存在，一种古典的"彼岸"或后现代的"他者"。相反，追求幸福、消除痛苦的行动必须立足现实，功利主义者必须首先对生命说"是"，做生活世界的肯定者。功利主义者强调每一行动都从当下出发，因此最好是愿意做自己的人，哪怕在最羡慕他人的时候也更宁愿做自己，因为只有这样，从此出发的实践才是幸福的。

　　还有一些心理特质，既不具备德性的普适之善和超越性，也不同于仇恨、嫉妒等恶癖。功利主义对待它们的褒贬态度视情境而定。例如伯林所说的有一大知识的"刺猬"和有许多小知识的"狐狸"，前者心无旁骛，后者眼观六路，这两种注意力此消彼长。欣赏或创造艺术需要神魂超拔、物我两忘，制定或执行工程计划需要机械性的精密和耐力。再例如对关怀（care）和超脱（detachment）的心理需求也取决于情境，且二者产生于人类的现象学构造，并非改造社会所能消除。[1] 功利主义认为丰富胜过贫瘠，一个人越是拥有多样的心理品质，越是能够在诸多情境下激发当中的合适者。

　　最后谈一谈近年流行的"关怀伦理"。"关怀"难以区分于有偏倚

1　Plessner, *The Limits of Community*.

的仁爱或小范围的功利主义，因此会在间接后果有害时遭到批判。[1]
关怀伦理将仁爱德性从经过反思的功利主义退化为未经反思的直觉主
义，从现代社会退回到面对面社群的一种乡愁。"care"不是一个普
遍的哲学概念，没有准确翻译：汉语的"关怀"褒义更强，德语的
Sorge 和法语的 souci 却并非褒义，更有忧烦之意。"关怀"的研究属
于价值现象学，它强调彼此相爱是一种善，但道德哲学还需兼顾许多
其他的善。"关怀"无法普遍化或道德化的原因，更在于它区别于
"帮助"这种**行为**，而"关怀"强调心理理解。胃病医生以药物帮助
生病的胃，心理医生却得关怀面前这一整个病人；胃病患者只需要帮
助，心理病人却需要关怀。然而如尼采所说："健康者无法照料和治
愈病人……那些医生和护士自己也得是病人。"[2] 越健康的人在"帮
助"时越有力，在"关怀"上反而越无能。甚至如果要让关怀显得有
价值，以现实行动改造世界的力量就必须显得无效用，于是浮士德被
Sorge 吹瞎了双眼。尼采认为，同病相怜的关怀其实加重了病情、导
致了心理病态的蔓延，却并未完全否认其效用：它将病人无害化了，
这也是一种社会效用。由此可得：如果一个社会的心理病态已经蔓延
到了大多数人，提倡关怀就合乎最大多数人的最大幸福——如果不考
虑未来，短期看来便是这样。

1　Michael Slote, *The Ethics of Care and Empathy*, London & New York: Routledge,
　　2007. p. 11.

2　Nietzsche, *Zur Genealogie der Moral*, KSA 5, S. 372.

4 功利主义与诸恶癖

　　幸福与德性绝不可能相悖，也就与恶癖相矛盾，准确地说：效用定义了德性与恶癖。有人认为，功利主义取消了德性与恶癖，因为在某些极端情况下，最坏的恶癖也能增进快乐。试看如下思想实验：假如宇宙中仅有一个有知觉的存在，它误以为还有其他存在者正在经受酷刑；它非但不为此难过，反而为幻想中的酷刑而狂喜。这个充满快乐的宇宙是一个功利主义的理想世界吗？[1] 该结论的荒谬之处在于它取消了善良意志的道德属性，这在理论上是不可能的。面对这一诘难，斯马特如是为功利主义辩护：

　　　　如果在我们的整个童年中，每当吃奶酪就会被电击，奶酪也会变得令人恶心。我们会自然地对虐待狂产生厌恶，是因为在我们的宇宙中，虐待狂总是导致伤害。我们若生活在一个由某种奇怪的心理规律支配的世界，在那里虐待狂的恶毒诡计总是不可避免地被它产生的巨大好处所挫败，那么我们也会对虐待狂心智有好感。[2]

　　斯马特接着说：如果现实世界中的人"去情境（de-condition）"

1　Smart, 'An Outline of a System of Utilitarian Ethics', p. 25.
2　Smart, 'An Outline of a System of Utilitarian Ethics', p. 26.

地设想那个迥异的情境，就不会认为虐待狂是坏的。他认为语义皆是条件反射训练而成，人类语言中"虐待狂"的贬义出自人类世界的反射训练，我们不该用这个世界的语义去理解一个虐待狂总会产生出更大幸福的世界。反感虐待狂只是人类反射训练，无法评判另一可能宇宙中的心理体验。

然而斯马特是以错误的方式为功利主义辩护的。语义的规则是逻辑，而逻辑不是反射训练的结果。斯马特试图用"心理规律（laws of psychology）"的截然差异解释我们为何无法理解"虐待狂是善"，是因为他相信心脑同一论，认为心的活动**就是**脑的物理活动，[1] 由此，他也必然反过来相信：一切后天学习皆是对脑的反射训练，人学习道德哲学和物理学的术语用法，与鹦鹉学舌毫无区别。这种心灵哲学其实是逻辑学中的心理主义，其道德推论不是功利主义而是相对主义。斯马特的以上错误导致他无法具体地设想：究竟何种宇宙能将"虐待狂"训练为褒义词？他只能用"异乎寻常的（extraordinary）"这样的词汇来强调它与我们的世界不同。[2] 不是他缺乏想象力，而是根本不存在可能训练出"虐待狂是善"这种价值观的世界。道德哲学既不是心理的，也不是出自经验归纳；"善"是道德的逻辑语汇，而非感觉报告。边沁将善良意志设定为一切动机中的首善，[3] 这无关经验：

1　J. J. C. Smart, 'Sensations and Brain Processes', in *Philosophical Review*, Vol. 68. No. 2. (1959), pp. 141-156.

2　此处涉及另一个问题：当我们设想一种截然不同的文化或一个"他者"时，解释学理解的限度和道德上宽容的限度分别在哪里？"虐待狂是善的"这样的语义悖谬是既无法理解也无法宽容的，但"活人祭祀是善的"这样的历史人类学现象就是可理解却仍无法宽容的。理解并不意味着宽容。

3　Bentham, *An Introduction to the Principles of Morals and Legislation*, p. 121.

无论发生过多少主观恶意导致客观善果的事，都只能归于巧合，而不能以"恶意多会生善果"的经验预期未来或指导实践，否则将遭遇"为求幸福须有恶意"的悖论——"为求幸福"已是善意。有人会设想如此荒唐的世界必有鬼神捉弄，不断颠倒凡人的意愿与结果。然而现代人不语鬼神，无论多少次在恶意中行善果或在善意中作恶果，都只会将其归结为疏漏了某些信息，感叹个人的视域只是历史的一隅。在现代，历史的庞杂取代了命运的神秘。

行为功利主义评价的不是世界中的幸福度，而是在给定世界中的**行为**导致的幸福度**变化**。在虐待狂幻想症的主观世界里存在其他受苦者，这些痛苦折磨也要纳入考量，即便在虚假的幻想中，**信以为真**的幻想狂也应当努力减轻其痛苦。信息错误无法反驳一门道德哲学，坏意图不会仅因受骗而被颠倒成好的，由于偶然的信息错误，阴差阳错，适得其反，不能归因于这个意图，而要归因于信息错误。行为功利主义不可能与善良意志矛盾，因为意图并不外在于行为，而就是行为的一部分。即便遇到好心帮倒忙的情况，我们也会将错误归因于该行为的其他构成部分，分析的眼光总能将一个看似统一的行为拆散成更细致的诸环节，便可分别给出评价。

因此，那种认为功利主义只顾结果、不论意图的观点是荒谬的。**行为**功利主义怎么可能不关心行为之意图呢？善良意志就是行善意向，它必然有内在价值：人在被祝福时会高兴，因为祝福意味着赐福行动的潜在可能性。尽管善意并不总是有力量，有时绵羊般的圣徒不如狮子般的野心家有用。然而善良意志是纯粹的行善意图，既不**应该**有稀缺性，也不涉及取舍。

"善良"和"意志"的词义决定了"善良意志是善的"乃同义反复，"虐待狂的功利主义"则是一个犹如"圆的方"的胡言乱语。恶意永远是恶的，造成痛苦的行为只能是为了规避更大痛苦。道德人格应当有普遍的仁爱，可以暂时有殊别的敌人，却不应当有仇恨。有人认为伤害一定会伴随或激起仇恨，这是对人性的贬低和误解。即便复仇也可以只为正义感而非怨恨驱动。非理性的战争常伴随对敌国文化的敌视，但战争应当被限制于物质资源层面，人的精神世界应当永远对更广大长远的未来负责。[1]

"施虐狂幻想"思想实验并非疯狂的空想，它所讨论的正是恶意，而恶意通常由比较心引发。比较心是一大类常见心理，它不一定是坏事。只要他人的范例被理解为自我的可能性，比较心也可以是激励性而非破坏性的。我们不是先直觉地体验某种价值，然后再用它与别人的同类型的价值相比较，而是价值体验本身就受比较心影响；比较心不仅是关于诸价值的**后思**构造，它本身就**内嵌**于诸价值体验，因为世间的价值评价是互为参照系的，其中最常见的参照系就是"自我"，尤其是在标准模糊、无法量化的方面：例如很多人所说的聪明和愚蠢，其实就是比自己更聪明或愚蠢。而对"自我"的价值评价也需要与构成"世界"的他人比较得出。然而，比较心可能导向的嫉妒、幸灾乐祸等让自己与他人幸福成负相关的意向或态度，却限制了人类可

---

1 人类的另一些崇高精神对于人的幸福至关重要。西蒙娜·薇依在 1940 年法国战败之际，曾论及《伊利亚特》中超凡的公正。"也许欧洲人将重现史诗精神，当他们学会不逃避命运，不崇拜暴力，不仇恨敌人，不嘲弄不幸。至于这需要多久是另一回事。" Simone Weil, *The Iliad*, *or The Poem of Force*, trans. Mary McCarthy. Wallingford, Penn: Pendle Hill, 1991. p. 37.

能企及的幸福。本章第一节已经指出，同情心的差序性会扭曲利益平等考量的比例。比较心也是差序的，人们总是与相近者而非较远者比较，且在与同类比较境遇时心理感觉最强烈，因为同类的境遇会被理解成自我的可能性。这即是社会学中常说的相对剥夺感（relative deprivation）取决于参照团体（reference group）。参照团体的差序性会扭曲人认识世界时的比例感，例如嫉妒其他员工的薪酬胜过雇主的巨额利润。这便是"底层互害"的心理原因。人皆有比较心，哪怕自爱、自信、专注且心志明确的人，也只能在其不看重的事上没有比较欲；这并非缺乏比较心，而是缺乏注意力。最能克服比较心的，不是**无私**的道德，而是**忘我**的生命活动，和对生命的独一无二性的意识。相反，一个群体的心智越是看重人际比较，幸福感的来源越是依赖于做"人上人"，其最大多数人最大幸福的选项反而越接近平均主义。因为做人下人的痛苦，必定大于做人上人的幸福。

利己与嫉妒的区别在于意图：策略性的损人利己是对他人的轻视，而嫉妒是对他人的恶意。利己心专注于自己，嫉妒心专注于他人。在此消彼长的竞争中，嫉妒等效于利己。例如席美尔批判比较心，可是货币就是为了比较而造的工具。[1] 钱是可转移的，因此他人的富有被理解为自我的可能性；希望陌生人的钱变少是理性的，因为货币总量减少相当于我的钱升值了。再如，手艺人砸毁取代其谋生技能的机器也是理性的，这无关嫉妒；这一工业革命时期的旧危机，又

---

1 Georg Simmel, *The Philosophy of Money*, trans. Tom Bottomore & David Frisby. London: Routledge, 2004. p. 393.

重现于人工智能时代。[1] 然而理性的利己也会训练并强化非理性的心理，例如对不可转移的差异或特权，甚至针对"幸福"本身的怨恨（ressentiment）：某个家庭不幸者不能忍受他人家庭幸福，某个愚笨丑陋者想要毁掉他人的聪慧美貌，某个病人希望健康者也体验同样的痛苦，还有那个羸弱又结巴的僧人因嫉妒金阁寺之美而纵火。毁灭性的怨恨仍是自欺中的"趋福避苦"：通过毁灭现实中的更幸福者，来毁灭更幸福的可能性，以佐证自己的处境已是"一切可能世界中最好的"。

行为功利主义乃是积极行动者之哲学，它主张改造世界、提升自我以获得幸福。与之相反，正因为消极颓废者的思维同样遵循"趋福避苦"的功利原理，才迫切地需要将世间丑恶解释为不可改变的，将努力解释成徒然的，将幸福解释为奢望。因为只有这样，消极颓废才是最合功利、最理性经济的选择。仅当勇敢全都失败，畏怯才是最聪明的；而那些成功的英雄打破了小人的自欺，因此最易被嫉恨。既然嫉妒与怨恨是价值态度，它们就不可能真的无关"趋福避苦"这种贯穿一切价值态度的形式，而只可能是对它的扭曲误用；嫉妒与怨恨违背了功利原理，但功利原理仍是我们赖以理解嫉妒与怨恨的前设。

经济学家豪尔绍尼（John Harsanyi）认为，嫉妒、怨恨、虐待狂等"反社会偏好"都应当被排除出功利考量的范围，人与人之间只

---

1 卡尔·贝内迪克特·弗雷：《技术陷阱》，贺笑译。北京：民主与建设出版社，2021年。第 252—347 页。

能有善意，不能有恶意。[1] 首先，要区分恶意与敌意，完全排除敌意即是否认竞争。功利主义不会完全排除敌意，而是主张人际间的善意应当是无条件的，而敌意应当仅是局部的一时策略，最终须无违于更长远广大的幸福。[2] 其次，在豪尔绍尼列举的恶癖中，嫉妒是比较心的必然产物，因此嫉妒之苦很难排除功利考量。理性的嫉妒只针对财富（尤其是可无损转移的货币），且会在贫富差距缩小之后消除。再分配不仅能消除嫉妒，还能调节人际权力制衡，有利于社会政治结构的稳定。

全球化拉近了比较的距离。马可·波罗时代的人只会把远方的富庶当作传说，而非生活世界的一部分；今人却共在一个世界，并将他人理解为自身的可能性，只是人性并不总是见贤思齐。"英雄是现代性的真正主体"[3]，然而现代性消解了共同体边界的意义，在现代世界做人类的英雄，也比在古代做一个部落的英雄更难。古典英雄是共同体德性的卓越代表，现代英雄则是超越并克服了时代环境的人，因此现代人的嫉妒中带有更多怨恨，常将现代英雄视作共同体的背叛者。

1　John Harsanyi, 'Morality and the Theory of Rational Behaviour', in *Utilitarianism and Beyond*, Amartya Sen & Bernard Williams（ed.），Cambridge: Cambridge University Press, 1990. p. 56.

2　康德哲学中也有类似的构造："人是目的，而不仅仅是手段。"这即是说人"作为目的"是无条件的，人被当作手段是有条件的，且最终必须服务于人性的目的。该命题并未否认人可以是手段，且康德只将作为理性存在者的人视作目的，从未将人性中的恶习也视作目的。

3　瓦尔特·本雅明：《巴黎，19世纪的首都》，刘北成译。北京：商务印书馆，2013年。第146页。

相比嫉妒，怨恨之恶更为彻底。这种损人不利己的意向针对的正是"幸福"本身，很难以外界的帮助消除，且会蔓延至精神方面，例如贬低优势群体创造的科学与文化成就。贫富差距可通过再分配缩小，但思想传统之间的差距难以缩小；精进自身是困难的，而毁坏或贬低他人的成就是容易的。群体或个人一旦持有这种心态，代价往往沉重深远。"理性及其怨恨"比"文明及其不满"更阴暗，且受损严重的常是自己：相比可能对他人造成的可见伤害，毁掉自身的创造性和学习途径的损失难以估量。例如，将普遍成立的逻辑与科学打上"欧洲中心主义"的标签，这对发展中国家的损害要比对欧洲的损害严重得多。

功利主义要依据生活世界的诸构造，尽可能顾及所有物质和精神后果，因此反对损人不利己的恶意不仅出于利他，同时也是利己，因为损人不利己者必然受损；这一层损失甚至不是真的作恶时才有，而是起心动念之际就已经初现了。边沁并未拒绝考量嫉妒之苦，[1] 但功利主义对待怨恨或虐待狂的态度要严厉得多，因为施害者因幸灾乐祸可能收获的快感，远小于它势必造成的巨大痛苦，且会压抑创造和进步。怨恨和虐待狂心理并不是普遍可理解的，健康者只能从他人的行为中辨认它，却不能内在地共情它。功利主义批判怨恨者和虐待狂，却承认其现实存在。善良意志本不应当稀缺，但事实上在不同环境下它也有不同程度的稀缺性。在德性较低下的时代，对他者的恨取代了自爱与爱人，许多人不渴望自我健康苗壮却希望他人生病孱弱。不仅

---

1 Bentham, *An Introduction to the Principles of Morals and Legislation*, p. 39.

善意是稀缺的，启蒙主义者也抱怨：尽管智力成就是共享的，但人们大多缺乏学习和思考的意愿；智识的唯一约束条件是时间，在现实中它却远比时间更稀缺。

功利主义与诸恶癖的关系，不仅在于如何在当下政治现实中对待这些心理；从长远看，还要通过教育培养德性与理性，削弱有害的非理性心理。福泽谕吉这样的功利主义者重视教育，因为教育是未来的希望、进步的源泉，应当获得优先支持。通过区分道德和心理两个层面，即区分"应当培育何种有益的可能心理"之道德问题与"何种心理是现实存在的"之事实问题，文教实践也被区分于法律实践。政治、经济和法律必须考虑当下人们的心理倾向，教育却为长远未来培养某些心理并削弱另一些，二者不可偏废或混淆。

于是我们再次遇到了功利主义的教育实践问题。教育作用于下一代人甚至更远的未来，教育实践与其结果之间隔着数十年的生命成长和历史变化。如此巨大的不确定性意味着人性的丰富多态，而幸福无法被预先计划。因此，合乎功利的做法是为教育保障一个超稳定的、独立于当下政治的领域，这最接近威廉·冯·洪堡（Wilhelm von Humboldt）的教育观。[1] 普鲁士人洪堡比同时代的英国人边沁更具体地看到了政治对教育的威胁，正是在这一洞察中，他提出了一种服务于文明的长久繁盛和人类的长远幸福的教育理念。合乎功利的文化实践，不是每一代人都发明出某种意识形态，应付本时代的政治问题，

---

1 Wilhelm von Humboldt, *The Limits of State Action*, trans. Joseph Coulthard. Cambridge: Cambridge University Press, 1969. pp. 51 - 53.

而是每一代人都将那些超越的价值活生生地融入生活，让精神资源得以积累丰厚，也避免在意识形态话语过时后留下后遗症。文科教育的内容应当重视普遍性和超越性，因为普遍性就是最大的前瞻性，永恒的观点（sub specie aeternitatis）就是最长远的观点。无论时势多么急迫，学校都不应受意识形态干扰，以当前偏见影响教育无异于刻舟求剑。密尔提出：言论自由的权利，在说理求真的话语实践中最恰当，在鼓吹立即行动，尤其是施加伤害的场合最可疑。[1] 二者区别不仅在于言论是否会导致伤害，更是时间长短；法庭辩论也会导向惩罚伤害，却因时间充裕而受保护。万事之中以教育最缓，以军事最急，由于时间尺度上的错位，战时教育也不应比和平时代更强调民族主义，毕竟待到少年长大成人，战争早已结束。毛奇曾说，普法战争的胜利是在小学教师的讲台上赢下的；然而德国统一后民族主义不仅没有功成身退，反而日渐失控，学校的讲台也有一份责任。战略家总是在指挥上一场战争，如果教育者也只是灌输上一辈的意识形态，那就太悲哀了。对长远功利的考量，既是战乱中的西南联大之所以伟大，也是征募童兵之所以卑鄙的根本原因。而知识分子为一场斗争做出最大贡献的方法，不是融入群体的队伍，去充当领导者或宣传家（这样对双方都有害），而是在擅长的战场持之以恒地发挥效用。生命有其时间结构，为解决饥饿吃掉明年的种子，代价远大于功效。功利主义绝非在冬夜里烧掉诗集和钢琴取暖的哲学；相反，越是在苦难与困境中，人类越要记住《欢乐颂》的词句与旋律。

1　Mill, *Utilitarianism and On Liberty*, pp. 99 - 130.

第三章 相关当代论争

一 功利主义的目的与手段

1 功利主义道德目的之广泛

功利主义在历史当下具体地增进幸福，不承认任何绝对的义务准则。威廉姆斯认为这意味着拒绝承认任何行为的内在价值，这种结果主义有违常理，因为当我仅为做某事而做某事时，它就是有内在价值的。[1] 如果每件事的价值都是对其他事"有用"，就忽视了做每件事的过程中的价值体验；假如承认某些事情有内在价值，就与义务论或"常识道德"没区别。然而以上皆是误解。

---

[1] Bernard Williams, 'A Critique of Utilitarianism', in *Utilitarianism*: *For and Against*. Cambridge: Cambridge University Press, 1973. pp. 84 – 85.

首先，威廉姆斯混淆了诸价值体验与其间取舍的道德尺度。功利主义承认人类固有某些价值倾向，边沁甚至企图分类穷举它们，这种十八世纪百科全书式幻想被后世放弃。[1] 一切行为体验皆伴有价值，"幸福"只是诸价值相互冲突时的权衡尺度。

其次，威廉姆斯将功利主义片面曲解为对其他事物"有用"，这只是望文生义。神学家托马斯·伯克斯（Thomas Birks）坚持在字面上理解"utilitarianism"，以有用性（utility）而非快乐为尺度，每件事都必须对其他事物有用；[2] 但假如每件事的价值都仅是服务于其他事，那其他事的价值又何在？最终会在无穷倒退中坠入虚无。

我想借此阐述黑格尔的一个相近的批判：启蒙对宗教的批判只是否定的，启蒙肯定的是**有限事物**的有用性（Nützlichkeit），人将万事万物理解为于己有用的，又将自身理解为于他人有用的，启蒙否定了信仰的绝对价值，万物也就不再分享绝对的价值秩序。[3] 然而功利主义虽不承认绝对的价值优先级序，却承认某些**有限体验**因超历史的确定性而具备内在价值，这是人的**有限理性**所能把握的。绝对价值的消逝并不意味着虚无，而只是说，诸价值体验是相互关联的，生活世界中诸事物的价值的关联比单纯的利用关系复杂得多。下面我以时间性

1　Hart, *Essays on Bentham*, pp. 3 - 4.

2　Thomas Birks, *Modern Utilitarianism*, London: Macmillan, 1874. pp. 214 - 219.

3　G. W. F. Hegel, *Phenomenology of Spirit*, trans. A. V. Miller. Oxford: Oxford University Press, 1977. pp. 340 - 343. 对黑格尔的这个批判的一个既相合又相反的评论，是马克思认为：功利主义对"效用"的抽象，是资本主义货币流动性的结果而非原因，"政治经济学是关于效用理论的真正科学."Marx & Engels, *The German Ideology*, p. 433. 本书第四章将讨论"效用"和"货币"的区别，即生活世界中的诸价值的可比较性不能混淆为可量化性。

为例说明这一点。

威廉姆斯指出结果主义仅承认诸事态（states of affairs）有内在价值，并列举了一个简单的反驳：旅途并不仅是对到达目的地这个事态"有用"，旅途本身就有价值。[1] 然而功利主义不会忽视旅途本身的价值。"当下"不是一个时长趋近于零的瞬间，它将意识的滞留和前摄组织成相继连续统（Nacheinander），[2] 或杜威所说的"一则经验"，在功利考量中对应一段时长，其价值体验可能渗入更深远的意识背景，例如"余音绕梁"便是如此。功利考量必然要考虑行为过程本身的直接体验，当下的幸福即是"享受"；这使得当下之事并不只是实现未来的手段，尽管其体验会受到预期的影响：如果自知明天要被五鼎烹，今日纵然能享受五鼎食，岂会真的开心呢？威廉姆斯认为功利主义忽视过程只求结果，而第一章中，摩尔认为功利主义易沦为及时行乐不顾结果，这些批判仅有预防误解的价值。

威廉姆斯认为，只要功利主义承认了某些事情有内在价值，就与义务论无异。例如在有轨电车难题中，救下五人的唯一方法是扳过铁轨，让火车改道轧死岔道上的另一个人。按照威廉姆斯的观点，此时即便选择舍一救五，自以为无涉"义务"的功利主义者只是摆脱了"不可杀"的义务，转向了"救活更多的人"之义务。

功利主义在一定情境下会采用简单粗暴的判断，这并非道德哲学问题而是信息匮乏问题。在有轨电车难题中，铁轨上是缺乏具体信息

1　Williams, 'A Critique of Utilitarianism', p. 82.
2　胡塞尔：《生活世界现象学》，第 73—93 页。

的陌生人，只能以人数衡量。信息越充足，判断标准则越具体细致。最终，由于世上没有两片完全相同的叶子，道德实践中也不存在严格的"其他情况皆相同（ceteris paribus）"的情境。这意味着假如我们掌握了能将某个对象区别于其他所有对象的相关信息，就可能有附加大量限定条件的仅适用于"这一件"事的规则，它也就不是规则，而是就事论事的功利考量。[1]

人的行为必然受限于信息量，[2] 在时间匮乏的条件下更是如此，而时间的宽紧在诸生活形式中差别极大，在有轨电车难题中时间就是极紧迫的。在现实中，一名政客遇刺之后，法律审判的时间是宽裕的，所以能对真相详加调查；政治决定却必须当下就做，因为权力真空必然会被很快填补。再如，立法机关不可能弄清楚全体公民每时每刻的特殊情况，再按各人情况制定一套完美法律。即便绝无私心的立法者设计出的规则，也只是以赏罚调节行为预期的粗糙装置。仅从"法律不可能完美"就能推出：并非一切情境下守法皆道德。然而，议员们仍应当鞠躬尽瘁，制定出尽可能合理且准确的规则，人类的认知视域虽然有限，理性却仍应当尽其所能。道德行为需要在诸手段中做出选择，倘若我们总在搜索遗漏的信息，或顾虑各种小概率不确定后果，行动就会陷入瘫痪。幸好我们不需要绝对的知识来克服怀疑论，效用的"确定性"是一种程度标准而非绝对标准。

---

1 David Lyons, *Forms and Limits of Utilitarianism*, Oxford: Oxford University Press, 2002. pp. 147 – 149.

2 相关经济学讨论参见：Peter Hammond, 'Utilitarianism, Uncertainty and Information', in *Utilitarianism and Beyond*, Amartya Sen & Bernard Williams (ed.), Cambridge: Cambridge University Press, 1990. pp. 98 – 99.

2 功利主义实践手段之灵活

威廉姆斯说："结果主义的一个特征是它过于宽泛以至于不能排除任何东西。"[1] 换句话说："功利主义对产生最大福利的要求是无限制的，对特定某人为增进世间幸福该做什么，除时间和力量的限制之外，再无其他限制。"[2] "幸福"无形无相，它的样态取决于用来实现它的历史条件和手段。由于增进幸福的要求是无限的，功利主义不设定任何具体的"至善"，最多只能说"这是当前力量所及的最大善"，但求尽力。同时，由于增进幸福的要求只受现实条件的限制，功利主义也不设定或禁止任何"至恶"。

霍布斯拒绝了终极目的（finis ultimus）和至善（summum bonum），因为活人的欲望皆无法静止，而幸福（felicity）的对象永变不居。[3] 该观点尤其现代，因为承认变化即是承认历史性。功利主义只求"尽力"而对"至善"保持沉默，对修正改善的可能性持开放态度，拒绝强求至善的乌托邦。至善就像数学中的"极限"，只是一个理论虚构，是善的尺度的延长线所指的极远点，消失于视域之外。然而功利主义不禁绝"至恶"则看似危险，消解了朴素的直觉恐惧。直觉认为不谈无条件的善是审慎的，否认无条件的恶却不够审慎。

1 Williams, 'A Critique of Utilitarianism', p. 85.
2 Bernard Williams, *Ethics and the Limits of Philosophy*, London & New York: Routledge, 2006. p. 77.
3 Hobbes, *Leviathan*, p. 49.

这种不对等的直觉可还原为功利考量的"确定性"差异：幸福的诸条件及隐含条件复杂多变，确定性低；痛苦却只需毁掉众多条件中的任意一条即可，确定性高。很多政治理论都基于这一区分，例如本书第一节即说到过波普尔主张"规避痛苦优先于追求幸福"的消极功利主义；再例如朱迪斯·施克莱（Judith Shklar）也反对至善主义，却将必定带来痛苦的残酷及其附带的恐惧视作必须规避的至恶（summum malum）。[1] 然而若有间接效应，短促、有限的残酷在罕见情境下也可能避免更确定、更大规模的痛苦。"心理上难以接受"不能否定一门道德哲学，因为道德哲学不是心理的。

功利主义不对手段设立绝对禁区，却要慎重选择手段。首先，尽管在对未来的筹划中，通常先确立目的再寻找手段，但在实践中，手段却在因果和时间顺序上先于目的。目的尚未实现时，手段必须先发挥作用。因此，伴随"手段"的价值体验正是确定性最高的"直接效用"，而"目的"是随后而来的"间接效用"，不见得做得成。条理清晰地或粗暴野蛮地做事，不但过程中的痛苦会相差很大，而且过程中的痛苦也会影响最终能否达到目的。

其次，目的与手段的区分是哲学分析的结果，而哲学分析多是对单一对象的分析，这意味着仅在外部性为零、不可重复的单一偶然事件中，功利主义才会为求单一目的不择手段。相反，大多数历史实践的效用，都不仅止于其单一直接目的。例如，技术即是手段，获得技

---

1 Judith N. Shklar, 'The Liberalism of Fear', in *Liberalism and the Moral Life*, Nancy L. Rosenblum (ed.), Cambridge, MA: Harvard University Press, 1989. p. 29.

术必然会降低将来做某些事的成本，并抬高做另一些事的机会成本。历史实践中的目的与手段常相互转化，同一技术手段可用于多种目的，甚至可能比单一的价值目的更关键；技术手段会限制和塑造目的，形成长远的路径依赖，因此限制技术手段其实就是限制未来的目的。如果某些目的必然不可欲，那么限制可能导向它的技术也就很合理。有时我们宁可承受眼前较小、较确定的代价，而不愿将未来置于不确定的重大危险之中。

将功利主义理解为"结果主义"常会造成一种孤立的错觉，即站在某一组"因果"对子的"终点"看问题。一旦将眼前的这一个目的视作"果"，为实现它而不择手段就仿佛合理了。然而不仅过程本身有苦乐，最终的结果也永远在将来；除其本身的价值外，每一次胜利也须是通往未来胜利的台阶，否则就可能被一时的战术胜利逼入战略的绝境。历史进步不仅要看当下的成果，更取决于留给后人的遗产将下一代人置于怎样的起点。有些手段貌似能取得短期效用，却是饮鸩止渴、竭泽而渔。功利考量的"确定性"会随着所思对象在因果链中渐远而模糊。当我们无论采取何种措施都不太对，却能够合理地相信事情本该有更好的解决时，也许就不该过早地寻求确定性，而要保留可能性，以免陷入错误的路径依赖。

对手段的限制只是对未来可能性的考量，无关义务准则。极端功利主义认为，看似**普遍的**道德准则，只是**多数情况**下适用的模糊规律（rule of thumb）或"廉价七成正确"，其**效用**仅在于降低判断成本，一旦真的普遍化，则将引起明显荒谬的痛苦。边沁的未完成之作《义务论》主张以"义务分配"增进功利。他将义务定义为"为求幸福必

须做或不做之事"，[1] 需要在每种情境下具体权衡考量。边沁列举的
"义务"不是直言律令，只是一些应当"尽可能"做的事，例如，"第
一原则：尽可能保持那些最令自己快乐的想法；第二原则：尽可能不
去想那些最令自己不快的想法"。[2] 相反，有限功利主义（restricted
utilitarianism）或准则功利主义（rule utilitarianism）主张以准则限制
实践手段：行动者只能从有限种"可普遍化的"准则中做取舍，而不
能直接选择某种自外于一切准则的"仅此一次的行为"。[3] 任何行为
都无法区别于"仅适用于这一情境"的准则，而仅适用一次的准则也
就无所谓准则。按照准则功利主义观点，即便舍弃"不可杀人"之准
则，选择杀一救五，其实也符合"尽量救更多的人"这条准则；行为
功利主义则认为"杀一救五"仍是信息匮乏条件所致，更多的信息总
能将准则进一步细化，直到仅适用于这一情境的准则，它将无法区别
于仅此一次的行为。

　　义务准则不仅意味着某个行为的内在价值，且已主张了该价值的
优先权，它已是对诸行为的（一阶）取舍，然而取舍总是有情境的，
所谓准则亦是"常态"下的，而非普适永恒的律令。既然如此，准则
本身也就不比诸准则之间的（二阶）取舍更神圣。诸准则间的取舍本

1　Richard B. Brandt, *Morality*, *Utilitarianism*, *and Rights*. Cambridge: Cambridge
　University Press, 1992. p. 57.

2　Jeremy Bentham, *Deontology*, *together with a Table of the Springs of Action and the*
　Article on Utilitarianism. Oxford: Clarendon Press, 1983. pp. 171, 258. 参见: 阿斯
　格·索伦森: "义务论——功利主义的宠儿和奴仆"，《哲学分析》，肖妹译、韦海波校，
　2010 年 8 月。

3　J. J. C. Smart, 'Extreme and Restricted Utilitarianism' in *The Philosophical*
　Quarterly, Vol. 6, No. 25. 1956. pp. 344 - 354.

质上是"对取舍的取舍"，最终仍是在诸行为间取舍。因此，准则功利主义逻辑上会塌缩至行为功利主义。[1] 诸准则间的优先权裁决便是"诸神之争"，其中的"神"亦是人造的。准则功利主义偏重所谓"常态"下的行为模式，限制发明仅适用于"这一个"新情境的新选项，而对"常态"的想象又取决于过去的经验，因此在实践上很难区分于"利不百，不变法；功不十，不易器"的保守主义。

任何情境下，人们都注定**是**要在有限的选项间选择最佳者，这只是生活世界的一个基本**事实**。人们却**应当**尽可能敞开思维，想出实现更大的善的选项。道德哲学是关于**应当**的哲学，而非阐明意识和语言的规律的哲学，尽管世界上的规律会构成道德实践的事实限制；如果有限功利主义只是对意识规律**是**怎样的描述，就无所谓道德主张：我们不可能**要求**人们**应当**遵守某种人类本就必然受限于它的规律。能否想到更能增进幸福的行为选项是智力问题，这些选项能否广为人知并构成公共知识是传播问题，只有"在了解到这些可能性之后是否去做"才是道德问题。

然而，需要顾及的是，当下的行动总在为未来树立先例，一个新事物有时是一类新事物的先兆。我们对"这一个"新事物的理解，其实已经基于对其诸属性的"类"的理解。因此，我们即便不从所谓"常态"下的"可普遍"准则中选取行为，仍须考虑长远和广泛的效用，这足以抑制短视的行动。我们可以打破规则去结构性地改造未来，在功利主义哲学中，规则或行为预期是历史性的。

1　Smart, 'Extreme and Restricted Utilitarianism', p. 354.

后来黑尔提出"双层次功利主义（two-level utilitarianism）"，主张在多数情况下服从准则，只在少数特殊之事上"批判地"思维。这只是顾及人类智力和时间有限而降低实践标准，其道德尺度仍是古典功利主义，就像代议制只是因无法事事皆由全民讨论公决投票而产生的手段。威廉姆斯谴责这种间接的功利主义割裂了理论与实践。[1] 然而，行为功利主义不赋予未经反思的直觉或准则高于"廉价七成正确"的地位，道德尺度与其实践的区别，如同几何学与实用技术的区别，或现实中不存在的完美的"圆"与割圆术割出的正 N 边形的区别。我们不会说，几何学与工程技术是割裂的："圆"之理念**始终一贯**是割圆术的终极目的，当无限的目的受限于有限的手段，完美的理念仍内在于不完美的实践。

最后，我想从道德心理学上揭露准则功利主义的虚伪性：它要求将行为功利主义仅因信息匮乏视作"大概率正确的行为"视作"常态"下的"准则"，这种精神内化需要"遗忘"概率行为仅服务于功利的真相。尼采问道："怎么可能遗忘？……功利不是从意识中消逝了，不是被遗忘，而是必然越来越清晰地显现在意识中。"[2] 我们不会随便、任意地将某个历史当下视作"常态"，也不会将一切大概率有益之事尽数奉为道德"准则"。常态与准则的发明一定是选择性的，不是单纯"遗忘"了效用，而是另加了精神的作伪。尼采认为，功利主义虽然同样不能解释道德意识的起源，但它本身清晰合理，且

1　Williams, *Ethics and the Limits of Philosophy*, pp. 107 – 111.
2　Nietzsche, *Zur Genealogie der Moral*, KSA 5, S. 261.

在心理学上站得住脚；而那种先意识到功利，却将道德准则建立在对它的遗忘上的学说是荒谬的。

3 常态、例外与权宜

功利主义对手段不设限，为间接地增进更大幸福，允许引起直接痛苦的手段，或在罕见情境下临时权变。常态与例外（以及自我与他者、家乡与异域）间的互斥总是伴随着互渗，且在功利主义看来并无道德地位上的区别。上文说到过，查尔斯·泰勒认为是近代以来"日常生活"地位的提升产生了功利主义，此种叙事只有片面的道理。日常（ordinary）也有与"例外"相对立的意思，它排斥断裂与剧变，预设常态与规则，在此意义上，康德主义或"常识道德"才更具日常性，而功利主义一视同仁地考量常态与例外中的所有幸福和痛苦。

在讨论相关道德哲学问题之前，我想先说明：走向例外的取舍决策，往往不是剧变爆发时的临时选择，而是长远的路径积累导致的结构差异。人们在诸效用之间做选择，总要以某些历史条件为起点，而选择的起点又是过去积累而成。例外的出现，多是因为常态已不可持续。我们有时看似做出了某个"重大选择"，但其实造就了现实条件的那些选择，在很久之前早已做出，并且被不断地重复和加固。

人们维持常态或应对例外的方法，关系到生活世界之网中纵向与横向力量的相互拉扯。一种结构，无论是个人的自我规划还是社会的政治制度，越是将资源不遗余力地投入常态，常态运转得越顺畅，打破常态的成本就越高，就越是难以应对例外。常态社会激励个人专注于某项长期工程并精益求精，而例外状态则需要庞大的集体动员力；后者在空间上的横向资源调动能力，也会截断前者在时间上的纵向长期筹划。因此这两种能力通常不可得兼。

功利主义支持例外状态的理由只能是：奉行旧规则势必造成巨大痛苦，在以说服与协商达成新规则**之前**，就已"击穿"了打破规则先破后立的风险及其痛苦。也就是说，例外状态的必要理由是时间紧迫。在关键时机投入痛苦，可能避免更漫长的痛苦。例如，历史上，在指数传播的疫病爆发之初，果决严厉地封城就是一种临时手段，错过时机将代价极大，从发现病毒预警到全球大流行只需两个月，而早期封堵的成败只系于数日之间。英国的防疫法早于现代医学，它必然赋予政府相当的权力，十九世纪许多英国人因此反对边沁的门徒、现代公共卫生制度的建立者艾德温·查德威克（Edwin Chadwick），说他是"普鲁士大臣"。边沁的医疗卫生思想涉及众多方面，却未论及例外与权力。[1] 然而功利主义的灵活性使其历史实践总能在变化中应对新问题。产生例外的历史条件必须被视作须改变的，临时例外必须能被**预期**到是临时的，不会常态化，否则将意味着让广大的人群在漫长的未来一直忍受痛苦。人类无法长久地忍受例外状态，任何例外都不得不通往新的常态，无论好坏。正如衡量常态的一个标准是它能否持恒，衡量例外是否合理的一个标准在于它能否自灭。瘟疫初期厉行封锁的合理性，恰恰在于这种例外状态旨在消除自身：尽早封锁是为

---

1 Benjamin Spector, 'Jeremy Bentham 1749—1832: His Influence upon Medical Thought and Legislation' in *Bulletin of the History of Medicine*, Vol. 37, No. 1 (1963), pp. 25 - 42.

了尽快重新开放，而非将封锁常态化，那在经济上也不可持续。除了时间长短的区别之外，临时例外的痛苦伴随着希望，常态化的痛苦却伴随着遥遥无期的绝望。可惜并非每一种临时例外因素都像病毒那样可被科学预测，某些危机本身源自政治，人的行为是复杂的，因此较难预期未来。功利主义是一种灵活的实践哲学，它认为制度的纠错能力是一种重要的内在价值。

功利主义的灵活性并不意味着可以轻言例外。例外状态意味着旧规则被打断，随之断裂的是人们对未来的预期和彼此的行为预期，那些未尽的责任和待落实的许诺落空了。信用总是关乎预期，并指向规则或默会规则。索福克勒斯说：认识一个好人需要很多年，认识一个坏人只需一天。这便是因为信用和预期需要经年累月地培养，却能在一朝毁坏。人们会通过在突发例外中的行为意图来判断彼此。因为常态规则让诸价值并行不悖，也就遮蔽了冲突；在诸事陷入不确定的关头，人会暴露出内心真正的价值优先级序。功利主义要求辨别真正重大的、值得打破常态的危机，而不是在小事上轻举妄动。

值得注意的是，"例外状态"是政治哲学中的问题，而非关于生活世界的所有方面的问题。政治史有突变节点，文化史和心智史没有。文化史上最快的剧变也得以"代"为时间单位，因此不存在紧迫的例外；任何文化上的激烈运动都伴随着政治暴力，对精神生活只会是破坏性而非创造性的。"例外"只可能产生于政治之急迫，它最显著的典型是战争。

威廉·肖（William H. Shaw）认为：正义战争论（Just War

Theory) 的诸原则正是功利主义的应用。[1] 例如，发动战争的最后手段原则（last resort）——只有当语言外交无望且可预期到暴力能带来更大的善时方能诉诸武力；伤害比例相称原则（proportionality）——只应当施加相当程度上有助于赢得战争的伤害；对战斗员与非战斗员的区分（discrimination）等原则，皆非康德式的无条件准则，而是条件句。杀死战斗员在大多情况下比杀死非战斗员更可接受，一是因为前者通常更大地阻碍战争胜利（例外是敌方科学家），二是因为大多数士兵是自愿参军、自愿承担死之风险的，主动迎向死亡和被迫走向死亡的效用不同。[2] 区分战斗员与非战斗员，在具体应用中仍须结合比例原则：为消灭百名恐怖分子而误炸一位平民，和为消灭一名恐怖分子误炸百位平民，功利主义赞同前者反对后者。可见，无论"例外"还是"常态"，限制手段的都不是康德式的准则，而是现实条件和事物规律。因此，我反对肖的另一观点，即认为功利主义为鼓励"忠诚"等有益长远幸福的美德，[3] 可将共同体利益置于人类利益之上。我认为，仁爱是功利主义无条件的根本德性，而忠诚则是有条件的。

以上是功利主义与正义战争论的些许相合之处。功利主义的军事道德，其实比正义战争论更全面也更现实，因为功利主义拥有历史的

---

1 William H. Shaw, *Utilitarianism and the Ethics of War*, London & New York: Routledge, 2016.

2 关于"自愿"的类似讨论参见 Frank Hahn, 'On Some Difficulties of Utilitarian Economist' in *Utilitarianism and Beyond*, Amartya Sen & Bernard Williams（ed.），Cambridge: Cambridge University Press, 1990. p. 189.其例子是：自愿执行危险任务的五个士兵，和被命令去执行危险任务的五个士兵，他们的效用是不同的。"自愿"属于人类共同的生活形式，其价值体验具有普遍性，必须被纳入功利考量。

3 Shaw, *Utilitarianism and the Ethics of War*, p. 31.

长远目光和现实感。真正决定性地影响战争中军队的道德水准的，不是临时的决断，而是和平时期的战略思路。如果和平时期的决策者构思出某种残酷的战略，并据此发展技术、装备和兵种，就注定了事到临头只能用残酷战术，且早已说明对此并不在乎。常态与例外皆在同一张历史因果之网中。

4 功利主义反奴隶制

罗尔斯认为功利主义无法严格地排除任何行为，甚至在极端条件下奴隶制也并无不可："尽管在大多数情况下，奴隶制的确比其他制度效率低下……然而，当奴隶制能够导向欲望的最大满足时，它就不再是错误的了。"[1]

对于此，里昂斯给出过一个反驳：罗尔斯用极端状态下的功利决策与他所谓的良序社会（well ordered society）下的正义理论对比不公平。在良序社会中，功利主义也不会选择奴隶制；在极端情形下，正义原则中的基本权利也无法保障，同样无力避免奴隶制。[2] 里昂斯的反驳针对的其实是"良序社会"的非历史性。其实无论历史条件如何，功利主义都必然在以下方面反对奴隶制。

首先，令奴隶制区别于其他制度的，是奴隶服从主人的绝对义

---

1 John Rawls, 'Justice as Fairness', in *Collected Papers*, Cambridge, MA: Harvard University Press, 1999. p. 68.

2 David Lyons, 'Rawls versus Utilitarianism', in *Journal of Philosophy*, Vol. 69, No. 18, Oct. 1972. pp. 535 – 545.

务，功利主义必然反对这种无条件准则。

其次，功利主义道德哲学只承认抽象普遍的人格，认为"主人"和"奴隶"等词汇没有道德意义，仅以"受益者""受损者"等一般词汇考量效用。这势必取消主人的优越感和奴隶的卑贱感，动摇奴隶制的根基。消除意识形态话语就是剃除非理性特权。

第三种功利主义反对奴隶制的论证由黑尔提出，[1] 其思路是列举人性中的某些事实条件，论证奴隶制必将徒增大量痛苦，因此奴隶制最优的情境在**人类社会**中不可设想。不是权利或义务的**规范**，而是生活世界的基本**事实**，限制着价值体验的可能形态和幸福与痛苦的可能程度。任何行为若为了某些人的较小幸福牺牲了另一些人的较大幸福，就必然同时违背最大幸福原则（效率）和利益的平等考量原则（平等）。那么罗尔斯所说的功利主义可能容许的"奴隶制"，也必须以少量人的少量痛苦，换取大量人的大量幸福，这与历史上以大量奴隶的大量痛苦，供养少量主人的少量幸福的奴隶制不同。任何一种**可持续**的人类社会，都不可能既赋予一小部分人以如此重要的、无法由众人替代或分担的、支撑整个社会幸福的特殊使命，却又将其贬低为奴隶。历史上确实曾有将极少数最关键的生产力人口视作低贱阶级的情况，这必然极大地降低效率，这种社会也无法持存。假如人类是蚂蚁那样的生理决定分工的真社会性生物，这种奴隶制才是可能的。

1　R. M. Hare, 'What is Wrong with Slavery' in *Philosophy & Public Affairs*, Vol. 8, No. 2, (Winter 1979). pp. 103 - 121.

第四，功利主义的善恶是程度的，"奴隶制"其实是"屈从
（subjection）"的极端。在某些社会中，一部分人尽管不被称为"奴
隶"，却也极大地屈从于他人的武断意志，这必然伴有痛苦。边沁将
"奴隶制"一词用于形容"不同程度的法律、政治、经济、社会层面
的屈从，而非装作它们不存在"[1]。例如在十八世纪法学家威廉·布
莱克斯通（William Blackstone）集普通法之大成的《英格兰法释义》
中，已婚女性（feme coverts）的财产权、契约权、申诉权须由丈夫
代理，夫妻之间不能存在契约。[2] 边沁批判布莱克斯通，因此他也是
支持男女平等的最早先驱之一。他认为这种婚姻法将男人**造成**暴君，
把女人**造成**奴隶；相厌者无法离婚会滋生家庭暴力，且"凡禁止退出
的，皆阻止进入"。[3] 密尔继承了边沁的批判，指出十九世纪英国
"已不存在合法奴隶，除了每家的女主人外"，[4] 她们的处境取决于另
一个人的仁慈。这种婚姻法与奴隶制的类比得到了后世历史学家的
支持。[5] 密尔批判妇女的屈从地位，强调屈从会阻碍智性发展，而
智性得到发展的女性不仅自己更幸福，也能让世界更幸福。这与他
强调以代议制扩大政治参与能提升公民政治素质相一致：密尔在批

1　Frederick Rosen, 'Jeremy Bentham on Slavey and Slave Trade', in *Utilitarianism and Empire*, Bart Schultz & Georgios Varouxakis (ed.), Oxford: Lexington Books, 2005. p. 43.

2　William Blackstone, *Commentaries on the Laws of England*, St. Paul: West Publishing, 1897. p. 145.

3　Bentham, *Works*, Vol. 1, pp. 353 - 355.

4　John Stuart Mill, *On Liberty with The Subjection of Women and Chapters on Socialism*, Cambridge: Cambridge University Press, 1989. p. 196.

5　Peter Earle, *The Making of the English Middle Class*, pp. 158 - 159.

判专制与屈从的时候，总不忘强调它们抑制了"人的发展"这一巨大效用。

功利主义者不幻想一个彻底消除了最轻微的屈从的世界，却要尽可能减少它。改革家的思维不同于革命者，改革家主张渐进地兼顾消除所有的屈从，而革命者主张一次性优先消灭最明显的奴隶制，因为革命依赖特定群体的凝聚力。边沁虽赞同废奴，却主张安置必须与解放同步，因此不主张立即解放所有奴隶，而要根据各国条件逐步进行，遭到了不了解当时历史的后人诟病。[1] 功利主义者关心何种变革路径痛苦最小，而非何种口号最简洁有力；如果仅考虑经济史和文化史，渐进改革或是更好的策略，亚伯拉罕·林肯直到内战前夜仍主张渐进废权；但若解放黑奴的战争已经爆发，政治史中的例外状态就面临"立即"或"永不"的决断。

第五，诸价值之间不存在良序和谐，功利主义道德即是在诸可能性之间权衡取舍。如俾斯曼所言：政治是关乎可能、可实现之事的艺术，是追求次优的艺术。在某些情形下，奴隶制确实可以暂时利用。例如，在面临纳粹的入侵威胁时，当然可以与奴隶酋长暂时结盟，先灭纳粹。这并非因为纳粹比奴隶制更邪恶，而是因为纳粹更强大。在极端的历史情境中，人必须策略性地暂时容忍恶。假设你来到一个人人皆认为奴隶制天经地义的社会，任何批判都被视作荒谬，明智的行动就不是用自然权利意识形态谴责奴隶制（当地人会觉得蓄奴或侍主

---

[1] Bentham, *Works*, Vol. 1, pp. 345-347. 另参见 Rosen, 'Jeremy Bentham on Slavey and Slave Trade', p. 45。

才是基本人权)，而是迂回地斗争。例如先批判一些不那么根深蒂固的意识形态，以澄清语言的清晰意义来瓦解神秘话语，并展示批判的方法。逻辑通过作用于类（category）以作用于殊别事物，人类一旦开始使用逻辑批判某一谬误，逻辑迟早会超出使用者的最初意图，批判一切同类谬误。功利主义者推动进步的方式既有间接策略也有直接策略，智性批判时常多于善恶谴责。功利主义不是政治**激进**主义，不会用意识形态话语掀起偏见和狂热；却在哲学上最彻底**基进**，其终极目标是瓦解一切意识形态偏见及其力量。

二　道德哲学中的心理主义谬误

1　生活世界中的直觉与功利

本小节主要从上文提到过的有轨电车难题展开。大多数相关讨论是围绕菲莉帕·富特（Philippa Foot）提出的一组对比进行的：人们多半会选择扳过铁轨舍一救五。但只要设计出直觉上更残酷的情境，即救援者不是靠扳过岔道，而是必须把一个站在横越铁轨的天桥上的胖子推下去拦住火车救下五人，愿意做的人就明显更少。[1]

在进入讨论之前，我想先反驳一种常被道德哲学界忽视的情况，即很多人甚至觉得不该扳过铁轨救下五人，觉得那五个人"该"死。这种直觉要么基于神秘主义的"天命"，要么就是缺乏详细信息导致的猜测：这五个人"死了自己的错"。如果不承认天意等神秘主义世界观，就必然要猜测这五个人究竟犯了什么错，例如没看路边的警示牌。由于谨慎周全是一种德性，在信息匮乏时，人们便会将意外不幸归于恶习，这就是受害者过错论的起源。诞生于演化的直觉简单粗暴，不一定符合真相，更不一定合乎复杂的现代社会中的效用。

对功利主义的相关批评大多围绕"扳铁轨"和"推胖子"的差异：功利主义未能解释两版思想实验中的直觉差异，它至少是不完全的，必定忽视了某些价值。一种较简单的反驳，是辛格引用心理学家的结论，指出导致我们不愿把胖子推下天桥的直觉仅仅是心理的，而心理直觉不一定是道德的。[2]

辛格的反心理主义思路固然正确，他解释了"扳铁轨"和"推胖

---

1 针对全世界主要现代工业社会的研究表明：接受扳过铁轨舍一救五者高达八成，接受推下胖子杀一救五者也有一半。中国人是最明显的离群值，最不接受舍一救五。另有研究说明，近半个世纪以来，有轨电车难题上的功利主义者明显增多。这两个结论中的地域和代际差异，大致体现了现代化进程的深入程度。E. Awad, S. Dsouza, A. Shariff, I. Rahwan, J-F. Bonnefon, 'Universals and variations in moral decisions made in 42 countries by 70000 participants' in *Proceedings of the National Academy of Sciences*. Vol. 117, No. 5, 2020. pp. 2332 - 2337; Ivar, H. Machery, E. & Cushman, F. 'Is Utilitarian Sacrifice Becoming More Morally Permissible?' in *Cognition*, Vol. 170, 2018. pp. 95 - 101.

2 Peter Singer, 'Ethics and Intuitions' in *The Journal of Ethics*, Vol. 9, No. 3/4, 2005. p. 341.

子"的一些区别。但我想指出另一区别：边沁设立的功利考量的"确
定性"尺度，正是**阻止**我们推胖子的直觉的成因。"推胖子"极为反
直觉，是因为它预设行动者拥有上帝视角，预知100％概率能推下胖
子拦住火车，但在现实中这个概率极小。绝大可能性是火车本来就能
及时停车，胖子白死了；或胖子没砸中火车，或胖子被碾死了火车也
没拦下；或胖子太重了，我没能推下他，被他暴打一顿。直觉总是整
体地观照复杂的现实场景，它厌恶风险，因此直觉判断必然不愿推下
胖子。行为功利主义的视角是行动者视角，须考量行为后果的概率。
设想"砸中"火车迫使其停下的思路极为愚蠢，而在原版"扳铁轨"
的有轨电车难题中，后果确定性由铁轨的机械性保障。二者在直觉上
的差别部分源自确定性的差别。

　　因此，选择推胖子必须强行忽视结果的高度不确定性，这正是边
沁反对的。"直觉"是一个含糊的大词，诸直觉的发生原理不同；不
愿推胖子的直觉，如何区别于考量了确定性的功利判断呢？价值直觉
中本身就含有功利判断。如果是预知未来的天使推下胖子拦住火车，
我们就不会认为天使是错的。天使的功利主义与人的功利主义相同
一，但天使的直觉不同于人的直觉。直觉主义认为人类能直观到每一
种善恶及其大小比例，这意味着人性是可臻完美的；而功利主义认为
人性无法臻于完美，某些较复杂的善恶或其比例只能经由推想得出，
无法被整体直观。直觉主义要么高估了人性，要么低估了道德。

　　富特还提出过一个类似的思想实验：做器官移植手术的医生，是
否应当杀死一个前来医院体检的健康者，摘取五处器官，救活五个各

需一处器官移植的垂危病人？[1] 许多讨论者会强行附加一些反常识假设：例如五名器官衰竭患者接受移植手术后，生活质量与健康者同样高；或杀人计划天衣无缝，体检者失踪后无人察觉。这些设定是为阻断更广泛的间接效用考量。然而功利考量的一个尺度是确定性，行动者不具备上帝视角或后见之明。站在医生的行动者视角上，凭空变出器官库存和人口失踪的事总难隐瞒，因此这些设定都属荒谬。功利主义考量的杀人之恶，大部分源自杀人会引起他人的焦虑，这种间接效用的考量无法抹去，强行忽视间接效用会让杀人无异于杀猪。一个人的神秘失踪，会比被谋杀引起更长久的不安，比五个人因器官衰竭"寿终正寝"更令人焦虑、悲痛和恐惧，因为"寿终正寝"意味着这一天"该"来了。功利主义不承认康德式的准则，却仍承认生存与死亡的现象学，其生死观并非越长寿越好。质疑思想实验的设定并非无意义。从荒谬的设定出发，理性的推论当然也会荒谬，这恰恰是理性忠实地依据荒谬的前设进行推演的结果。那些从荒谬的前设中仍然得出"正常"结论的学说反而才是错的。

以上医院换器官思想实验强调隐瞒事实的重要性：某些行为仅在暗中行事时合乎功利。倘若光明正大地做或建立一套公开透明的全民器官强制移植制度，将导致巨大的负效用，我将在第四章讨论"生存大抽奖"思想实验与"规则"的本质。现在考察另一个思想实验：在世界杯决赛的直播室，一名员工因设备故障遭受着生不如死的持续电

---

1 Philippa Foot, 'The Problem of Abortion and the Doctrine of the Double Effect' in *Virtues and Vices and Other Essays in Moral Philosophy*. Oxford: Clarendon Press, 2002. p. 24.

击，救人的唯一方法是中断转播一刻钟，这将使全世界十亿电视机前的观众失望。[1] 继续直播球赛的决策，只有在对此事严格封锁消息的情形下才合乎功利。问题在于，一个全球直播球赛的世界，必定也是信息极为迅捷的世界，消息一旦外泄，只会让十亿人感到恶心。严密封锁消息的代价，是损害该国的新闻自由。一个谎言总要用更多的谎言来圆，一种阴暗的手段会引向更大的阴暗，最终会牵扯到怎样的巨大代价呢？这种"暗中的功利主义"其实都忽视了"正大光明"的内在价值，最终可能导向巨大的痛苦。

回到有轨电车难题。富特认为扳铁轨者并不意图杀人，致一人死亡只是救下五人的可预见副作用，推下胖子却将他人用作手段，必然意图杀人，因此前者道德而后者不道德。[2] 她的观点基于安斯康姆（G. E. M. Anscombe）的意向理论。安斯康姆反驳了"意图仅是心灵的内在行动，可被任意地制造或消除"的观点，指出：如果我们以 A 手段达到 B 目的，那就不仅意图 B，同时必然也意图 A。[3] 她的例子是：战略轰炸误杀平民虽**可预见**，却并无杀人**意图**；而恐怖轰炸（terror bombing）杀伤平民是为打击士气，必然意图把平民当作"人"杀害。其实，功利主义也谴责美军核轰炸广岛：美军本可以先在一处空旷地点投下首枚核弹，既展示了可怖威力，又不至于杀伤过多；选择广岛的意图无法仅解释为缩短战争，而是蓄意屠杀。然而，

1　T. M. Scanlon, *What We Owe to Each Other*, Cambridge, MA：The Belknap Press, 2000. p. 235.

2　Foot, 'The Problem of Abortion and the Doctrine of the Double Effect'.

3　G. E. M. Anscombe, *Intention*. Cambridge, MA：Harvard University Press, 2000.

这不能类比为富特的观点。

首先，有轨电车难题的天桥上只有胖子，没有其他重物（相当于"空旷的核轰炸地点"）供选择，因此这两个情境不能类比。

其次，安斯康姆的意向理论并非道德哲学，而是哲学心理学。边沁也认为意识的意向性无法任意地扭转或消除，区分了最终有意（ultimately intentional）和中间有意（mediately intentional），例如迫使日本投降是最终目的，以恐怖轰炸故意杀死平民是达成它的一个中间环节。不同之处在于，边沁认为除了直接有意（directly intentional），还有曲折有意（obliquely intentional），[1] 后者正是安斯康姆所说的"可预见后果"，例如战略轰炸德国轴承厂是直接意图，却可预见必有平民伤亡。在哲学心理学问题上，安斯康姆更正确：可预见后果算不上"有意"。然而，行事之前若能预见到结果有好坏两面，即便坏的方面不构成意图，道德上也应当全面地予以权衡考量。本书第一章反驳过伽达默尔和戴蒙德，此处安斯康姆也有类似问题，他们都将道德视作诸情境化的意义系统的产物，将道德哲学理解为解释学、意向理论或人类学的附庸；然而第二章开头已经展示过："趋福避苦"和"平等考量"是内嵌在生活世界中的基础前见，而非文化构造的上层建筑。

我赞同马克斯·韦伯（Max Weber）的如下观点：对结果负责的责任伦理是"成熟的"，而不顾可预见的副作用的心志伦理只不过是"政治上的幼儿"。那种只顾一己心志或信念，却引起了可预见的恶果

1　Bentham, *An Introduction to the Principles of Morals and Legislation*, p. 84.

的人，无论"本意"如何，都是恶的。韦伯充分说明了结果主义是一种现实主义，人应当以结果导向的责任伦理作为其心志或信念。[1]

再次，即便不谈道德对诸价值的权衡取舍，仅就哲学心理学而言，安斯康姆也承认意图解释的不确定性：在另一语境下，同一动作的意图会得到不同的描述。推下胖子的行动必然怀着杀人之心吗？医生用手术刀切开病人身体时是"见物不见人"的，推胖子者也可能有类似的意向性（intentionality），其意图（intention）为何不能是救人呢？旨在制造恐怖的轰炸必然将平民当作"人"来杀害，但推胖子者却是把胖子当作"重物"推下的。有人认为康德主义必定反对推胖子，因为这是将人视作工具，轻贱了人性尊严。艾伦·伍德（Allen Wood）却指出：康德指出人性尊严不可牺牲，其实是说人的理性本性（rational nature）不可牺牲，而非人命不可牺牲，种种"杀一救五"的电车式难题皆基于对康德的误解。[2]

汤姆森认为，扳过铁轨是将注定发生的灾难转嫁给损失最小者，因此是道德的；推下胖子则是创造一个较小的新灾难来阻止大灾难，

1　Max Weber, *The Vocation Lectures*, trans. Rodney Livingstone. Indianapolis: Hackett Publishing, 2004. pp. 91－92. 需要说明：功利主义只是诸种责任伦理之一（马基雅维利主义也是责任伦理），而义务论也只是诸种心志伦理之一（直觉主义也是心志伦理）。韦伯的这两个术语的指涉范围，比这两门道德哲学更宽。安斯康姆强调意图的伦理主张显然是心志伦理，也并非义务论。

2　Allen Wood, 'Humanity as End in Itself', in *On What Matters*, Vol. II. Oxford: Oxford University Press, 2011. pp. 67－68. 伍德还反对从"人性尊严不可牺牲"推出"生命神圣性"和反堕胎、反安乐死等主张，他将康德哲学理解为对"理性存在者之尊严"的情境化解释，而非对义务准则的机械执行。

这就不道德了。[1] 直觉上，以转嫁灾难降低痛苦，灾难的道德责任不归我；若制造小灾难预止大灾难，新灾难的道德责任归我。

富特与汤姆森对功利主义的批判皆基于意向结构及其直觉。然而密尔指出，尽可能增进幸福的道德也很合乎直觉，直觉主义若与功利主义矛盾，会导致诸直觉之间的矛盾。[2] 西季威克将平等的人际效用权重比例（ratio）称为"理性直觉（rational intuition）"。[3] 本书第二章开头已经阐明，这种日用而不知的理性直觉奠基性地组织了生活世界，甚至深埋在反对它的意识形态之下。富特本人也承认这一点："即便对于我们这些不相信它的人而言，功利主义也挥之不去，仿佛我们永远会感觉它必定是正确的，即便我们坚持它是错误的。"[4] 这种直觉延伸到了德性论中。上文论述过，德性论若与功利主义矛盾，会导致其他德性与"仁爱"德性相矛盾。

2 心理直觉与意志软弱

功利主义指责直觉主义纵容偏见。"直觉"涵盖过广，"把人推下天桥的罪恶感"之心理直觉与"更多死亡即更坏"之理性直觉有原则性区别，前者是演化史的产物而后者随附于理性。[5] 价值的直觉体验

---

1 J. J. Thomson, 'The Trolley Problem' in *The Yale Law Journal*, Vol. 94, No. 6 (May, 1985), pp. 1395–1415.

2 Mill, *Utilitarianism and On Liberty*, p. 206.

3 Sidgwick, *The Methods of Ethics*, p. 382.

4 Philippa Foot, 'Utilitarianism and the Virtues' in *Mind*, Vol. 94, No. 374 (Apr. 1985). p. 196.

5 Singer, 'Ethics and Intuitions', p. 350.

并不直接就是道德，道德尺度是对诸价值的权衡。将胖子推下天桥是一个近距离直接行为，而轧死远处五个人则是较远的间接行为。如果反过来：要么指挥无人机射落胖子，要么在五个人身旁近距离看着他们一个又一个被轧死时血肉模糊的脸，直觉主义者就有可能会选择让无人机击落远方的胖子，救下面前的五个人了。功利主义并不取消直觉，却要克服"近大远小"等幻觉。

有轨电车难题在直觉上困难的原因之一，在于一个人是有脸庞的，一张脸比五张脸更具体。此类幻觉的终极表达是一句名言："一人之死是一场悲剧，百万人之死只是统计学。"功利主义完全反对这种观念，百万人之死当然是百万场悲剧，其中每一个"抽象的人"与媒体聚焦的有姓名和面孔的"具体的人"权重相等，在大众图像传播时代尤其要牢记这一点。

如果强行设定，人必能且仅能通过推下胖子拦住火车，功利主义就会将推下胖子后的心理痛苦与多轧死了四个人的痛苦比较考量，认为推胖子的心理痛苦较小，并认为这种硬心肠行为是正确的。然而人没有上帝视角，结果不确定性是我们不去推胖子的道德理由；迈不过心理上的坎，则是不以道德完美主义苛求人的理由，功利主义不是绝对道德而是程度道德。[1] 威廉姆斯认为，严格的功利主义者甚至不应当考量这种较小的心理不适："如果在考虑到这些情感之前某个行为

---

[1] 相反，罗蒂主张避免残酷（avoiding cruelty），而"残酷"是一个心理词汇。Richard Rorty, *Contingency, Irony and Solidarity*, Cambridge: Cambridge University Press, 1989.

在功利上是可取的，那么执行该行为时的糟糕感觉就是非理性的。"[1]
这仍属误解。功利主义要求对诸体验的取舍是理性的，却无法要求体
验本身是理性的。人类将他人推下天桥时感到心理不适，就像误将插
入水中的筷了当作弯曲一样自然，本书第一节已说明，功利主义须将
心理幻觉（而非不可交流的错觉）纳入效用考量。

　　功利主义承认人性中的非理性。再举一例，约翰逊博士（Dr.
Johnson）认为悔恨和悲伤等"固着于过去，不知展望未来"的非理
性的情绪"不可避免，因此必须允许"，却"不可沉溺过久，应当适
时回到社会责任与日常爱好中"，而"摆脱悲伤的最稳妥、普遍的方
法是让自己忙碌"。[2] 上文说过，哪怕对于嫉妒心等恶劣心理，或随
附于意识形态胡说的情绪，功利主义也不会拒绝考量其痛苦，而只是
会考虑满足它们所需付出的其他代价。

　　另有一些人认为，即便能预知未来，推下胖子救活五人也不道
德，因为这会导致一个人人皆可能因诸如"胖"或"在天桥上"等怪
异理由莫名其妙地横死的世界，人们会充满对暴死的恐惧，惶惶不
安，有损功利；盲目遵循"不可杀人"的义务准则反而更合功利。然
而这种恐慌只是片面的注意力所致：在天桥推胖子场景下，每个人有
五倍概率因同样怪异的理由获救，这个世界的意外暴死率其实更低。

　　以上讨论已经涉及哲学中最古老的区分：对未经反思的和经反思
的生活的区分。黑尔承认"人类并非天使"，因此必须顾及那些前反

1　Williams, 'A Critique of Utilitarianism', p. 104.

2　Samuel Johnson, *Selected Writings*, Cambridge, MA: The Belknap Press, 2009.
　　pp. 34-37.

思的、无法消除的心理直觉；然而，为美化不完美的人性缺憾而编造道德准则是虚伪的自欺，笼统宽泛的直觉主义纵容意志软弱（weakness of will）。[1] 道德理性与意志之间的隐秘联系在于：如果道德出自某种日用而不知的、可认识的思维规则，且人人皆有理性，人人可知善恶，一切出于意志的恶就必源自软弱，且软弱是人性固有的不完美。道德哲学越是理性和清晰，它留给人类灵魂的模糊空间就越小。相反，宗教道德认为善恶不可被理性认识，于是意志的坚强就成了盲目的傲慢，"神拣选了世上愚拙的，叫有智慧的羞愧；又拣选了世上软弱的，叫那强壮的羞愧"。凡贬低智性的，也要贬低意志。

我们可以区分意识形态训练出的直觉（可反思放弃的幻觉，例如"不可杀"的教条）、基于演化史的自然直觉（无法放弃的幻觉，例如推下胖子的负面情绪）、理性的直觉（人际效用权重相等，死五人比死一人更坏）。如果天使能预知胖子会砸中并逼停火车，而且天使出自神创而非演化，不会产生直觉上的心理厌恶，天使就真的会推下胖子。莎士比亚相信，人的理性如天使一般高贵；达尔文却指出，无论人类的理智和科学发展到何种地步，在那些不完美、不经济、古老、退化的器官上，仍记载着我们微末的出身。

在功利考量的诸尺度中，直觉对痛苦的强度最敏感，对近处比对远方更敏感，对人数和时长不那么敏感，对间接效用最不敏感。这是缺乏大规模社会或长因果链的自然演化产物。当功利主义主张加大痛苦的瞬时强度，来间接缩小另一些痛苦的规模或时长，直觉上就显得

---

1 Hare, *Moral Thinking*, pp. 58 - 60.

残酷，以至于人们不忍心付诸实践。此时，功利主义者必须承认自己心理软弱。道德哲学不是为了让人类自我感觉良好而存在的，相反，哲学会不留情面地标记出人性的软弱。康德曾有名言："从人性这根曲木中，造不出任何笔直的东西。"然而对"弯曲"的意识已预先承认了"笔直"的尺度。难以克服软弱者仍能够坦率承认它，这总胜过冒充道德之名自我安慰。

亚里士多德批判"冲动"与"软弱"，前者不反思，后者虽反思却无力执行。[1] 德性的要求同样可能超出人的心理能力，没有人的心理绝对地仁爱、真诚、勇敢，或能完全摆脱心理直觉或偏见对诸效用的比例扭曲。功利主义也只将较幸福与较痛苦的诸状态作**程度**比较，拒绝设立固定的"最高价值"，对增益更大幸福的可能性保持开放；"至善"仅是理论虚构，"止于至善"其实意味着永无止境。这样的道德尺度并不虚无。只有预先接受义务论的人才会觉得，"符合"与"不符合"道德准则的截然界限坍塌后的世界是虚无的；只有预先信仰宗教的人才会觉得，如果没有上帝，一切都是允许的。他们将对至善保持沉默**解释**成虚无主义，即"最高价值的自我废黜"，只折射出了他们自己的虚无主义危机。[2] 充盈与虚无是价值体验的事，而非对

1　Aristotle, *Nicomachean Ethics*, 1150b.

2　我们为何要先将最高价值具体化为上帝、律法、义务，然后在现代世界承受上帝之死的虚无？许多人一辈子活在"常识道德"中，认为只要事事皆合义务就合道德，这幼稚又狂妄，成年人应当对道德之意义与世界之不完美有更透彻的理解。儿童须接受义务准则的训练，只因义务论讲遵从，功利论讲取舍，后者需要对生活世界有更全面的理解。在儿童能够充分理解的事情上，功利主义（运筹学）的儿童教育同样可行：假设一条轨道旁有一个小朋友，另一条轨道旁有五个小朋友，小明驾驶的车上有六块蛋糕，他是先给五个还是一个小朋友送去蛋糕呢？这就涉及对等待时间的功利考量了。

诸价值的道德取舍层面的事；活得丰沛与活得道德并不完全重合，虚无也只是诸多负面体验中的一种。虚无者的体验和热爱生活者不同，甚至可以说"幸福者的世界与不幸者的世界完全不同"[1]。功利主义的实践是历史中的，它之于丰沛者与贫瘠者的实践也是不同的。

3 完整性、偏见与沉没成本

在诸道德哲学中，功利主义对偏见的批判最严厉。然而威廉姆斯认为，放弃原有的偏见就会令自我丧失"完整性（integrity）"。他设计了一个思想实验：军方想雇用一位热爱和平的化学家研发生化武器，他知道如果拒绝军方，该职位就会被另一位战争狂化学家占据。[2] 功利主义主张化学家应当应聘，以占住这个职位，破坏或迟滞军方的邪恶计划。

威廉姆斯对此的第一个批判，是主张区分"作为"和"不作为"，认为人只需为自己的行为负道德责任，无需对自己不作为导致的他人行为后果负责。本书第一章已反驳过对二者的虚假区分：作为与不作为的道德属性是对等的，假如世上有且仅有甲一人能阻止乙的邪恶计划，且无须付出任何代价，他却故意袖手旁观，甲的道德过错就和乙一样大。

然而威廉姆斯却认为：甲不仅付出了代价，而且代价沉重。功利

1　Ludwig Wittgenstein, *Tractatus Logico-Philosophicus*, trans. C. K. Ogden. New York: Barnes & Noble Books, 2003. § 6. 43.

2　Williams, 'A Critique of Utilitarianism', pp. 97–98.

主义要求，热爱和平的化学家去应聘研发生化武器的职位，有损其价值观的"完整性"，即未分裂的自我的"根本计划"。[1] 并且认为，"功利主义，至少其直接形态，令完整性的价值或多或少难以理解了"。[2] 威廉姆斯不满于现代道德哲学重分析而轻想象，然而分析其实疏通了想象而非阻碍了它，功利主义千变万化的历史实践必然要求丰富的想象，且以另一种形式奉行生命的完整性：化学家深入虎穴故意滞缓武器研发，保持了无畏的英雄式完整性。威廉姆斯却只在意法利赛人的洁癖式完整性，他武断地预设化学家一定会将去军方研究所工作描述为"研发生化武器"而非"拖缓武器研发"。他未能设想另一种语言可能性：在这一语言中，化学家将自己理解为英雄而非罪犯。按照威廉姆斯的标准，辛德勒应当关闭军火厂，否则一边救犹太人一边办军火厂即有损"完整性"。然而辛德勒冒险营救犹太人并为纳粹生产劣质炮弹加速其灭亡，显然比撒手不干更英雄主义。功利主义与洁癖式完整性的对比，显见于《世说新语》中的一则轶事：王导、王敦兄弟去石崇家宴饮。石崇残暴，客人若不饮酒就杀掉劝酒侍女。王导不擅饮酒，仍勉强多饮。王敦坚决不饮，于是石崇连杀三名侍女，王敦仍面不改色。王导劝王敦饮酒，王敦答道：他杀自家人，关你我何事？

威廉姆斯对习俗性"常识道德"的宽纵有损自主性。在以上例子中，功利主义化学家显然比道德洁癖化学家更具自主性，因为他更能

---

1 Williams, *Moral Luck*, pp. 13 - 14.
2 Williams, 'A Critique of Utilitarianism', p. 99.

负责，更不受习俗约束。行为功利主义是一门行为决策机制，在诸道德哲学中，它所允许和要求的自主性都是最高的；一个人的自主性，与其对习俗性常识道德的盲从程度此消彼长。

功利主义对偏见的批判并不必然损害人生"根本计划"的"完整性"。越是勇于承担道德责任的"根本计划"，其与功利主义越相合。严厉的反思的确会损害某些"完整性"，迫使人们舍弃旧偏见，转而采用更能增进社会幸福的人生计划。功利主义对那些偏狭的人生计划构成压力，也就确立了真正圆融无碍的德性的优越地位。相反，威廉姆斯不区分道德英雄和法利赛庸人，认为这两种价值观的"完整性"应当一视同仁地保护，没有高下之分，也就无力抵御相对主义。"人生计划"常与对德性的历史想象互为表里。设想一名纳粹士兵的人生计划是"做一名勇士"，德性被片面地绑定于某种外在行为。这种勇敢是片面的，因为他没有"勇敢地使用理性"。功利主义要求尽可能全面考量利弊得失，所以也对德性有尽可能全面的要求。每种意识形态面具下都有隐秘的自欺，明知徒增痛苦却固执坚持说明德性不够。

威廉姆斯批评功利主义无视如下事实："人当然会恐惧并拒绝改变自我，至少在非常多的情况下，他会的。"[1] 他将完整性理解为历史连续性，而功利主义把完整性理解为逻辑一贯性。人类固执于"昨日之我"，是因既有的诸观念已经形成了貌似稳定、勉强融贯的整体，当新旧观念互斥时，人们常会在新观念尚未充分展开之前就有排异反应。理性构造出配套条件和隐含预设的深广程度远超日常意识，早期

---

1 Williams, *Problems of the Self*, p. 54.

经验构造了我们赖以理解和应对后续变化的语境，因此常比晚期的改变更"整体"地影响人。然而正因为此，旁观者式的公正与耐心才是可贵的美德。从新观念中窥见的裂口，或许能引导旧语境进行范式转换，最终在更大范围内实现更高的稳定、融贯和完整性。例如在第二章中，正是始于康德哲学的可普遍性法则，加上现代哲学的意识形态批判，推出了功利主义。爱因斯坦说"常识不过是人在十八岁前积累的偏见的集合"，这在科学上和道德上都成立。功利主义者不将改变**解释**为背叛了自己，而是战胜和超越了过去。无论当下的决策与往日的回忆多么相悖，只要有利于未来的幸福，功利主义者就义无反顾。例如，福泽谕吉并不在乎"脱亚入欧"后自己还是不是传统意义上的日本人。[1] 理想的功利主义者是勇猛精进的，其自我认同不应含有意识形态偏见，这至少要求认同的对象只能是道理，而不能是人或人群。

功利主义若在某些事情上拒绝改变，只能是因为改变的成本过大或时机不恰当：如果能将就着用完较差的消耗品，何必立即换更好的呢？过去作为沉没成本皆是心理幻觉，历史现状下的边际成本却仍决定了近期路径。在物质生产方面，由于不存在永恒的遗产，也就没有无限长远的历史筹划，所以既有现状的权重较大；然而人的精神世界

---

1 福泽谕吉的政治、社会与教育观点受功利主义影响很深，例如《文明论概略》开篇即指出：善恶并无绝对准则，而须权衡利弊。丸山真男将福泽的文明进步之途总结为："社会关系的固定性日益崩溃，人的交往方式日益多样化，从而价值基准的固定性渐渐丧失、价值判断越来越多元化，这样，善恶轻重的判断日益困难，以理智来进行的反复探索活动日益成为必需。"这即是功利主义与现代化的内在关联。丸山真男：《福泽谕吉与日本近代化》，区建英译。上海：学林出版社，1992年。第57页。

却非如此，"朝闻道，夕死可矣"者是不会遗憾自己就快死了，没机会运用新近顿悟之道的。

诺齐克认为，非理性地固执于沉没成本不一定弊大于利，它有时能塑造稳定的行为预期：你过去为一条原则付出越多，今后背离它的代价就越大。[1] 这即是说，某些短期看似非理性的行为，从长远看，具有塑造未来预期的效用，毕竟我们都会用一个人过去的行为，来预期其未来的行为（削弱这种由过去向未来的推测需要打破历史连续性，例如通过革命或立约）。然而，这也限定了何种原则值得坚守：它必须可被预期在未来能够产生更大幸福，而非本身就错误的原则，即纯粹的沉没成本。功利主义站在行为发生的时间点上评价行为，过去的错误是过去就已发生，而非离开错误路径或承认错误时发生的。诺齐克认为，一个为救回沉没成本而继续投资的人，会让别人觉得是一个战斗到底的可靠之人。功利主义拒绝将固执等同于可靠，而会将及时止损视作清醒果断。固执于沉没成本的行为，也可能让别人因惧怕被这狂热之徒拖下水而远离他。归根结底，沉没成本是一种非理性思维，只有在遇到同样非理性因素时才可能造成"负负得正"的善。功利主义反对固守意识形态原则，主张坚持基于历史当下、面向未来的非意识形态的原则，这就既坚持了某种原则，也没有沉没成本。关于信用、预期与规则的关系，我们留待最后一章再谈。

威廉姆斯认为，功利主义不顾过去，必然会损害人生的"完整

---

[1] Robert Nozick, *The Nature of Rationality*, Princeton: Princeton University Press, 1993, pp. 21 - 26.

性"。这是以偏概全。理想的功利主义者是勇于改变的，这也标记了一种性格和价值观。假定日本民族的一大特征是善于学习，那么日本人正是在学习西方的勇猛精进中，才保持了日本性格的完整性。早年维新的民族，若因惧怕改变而**变得**执迷了天皇万世一系、武士道常胜不败的神话，才是背叛了自己的完整性。人生根本计划是多元的，"做一个有用的人"也可是其中之一。功利主义是否会损害人生根本计划的完整性，取决于该计划含有多少意识形态偏见：越是普遍可理解的人生计划，越是通融无碍；越执着于教条，就越多矛盾。一个人若将人生根本计划规定为明明德、新民、止于至善，就不与功利主义相冲突；若规定为君君、臣臣，父父、子子，忠孝节义，就会有冲突。如果人生根本计划被规定为众生平等慈悲为怀，就不会与功利主义相冲突；若规定为"不可杀生"的教条，就会有冲突。如果人生计划被定义为博爱，则不会与功利主义相冲突；严禁堕胎和歧视同性恋的教条却与之相冲突。可见，启蒙主义不必断绝传统，而是聚拢诸传统中的优秀部分，使其和而不同，而诸传统中的教条糟粕却强求认同且无法相和。柏拉图《理想国》中曾说：诸正义彼此和谐，只与不义为敌；诸不义不仅与正义为敌，还相互为敌。要让"完整性"与理性批判不矛盾，就要将"完整性"定义为自洽性。

威廉姆斯将完整性误解为连续性，然而连续性与完整性的关系是片面的，单调的均一不变根本谈不上完整。音乐体验最讲究完整性，它将时间组织成连续统，却不排斥出人意料的变化，乐章间的调号和快慢都会不同。人生的完整性意味着将从生到死的时间把握为一个整体，就像戏剧情节的完整性，可是完整的情节却不排斥始料未及的

"醒悟（anagnorisis）"和"突转（peripetia）"。杜威所说有限的"一则经验"渴望连续性，这是因为"一则经验"常常"一发而不可收"，被打断的、未尽的经验总伴随坏的体验。然而，数十载人生却是由许多相互关联很弱的一则又一则的经验组成的，不必在其间强求连续性。连续与变化共同构成了人生的完整性，完全排斥变化的、僵硬的连续性根本不是生命而是死亡。

如果我们考虑道德心理学的因素，也即何种心理能够鼓励人道德行事，那么一种合理的"自我完整性"对于道德实践就非常重要。很多巨富不愿慷慨行善，问题不在于他们不懂金钱边际效用递减的常识，而是他们没有足够高的人生境界；不在于他们有没有平等地对待自我与他人，而是能不能从一个更高的角度俯瞰自己的一生。这个问题恐怕更近文学或心理学，所以相关讨论还是到此为止。

约瑟夫·拉兹（Joseph Raz）在论及认同归属感时，指出以色列基本法规定它是一个犹太国家，其最高法院却将"犹太价值观"作了取精华、去糟粕的现代解释，认同犹太传统不必固执于那些有悖于人类普遍价值的"特殊犹太价值"。[1] 历史总是解释的产物，"自我"的内容也是被发明而非被给定的，人们完全可以"幸福"这一普遍价值尺度为原则，将传统中的精华发明为"真我"，将其糟粕解释成"非我"。渴望过去、现在与未来的连续性是一种可普遍理解的偏好，以复古为名义的维新在历史上比比皆是。正如 T. S. 艾略特所说，反

1　Joseph Raz, *Value*, *Respect*, *and Attachment*, Cambridge: Cambridge University Press, 2004. pp. 37－38.

传统的个人创新并不外在于传统。上文说到，功利主义是不顾过去、基于现状、面向未来的；然而在道德哲学层面被排斥的前史，只要在解释学层面仍起着作用，我们就必须提防解释中的修辞暴政。上一章谈到，功利考量无关诸褒义词（幸福、正义、勇敢、审慎）之间的区别，也无关诸贬义词（痛苦、残酷、鲁莽、怯懦）之间的区别，只关乎褒贬之间的区别。只要语境允许，褒义词之间可以互换，贬义词之间也能互换，但褒义与贬义之间不能有修辞颠倒。功利主义正是以这种"多元一体"态度对待传统的继承与发明的。

黑格尔曾精辟地批判意志软弱的自欺："软弱的美憎恶知性，因为知性硬要它去做它做不到的事。"然而，面对否定的力量，精神不能"仅将其斥为虚假，相反，精神必须直视其存在，并驻于其上"。[1]前者是对直觉的批判，后者是对启蒙的批判。彻底的功利主义批判偏见却不忽视它，还要权衡考量消除偏见的效用与个人固执偏见的心理效用。前者是长远的和社会的，后者是短暂的和私人的；然而，长远即是无数短暂的加总，社会亦是诸多个人的汇集。正如沉没成本是一种可普遍理解的幻觉，固执于既有偏见也是一种可普遍理解的心理；戛然而止的欲望常伴有巨大的心理冲击，因成功而落空者如范进，因失败而落空者如慕容复，致疯致癫，都有可能。功利主义者能理解他们，正如坚强者也能理解软弱者，因为他自己身上亦有被克服了的软弱。然而，教育应当培养精进与自由的心理，使其胜过畏怯与执迷的心理。

---

1 Hegel, *Phenomenology of Spirit*, p. 19.

4 价值理论、劳动与时间

前述讨论已经涉及道德哲学中的时间因素。上文多次说过，功利主义是基于当前现状、谋求未来幸福的道德哲学。威廉姆斯认为：

> 责任（obligation）和义务（duty）是在向后看，或至少是向旁边看。它们要求行动，并假定人们思考未来应当如何行事时，依据的原因是我已经承诺的，我已经在的岗位，我已经在的处境。另一种伦理考量向前看，我对行为后果保持开放。"那将是最好的"可被理解为这种考量的一般形式。在对它的一种哲学理论上尤为重要的理解中，"最好的"是被人们的满足程度、快乐程度或类似尺度衡量的。这些理论归于福利主义或功利主义。[1]

威廉姆斯认为"义务"承自过去，而"效用"取决于未来的预期。他对义务论和功利论的判断都是以偏概全：并非所有义务都源自过去，例如康德强调的"诚实"就是非时间的，源自有语言的动物的基本生活形式。然而基于诚实、守信义务的契约论，其权威确实承自过去，一切契约都是过去订立的甚至"原初"的契约。例如在罗尔斯的契约论中，无知之幕后的契约不可推翻，这意味着被抛于世的具体

---

1 Williams, *Ethics and the Limits of Philosophy*, p. 8.

的历史此在，不能背弃沦入具体历史之前订立的契约；获得历史知识之后变得自私的堕落的人，不能背弃纯洁的无知时代订立的契约。因此，现世历史中的正义实践，总被解释为光复某种前史中的古老契约。自洛克以降，契约论的时间结构不仅与它于十七世纪取代的"古代宪法"[1] 同构，也与将初民社会乌托邦化的社会理念或"起源的神话"相近。用某种理想的初始条件下的全民共同订立的全域契约，来限制并整合历史中构成具体政治经济行为的局部契约，这是近代"国家"的契约论与封建契约法权的本质差异。这是"国家"吞并封建采邑的必然变化，却未改变契约效力的回溯性。

　　功利主义并不忽视当下，当前现状是谋求未来幸福的历史出发点。若现状不合理，则改变它的过程成本也要考虑在内。功利主义并不忽视过去，我们越是望向长远而模糊的未来，越需要从广阔的过去中寻找人性中较为确定的因素，那是我们改造未来的途径与限制。毕竟对"人性"的认识就是对迄今历史的认识，对个人与人类而言都是如此。功利主义必须重视历史学，因为还原过去的真相，也是还原诸情境下人性的可能性与限度。历史向我们展示的最宝贵的东西，不是过去发生了什么，而是我们为了理解诸时代发生之事，必先预设的东西。这些因素是我们开创未来的牢固基点，其可信度（credibility）由整个历史背书，而历史中具体事物的信用（credit）只能缓慢地建立和积累。然而，功利主义对历史的兴趣，仅在于从诸多变化之中分

---

1 J. G. A. Pocock, *The Ancient Constitution and the Feudal Law*, Cambridge: Cambridge University Press, 1987.

析出不变的因素与构造，"过去"只有间接的认知价值。功利主义者学习历史，只为丰富其哲学。威廉姆斯仍抓住了如下事实：效用是对未来的预期，过去付出的沉没成本只是一种心理幻觉。

为了揭示这种基于当下只顾未来的道德意味着什么，我将它与那些基于过去衡量事物价值的学说相对比。劳动价值论是此类学说的典型，它主张价值基于人们过去曾为之付出的劳动时间。劳动价值论不是劳动**本身**令人快乐，而是劳动创造了**另一些**价值。正因为人人好逸恶劳，我们才舍不得付出的"代价"，认为必须"值得"另一些价值。好逸恶劳是人之天性，明显证据就是我们总是将那些一劳永逸的劳动视作伟大的，将重复劳动视作平庸的。人们以倾注在事物上的精力或时间来衡量其价值，仍是迷恋沉没成本。相反的心理直觉同样可能：人们会惊叹于简洁巧妙的作品，它所耗费的人工努力越少，反而越增加其价值。事物承载的劳动量与其价值的关系不能一概而论。成本并不总与价值成正比，"功劳"和"苦劳"意义不同，尽管人们时常混淆二者，例如许多人用伤亡人数为依据来论证苏联的二战功绩，正确的依据应当是其战略作用。

社会学家已经意识到，劳动价值论必须排除不创造真正效用的"狗屁劳动"[1]：人们都假装努力，却心知自己做的事情根本没用。此种荒谬不仅不增加幸福，更徒增虚无之苦。正常的商业文化崇尚简练实用，对雇人装模作样的公司的信用持有戒备、怀疑（在用人方面装模作样的公司，更可能做虚假广告），歧视对高薪的狗屁工作趋之若

---

1 David Graeber, *Bullshit Jobs: A Theory*. New York: Simon & Schuster, 2018.

鹜的人（凡擅长自欺者，说谎成本也更低）。浮夸腐败的文化，反而让装腔作势的公司在市场竞争中占便宜，视从事狗屁工作为体面人生。对狗屁工作现象的社会学批判，其实基于功利主义对"狗屁契约"的批判。效用价值论不是一种价值理论，而是埋在一切价值理论下的语法命题，因为"效用"和"价值"本就是同义反复。

未来的预期效用和过去的劳动成本在同一经济体内能得到一定的调和，是因为"为未来效用投入的时间"终将变成"过去劳动投入的时间"，承认过去的成本能激励未来的投入。劳动产生的效用是可生产的，因此值得激励；而自然馈赠的效用（例如莫扎特的天才）不可生产，也无法激励，它需要的是舒展的自由。我将说明，在合理的情况下，**劳动价值**论其实正是**行为功利**主义的经济实践，尽管前者不是一种普适的实践哲学，并不适用于所有情境。

一种常见的误解认为，相比效用价值论，劳动价值论更重视低水平劳动。这种情况多存在于靠"灵感"就能创造巨大的价值的事，例如劳动价值论更同情平庸而勤勉的萨列里，而非倚仗天才作曲的莫扎特，这正是劳动价值论无法顾及的盲点。越是在普遍而抽象的领域，例如在音乐和数学中，天才的力量越是胜过经验。当人们享受音乐和数学带来的效用时，它们都属于全人类，是可共享、非稀缺的资源，稀缺的只是技术和媒介。但创造音乐和数学的天才却极度稀缺。个人天赋是可遇不可求的偶然，社会对天才的宽容和鼓励却是结构性的，这是全民政治德性的体现。

在另一些行业，进步的难度不在于缺乏巧妙的构想，而是需要长久的经验积累和大量的资源投入。科技越发展，进步越难，需要投入越多，对幸福的提升却不一定越大，然而社会总得激励一部分人去做投入多却效用低的事，以增进总效用。发展的顺序总是先做简单且效用大的事，再做困难且效用小的，但漫长的研究必须得到回报，否则社会将注定损失部分效用。例如，早期的 24 小时天气预报是从无到有，效用巨大；天气预报每延一日，难度都以几何级数增加，边际效用却更低。然而只要边际效用仍高于成本，提供较长远的天气预报就仍然划算。再如，当今医药研究投入巨大，但恐怕没有新药物的社会效用比得上弗莱明发现的青霉素。如果按照药物减轻病痛的效用来定价，用途极广的青霉素应该比专治罕见病的冷门药更贵，这显然是荒谬的。给付出大量时间的科研人员以回报，是用来增进社会总效用的一种手段。效用价值论不是以商品能带来的幸福量定义价格。货币只是一种社会组织和信息交流工具，它将经济机器关联起来，**整体地**服务于增加社会**总**幸福，而非直接用货币衡量**每个**商品的效用，不同类或不同技术难度的商品的效用与价格完全可能不成比例。

当投入时间的边际效用降至极小，"百尺竿头，更进一步"的欲望就消失了，精益求精的劳动也成了"内卷（involution）"。对内卷的批判基于产品效用与时间成本之间的权衡。早期的功利主义者给后世留下了奋进的工作狂形象，在韦伯对富兰克林《自传》的解读中，清教主义与功利主义在工作伦理中合二为一。[1] 但那只是因为从富兰克林到韦伯的时代，稍加改进就能明显提高幸福的方面太多了。在不

---

1 Max Weber, *The Protestant Ethic and the Spirit of Capitalism*, trans. Talcott Parsons. London & New York: Routledge, 1992. pp. 17 - 18.

信新教的地区，工作狂现象也常见于经济发展早期，例如昭和日本和改革开放的中国。然而随着物质条件的发展，人们逐渐觉得工作中创造的幸福，还不如玩耍中享受到的幸福大，日用而不知的功利原理也开始反对过度劳动，倘若社会机制与心智都在高速发展期调适训练而成，未及改变，仅仅是缓滞就会带来痛苦。再一次，功利原理在不同历史条件下得出了相反的实践结论，这恰恰是逻辑一贯性的证明。关于何种劳动"值得"的体验因人而异，例如曾有日本游客不能忍受巴黎的脏乱，自发清扫巴黎街道；有研究显示，法国人花在吃食上的时间是美国人的两倍，二者的主观幸福度却仅相当。[1] 这在外人听来只是一些趣闻，却是那些追求干净或美食的人的真实体验。

正因为家乡和异域构造了不同的周遭世界，在不同经济体之间，未来的效用与过去的成本容易脱节。例如，英国人和印度人既被大洋隔绝于两个周遭世界，又被贸易技术拉进了同一个世界，就会导致欲望和价值的紊乱。英国工业品与印度农业品的贸易，基于商品使用价值各取所需。然而，二者的劳动时间成本相差极大，英国人用一分钟的劳动交换印度人一小时的劳动。因此很多左派认为，只考虑未来效用的价值理论无法解释印度人对自由贸易的不满。功利主义却认为，印度人的不满并不源自商品使用价值的交换，而源于他们在接触到英国工业品的同时，也萌生了建立印度工业的希望，而这在自由贸易之下却永不可能。为消除绝望之苦，后发经济体的贸易保护才是合乎功

---

1 A. B. Krueger et al, 'Time Use and Subjective Well-Being in France and the U. S.' in *Social Indicators Research*, Vol. 93, No. 1, 2009. p. 13.

利的。此处的关键在于希望与绝望的区别，仍是指向未来、无关过去。我们可以用控制变量的思想实验说明这一点：假如交换双方不是工业品和农业品，而是只需一天即可开采的稀有自然资源和需要一个月才能种出的农业品，资源匮乏的国家就不应当采取贸易保护政策抵制它，因为反正造不出来。

劳动价值论常被视作一种"客观价值学说"，对立于"主观价值学说"，这两个词遮蔽了真正的区别。劳动价值论基于单一现象，属于价值现象学，而非经济学或道德哲学。所谓"主观价值学说"其实是不分析诸价值源泉的混融主义，认为诸价值心理无法研究。功利主义既不赋予单一的价值源泉（例如劳动）以优先性或将其塑造成"客观的"，也要批判"主观的"诸价值直觉中的意识形态成分。单一的"客观"价值现象学高估了人的理性能力，低估了生活世界的复杂性；"主观的"价值学说则低估了理性能力，重直觉而轻原理。

三　功利考量的成本与道德责任的边界

1　功利考量的信息成本

康德视"诚实"为无条件的道德准则，主张即便凶手询问藏在你家中的友人的下落，也应当诚实相告。科斯嘉德承认这是义务论造成的痛苦，却不愿用"幸福"取代"义务"，而是指出功利论和义务论皆是"单层次理论",会在"非理想"情境下失败。她提出了一种双层康德主义：在理想情境下奉行义务准则，并在非理想情境下努力实现一个"能够"奉行义务准则的未来。[1] 然而，所谓"能够"奉行义务的世界，仍是不用痛苦地奉行义务的世界；也就是说，所谓康德主义的理想世界，是能够无违功利地奉行康德主义的世界。

边沁以抽象性为代价达到了理论的完整性，科斯嘉德的"双层康德主义"却宁可牺牲理论完整性也要摆脱抽象性，与黑尔的"双层功利主义"殊途同归。上文曾提及，凡认为规则没有内在价值、只是些"廉价七成正确"的，都仍是考量信息成本的行为功利主义。若要判定某义务准则的"理想"和"非理想"实践情境，标准仍是该情境下，遵守义务是否**明显**地偏离了功利。相反，如果依据当前信息无法做出明显的功利判断，我们要么投入更多成本收集信息，要么就必须承认这是功利考量的非理想情境。二者的不对称在于：在义务论的非理想情境下，我们必须奉行功利主义；在功利考量的非理想情境下，却不必奉行义务。

判断某种情境是功利考量的"非理想"情境的方法，正是对考量功利的成本预先做模糊的功利考量。这种"二阶"功利考量通常被动地、日用而不知地内嵌于我们的意识结构。在某些情况下，主动功利考量本身成本过大。假设 A 行为会带来 9 单位快乐，与之矛盾的 B 行为会带来 10 单位快乐，乍看之下难辨优劣；然而我们却模糊地知

---

1 Christine Korsgaard, ‘The Right to Lie’, in *Creating the Kingdom of Ends*. Cambridge: Cambridge University Press, 2000. pp. 149–151.

道，计算得出以上结果需要消耗能产生成千上万单位快乐的大量资源。此时，盲目执行惯例或随机选择都是合理的：即便选择 A 比 B 少了 1 单位的快乐，相比充分考量利弊再选择 B 仍多出很多快乐。在效用相差不明显时，全面的功利考量反而会因成本过高而不合功利。

信息充足度关乎功利考量的确定性。信息匮乏的行动者很难凭功利考量做出**当下决策**，却仍能够在掌握了更多信息后给出**事后评价**。这就是为何信息充足且摆脱了当时意识形态的历史学家，通常比"身在此山中"的行动者更明智也更功利主义。尽可能全面的信息是正确比例感的基石。身处当下的政治经济决策者主动收集信息时，要留意那些较少表达的人群，例如政治冷淡的"沉默的大多数"。

承认功利考量可能遭遇困难，不会走向义务论。在许多情况下，我们既不考量功利，也不遵从义务，而是随机选择。即便功利计算本身不合功利，也无需用固化的义务来代替，因为它也能被掷硬币代替。区别只在于掷硬币看似不那么权威，或者说不会以意识形态塑造虚假权威。随机选择的好处在于它不会被误当作真理，或陷入集体自愚，但有时可能会遗漏自己未想到的坏处；盲目从众能够节约思考成本且降低风险，却可能形成集体偏见。盲从者是懒惰或狡猾的搭便车者。只有在认真思考、诚实表达的人足够多而能形成理智共识的社会，随大流的人才能安度一生，"习俗保守主义"恰恰只在思维最接近功利主义的国度才最无害。

收集信息、判断信息相关性、将信息重要性排序，凡有时间成本的事都关乎功利考量。一个集团内，分散的信息处理机制往往效率更高，但对人际信任的要求也更高。高信任度和低信息成本是互为因果、彼此促进的。对于信息不够、难断利弊之事，我们通常遵守习俗。功利主义不会无端地反传统，却反对非理性的崇古。当保守主义者以历史演化来的习俗或"有效用"为由反对明显有益的改变，功利主义者要求他们说明究竟有什么效用。追求清晰即是追求确定性，这本身就有效用。习俗传统的力量基于无法译为明确知识（explicit knowledge）的默会知识（tacit knowledge），只有在尚未进入意识时才被动成立，被标榜为习俗保守主义就已经是意识形态的。相反，面对原本日用而不知的模糊道理，哲学要使之清晰，这一使命贯穿了从苏格拉底的助产术到当代美国实用主义的全部历史。

2 功利主义道德责任的边界

功利主义须考量受影响的所有人，道德责任的分割不是一个哲学问题，而是历史情境中的，凡是非历史地设定道德责任边界的都是意识形态。功利主义要求人们"尽力"担负道德责任，天下兴亡，匹夫有"一份"责。科斯嘉德指出义务论则相反：

> 康德路径的好处在干，其责任的范围是确定的，你为世界分担的责任份额被明确界定，它是有限的。你若按照应该的方式行动，就无须为坏后果负责。问题在于，在诸如杀手站在门口的情境中，如果我说要说真话尽责任且无需对坏后

果负责，这是非常古怪的。[1]

本书开头即说到过，如果要保持诸义务准则的无条件性和非历史性，就得假定一个整体上善的世界只需将诸部分的准则**相加**，且诸部分之间是割裂的。由此观之，义务论其实有封建或科层制特征，其道德世界由孤立的诸环节垒砌而成，它限制道德考量的视域：主人的主人不是我的主人，附庸的附庸不是我的附庸，不在其位不谋其政。相反，功利主义具有明显的现代政治经济学色彩。本书不想讨论十八世纪末的英国与普鲁士，也不认为哲学只是历史的产物。我们回到这个问题：义务论对道德责任范围的明确限定，需要强行割裂生活世界。

功利主义道德实践有自觉的历史意识，因此必须承认行为责任分割的复杂性。在施动者单一、后果明显之事上，例如纳粹大屠杀，其道德责任一定不会落在犹太人身上，这一点功利主义和康德主义是一致的。然而，某些看似施动者单一的事件，其实是直接施行者与社会环境的互动结果，这时就不能将全部道德责任归于直接施行人。关于何为"正常社会"的判断是先行的，功利主义以社会结构势必导致的幸福与痛苦，即该结构在何种程度上**契合**并**调和**人的诸多固有生活形式，来衡量它是否正常。

然而在施动者较复杂之事上，例如在大致对等的双方皆有自利因素的互动事件中，功利主义的责任分割就不那么明确，而须考量哪一方的行为更确定地有损功利。例如第二次世界大战爆发的主要责任虽

---

1 Korsgaard, 'The Right to Lie', p. 150.

在德国的扩张主义外交赌博，但这不代表二十年前的《凡尔赛条约》就全无责任，因为它签订之初就已被明智之士视作下一场战争的祸根。大屠杀足以证明，假设纳粹胜利，世界一定会更痛苦，因此德国才是战争中恶的一方；二战的善恶之所以如此明显，不在于其历史归因与归责，而在于对未来的预期。

由于历史诸方面的关联，无政府状态下的人际道德责任边界模糊，这正是法律规则必须清晰的原因之一。人际的共同行为预期是道德判断的一个**事实**背景。良法通过构造出行为预期，构造了对**罪恶的归责**，区分了有道德污点的与清白无辜的行为。恶法也会构造出行为预期，并同时构造了对违法善行的**功绩的归因**，原本只是正常的行为在恶法下成了英雄壮举。本书第四章将详谈功利主义的法哲学。

此在的生活世界之边界渐隐于视域的地平线，然而视域边界模糊并非将其扩张至无限，人之存在是有限的，其责任界限因事而异。边沁将功利考量的范围限定于"利益相关者……如果关乎一般意义上的共同体，则须考虑共同体的幸福；如果只关乎一个人，就只考虑一人之幸福。"[1] 他既反对高估人的理性能力，也反对当牵涉更广时偏倚小圈子的利益。里昂斯指出：边沁的功利主义既不宏大，也不狭隘。[2]

本书开头就说过，边沁主张以历史当下的行动者视角，考量所有预期较确定地受影响的幸福，而非陷入对不确定因素的玄想，那只会

1　Bentham, *An Introduction to the Principles of Morals and Legislation*, p. 2.

2　Lyons, 'Was Bentham a Utilitarian?', pp. 196 - 221.

令人丧失行动力。这种态度既不短视，也不会否定人的理性能力。有限理性仍是一种理性，不会导向宗教或意识形态。例如，一次案件的错判将影响今后的量刑，有限理性虽无法知道未来**何人**会受损，却可知必将**有人**受损；再如，暂时借用和承认某种意识形态谋求政治目的时，也须顾及长远的文化代价和政治影响。功利主义经常被说成介于经验主义与理性主义之间，这既是因为其哲学原理奉行彻底一贯的理性，而每一则历史实践却都诉诸经验，也是因为功利主义要求权衡兼顾切近具体的效用和长远广大的效用。詹姆士精辟地指出，所谓经验主义即是重视多元的具体，所谓理性主义即是重视关联的整体。[1] 那么在诸价值的取舍中，确实要做到二者的权衡。

存在的有限性赋予了生命的整体性，然而"有限"也有较辽阔与较狭隘之分。功利主义者不会因**趋向于**对"最大多数人"负责而丧失有限性，从而丧失生命的整体性。功利主义者的世界仍是有限的，其视域边界虽已不再受意识形态限制，却仍随着信息与因果之网的确定性递减而渐逝。我们用来考量效用并根据现实条件做决策的知识，不可避免是局部的和当下的。[2] 功利主义者是审慎的进步主义者，而"进步"之意义必然在"当下—未来"的历史构造中。希望不仅是预期中未来的幸福，还会让幸福提前照临当下。越近的未来越受限于当下现状，越远的未来越易流于空洞的想象。因此须辨别真正的希望与自欺的虚假希望，后者正如希腊人所说的那样，实乃灾厄。

---

1 威廉·詹姆士：《多元的宇宙》，吴棠译。北京：商务印书馆，1999 年。第 3-4 页。

2 F. A. Hayek, 'The Use of Knowledge in Society', in *The American Economic Review*, Vol. 35, No. 4 (Sep., 1945), pp. 519-530.

功利主义要求尽可能考量全部相关个体的幸福总量，倘若忽视这一要求，则会导致错谬。威廉姆斯提出过一个思想实验：假如几名士兵即将屠杀 20 名印第安抗议者，只要路过的旅行者愿意杀死其中一名，士兵们就会释放另外 19 名印第安人。旅行者该怎么做？

威廉姆斯指出，令我们犹豫是否该亲手枪杀 1 人而救下 19 人的原因是"人总是对自己的行为负责，而非对他人的行为负责"，他承认这其实是"心理作用"，[1] 却仍坚持以此批判功利主义这门道德哲学。然而，仅凭心理倾向"是"如何，无法推出道德行为"应该"如何。自己没有亲自扣动扳机就不算杀人，任由暴政导致更悲惨的结果，这是一种拒绝反思的懦弱。上文对"作为"和"不作为"的讨论已说明：袖手旁观者之所以不会受到如杀人犯同样重的谴责，只是因为袖手旁观者多。在有且仅有一人能救人且无须付出代价的情境下，见死不救等同于杀人。在此情形下，旅行者如果杀死 1 名印第安人，罪责仍归于政府，因为在旅行者不杀他的假设历史（counterfactual history）中他仍会被杀，因此归因仍在政府与士兵。

威廉姆斯的问题在于，预设行动者一定会将其行为描述成"杀人"而非"救人"，而剥离情境的"杀人"一词就带有"无故杀人"乃至杀人"罪"的暗示。然而，任何事件总有情境，剥离情境只是将殊别的具体情境换为所谓"日常"情境。情境皆是具体的，日常性的想象将"杀人"暗示类比为有损幸福的杀戮，使其成为良心的重担。如果行动者拒绝类比，充分考虑历史情境，问题就不存在。

---

1 Williams, 'A Critique of Utilitarianism', p. 126.

在该思想实验中，威廉姆斯要求我们排除"更长远的"考虑，[1]
这已违背了功利主义。利益相关者不能被狭隘地理解为直接相关者，
还须考虑长远的间接相关者。威廉姆斯假设世界上的其他一切都不会
因此事件而改变，这需要将既有政治秩序想象成永恒的不可抗力。这
种非历史的谬论看似可笑，但任何荒谬的思想都是由另一些起初不太
荒谬、看似正常的思想滑坡导致的。阿尔伯特·赫希曼（Albert O.
Hirschman）归结出三类反对变革的理由：**后果**的自悖、无效和危
险，这些理由并未超出结果主义的逻辑；因此，一旦将这些反动的修
辞[2]误当作现实的约束条件，功利主义就会主张杀 1 人救下 19 人。
然而，如果机会允许，更有利于社会长远幸福的行为是接过枪杀掉士
兵，因为反抗会加速变革的到来；而杀死其中一名印第安人的负效用
是，每一次合作都是对暴政的再次承认。当机会允许，旅行者或许仍
会因畏惧战死而放弃反抗，但智性真诚者都应当承认，道德的命令是
战斗，并坦率承认自己的软弱。

3　行为归责与道德运气

在某些时刻，超出个人控制的因素会影响个人的道德评价构成影
响，这就是内格尔与威廉姆斯提出的道德运气问题。它针对的是康德
哲学在不完美的历史情境中，强行忽视不受自己控制的外部因素且**不**

1　Williams, 'A Critique of Utilitarianism', p. 125.

2　Albert O. Hirschman, *The Rhetoric of Reaction*: *Perversity*, *Futility*, *Jeopardy*.
Cambridge, MA: Harvard University Press, 1991.

计后果的反直觉性。例如，康德主张对询问自己朋友下落的杀手诚实相告，将朋友之死全部归责于杀手，毫不归责于诚实，"杀手来敲门"之偶然运气丝毫不能动摇诚实之准则，这至少强行忽视了人际互动中的**因果性**与策略性。康德道德哲学是前政治的，而非贯穿于政治中的。

在讨论功利主义如何看待道德运气时，首先要指出：对**行为**的效用评价，其实无关它是由个人还是社会因素造成的。例如一个平民是被士兵主动屠杀，还是被不情愿的士兵奉命屠杀，这两份恶大小相当；至于这些恶多大比例归责于士兵，多大比例归责于上级与更上级，则是一个历史归因问题。将恶行划分步骤会欺骗直觉，却丝毫不能减少痛苦，因为行为链仍是行为，功利主义紧盯着行为结果，系统之恶的总量要分摊至每一行为步骤。[1] 在一个分工的世界中，为了不让零碎的步骤走向整体的灾难，需要用功利主义取代直觉主义。道德运气是不可控的外界因素对**个人**的道德评价的影响，然而功利主义的道德评价对象是**行为**，并未预设行为仅被归责于直接施行人。功利主义评价**行为**的道德属性时，本就已将环境因素囊括进行为因果链，因此与道德运气并不直接相关。

德性论以个人品质为评价对象，思考的不是"怎样行为"，而是"做一个怎样的人"。既然外部环境的偶然性会影响对个人品质的评价，道德运气就是德性论必须面对的干扰因素。运气不仅会扭曲我们

---

1 Zygmunt Bauman, *Modernity and the Holocaust*, Cambridge: Polity Press, 1989. p. 194.

对他人德性的高低判断，评价的扭曲更会制造出德性之假象，鼓励道德伪善：人们会将自己置于直觉上较体面的位置，以更好的道德运气冒充德性。上一章说到，功利主义强调的"仁爱"亦是一种德性，如果德性论遭遇困难，功利主义也会被危及。所以本小节将澄清德性判断中的道德运气问题。

纯因运气因素导致的结果差异不会影响对人的内在德性的评价。设想两个虐猫狂，分别把两只猫放进"薛定谔的猫盒"，我们对此二人的道德评价，不会受打开盒子后哪只猫死去或活着的结果影响。再如，甲、乙两个胡乱扫射屠杀平民的士兵，我们不会因为高速摄像机事后证明致死的子弹碰巧全部出自甲的枪管，就认为甲比乙更坏。纯因运气因素导致的犯罪未遂，例如手枪子弹被飞鸟撞偏，所受刑罚虽会轻于犯罪既遂，却不会影响对**个人**的德性评价；犯罪既遂与未遂有量刑上的差别，但现代法律的量刑梯度本就不取决于犯罪者的德性。因此内格尔所谓的结果运气（resultant luck）并不存在。

内格尔认为：政治家要为其未能预见的失败负道德责任，十二月党人要为1825年起义失败和事后更残酷的镇压负责，假如独立战争失败华盛顿也得如此，二者道德评价的差异取决于成败的运气。[1] 然而，华盛顿的胜利与十二月党人的失败并不纯属运气。结果成败无关主观的善良意志，却暴露出政治判断力的高下。政治德性包含对历史环境的判断力，即便这环境取决于他人的德性水准；例如一名士兵无

---

1 Thomas Nagel, *Mortal Questions*, Cambridge: Cambridge University Press. 1979. p. 30.

251 | 第三章 相关当代论争

需为**另一名**士兵的过错负责，但发动战争的将军必须为**自己**能否正确预估手下士兵们的出错率负责。马基雅维利的"德性（virtù）"本就包括辨认"运气（fortuna）"的能力，运气不好的政治失败通常伴随着德性不够。这就是为何在高级政治的领域，人们多倾向于以成败论英雄；相反，当过于高尚的统治者因高估了人民的德性而酿成灾难，人们既不会同情统治者，也不会责怪人民，反而会说地狱之路是善意铺就的。庸俗的道德观将德性仅等同于日常善良，仿佛只要某个社会的日常生活尚且善良，其政治灾难就只是"运气不好"。但历史上的许多政治灾难，是因为社会成员缺乏另一些德性，例如比例感、远见、坚定、重实用轻幻想、重原则轻人情。俄国人在许多方面比英国人更崇高博大，但如果他们在这些方面不如英国人，历史上俄罗斯多舛的政治命运也正与其德性相匹配，而非"运气不好"。历史上绝大多数的残酷都不是心理变态的虐待狂做的，而是短视者选择的路径把自己逼上了残酷的境地。一个社会德性高尚的人，完全可能政治德性低下。政治德性的匮乏无法通过社会德性弥补，相反，政治德性卓越的公民社会，能够以合理的结构保护日常的社会德性免遭扭曲，让后者不用承担巨大的压力。承自熟人社会的直觉和传统往往更看重社会德性，然而政治德性对后果的影响很大，却常被忽视，这是一种认知比例失调。

人们常误以为将某种私人生活的德性普遍化，必定也会对社会有益。例如人际间不设防的信赖在亲熟者之间令人幸福，但用于整个社会就会产生痛苦（最简单的例子是取消防盗门和银行账户密码）。政治德性的问题不是"如果人人如此，世界会不会更美好"，而是"如果大多数人如此，能否抵御规则破坏者"。一个人人彼此不设防的共同体听起来美好，其实不过是一个无力抵御任何内外侵蚀、结构上无法稳定存在的乌托邦。

功利主义认为，德性的重要程度取决于它可能造成的后果，而非直觉或美学。某些关键事情上的德性缺失如果酿成极大恶果，其他方面的德性再高也难以弥补。功利主义将道德属性归于**行为**，结构性的恶也总可以归因溯源，总是具体的人的具体行为造就的，因此它必然强调政治德性。例如，从结果主义的观点看，一个在其他方面完美无瑕却在 1933 年投票给纳粹的人，其总体道德评价要低于那些虽庸俗却没有投票给纳粹的人。因为如果将纳粹的罪恶分摊到每位投票者，投票给纳粹这一件事的后果就大过了其他所有。可见，仅因政治立场不同而在日常生活中绝交，这种行为并不那么非理性。同时，由于对政治恶兆视而不见而做出误判，最终给自己的日常生活造成痛苦，也没那么无辜或冤屈。

我们必须反对一种"化恶为蠢"的自欺。蠢只是德性匮乏，而恶是善良意志的亏缺。如果已**隐约**觉察到自己的愚行的恶果，却以蠢为借口开脱，以使自己看起来不那么恶，那就不仅是德性匮乏，亦是善良意志的亏缺。如果行为结果在当时极难预见，纯粹由难测的运气导致（例如被闪电劈死等意外），后人无论在道德上还是能力上，都不能如事后诸葛亮般地责怪前人；相反，行为结果越具备确定性，行为者就要负越多的道德责任。上文说过，功利主义认为"可预见副作用"与"直接意图"引起的痛苦权重相等。

功利主义认为，道德判断只是较善与较恶的程度比较。这与德性论相通，世界上没有绝对的高贵或卑贱，德性高低也是相对而言。在环境运气（circumstantial luck）中，如果在相同情境下99％的人都无法抵御某种恶的诱惑，1％的意志极坚强者就值得赞赏；可见，令一些人经不起考验的"道德厄运"，对意志坚定者而言反而是成就英雄业绩的"道德好运"。相反，若只有1％的人无法抵御恶的诱惑，那么成功抵御了诱惑的99％的人也只是常人，1％的作恶者就会受谴责。因此，那些处在99％的人都会作恶的情境下的作恶者，他们的道德名誉较坏，只是因为其他人不诚实：大多数人不愿承认自己在相同情境下会做相同的事情，所以真正被置于该处境中的人才看似更坏。假设99％的人都能诚实地承认，换了自己也会做同样的坏事，这种道德运气也不存在。

"99％的人"并非邻人，道德不能仅以邻人为尺度，历史上诸时诸地的道德平均水准亦高低有差。心智史和文化史有波峰与波谷、高地与洼地，生活在精神贫瘠道德猥鄙的时代，人很难不受感染，因此道德运气较坏，这种事关道德主体之生成的运气（constitutive luck）是真实存在的。正因为此，那些出淤泥而不染的人更显可贵。

二战中德国人的道德平均水准低于英美，并非如内格尔所说那样是环境所迫；[1] 而是因为在持续洗脑下不自欺，对大多数人的德性要求太高。一个仅仅被迫与纳粹合作的人，必须抓住每一个安全的机会背叛它，但人们往往因自欺而做不到这一点，反而编造歪理将自己的行为合理化。一些国防军军人鄙视党卫军，却同时用"我为祖国而战

---

1 Nagel, *Mortal Questions*, p. 34.

而非为纳粹而战"这样庸俗化的义务论、社群主义或心志伦理自欺，其效果同样延长了战争和大屠杀。盟军则不会受到这种自欺诱惑。然而正因为德国人的道德运气更坏，对反抗纳粹的少数德国人的道德评价，也会高于与纳粹战斗的盟军；因为前者经受住了自欺的诱惑，而后者没有机会经受它，前者展示出的反思力更可能在生活的其他方面也带来幸福。正因为此，卑劣境遇中的高尚者其实比良好环境中的高尚者更为坚强。相反，少数身处盟国的纳粹支持者的德性评价，也应当比德国的纳粹支持者更低，因为这暴露了更大的软弱，事实上人们正是这样评价奥斯瓦尔德·莫斯利（Oswald Mosley）这种人的。

假设甲、乙两人性格与价值观完全相同，却分别为情势所迫而作恶或行善，且双方经反思后相信，自己若易地而处必定会做完全相同之事，二人的道德评价就相同，也就无所谓道德运气差异。这并非抹除甲在选择自身行为时的道德责任，而是说乙同样不完美，只是尚无机会犯错，二人德性高低程度相同。关键在于：历史中的因果总是复数的诸因诸果，"果"不能仅归因于最"近"或最"直接"的行为。我们无法将甲、乙两人的行为差异归因于道德差异，而只能归因于造成环境差异的那些人，例如立法者，他们的影响是长远的、无处不在的。一切政治或社会问题都关乎规则，而行为都由直接行为者与相关立法者（间接行为者）共同完成，恶法造成的苦难正是体现在诸多个体行为中。正因为此，功利主义道德哲学必须既衡量个体行为，也衡量立法行为。

道德运气坏，并非环境更激励恶行，而是它更易腐蚀德性，更易诱发意志软弱和自欺。如果在以上思想实验中，甲出于恐惧虚无、渴求意义的心理，哄骗自己明知是恶的行为其实是善的，作恶不是被迫和屈辱的，而是自愿和光荣的，甲的德性就低于乙，且已经不再持有与乙相同的价值观了。外界的政治经济环境不是你，但你的身心就是你。甲的道德厄运在于：他在环境的引诱下自欺，变成了一个自己曾经蔑视的人，这位新的甲也更可能积极主动地作恶，而不仅是被迫。尽管乙也恐惧虚无、渴求意义，周围环境却能真诚地、无须自欺地满足他的心理需要，这才是乙的道德好运，乙也会因为其好运而主动地，而不仅是利己地行更多的善。单纯被强迫去作恶的人，其德性高于被洗脑去作恶的人；从功利主义的观点看，前者增加幸福减少痛苦的潜力高于后者。

然而，既然一切环境对德性的影响都属于道德运气，那么一切人际道德水平差距都是运气所致，毕竟每个人先天的形式人格都一样。家庭与社会环境，乃至先天健康与否都是运气，道德运气的差距从幼时的耳濡目染就已存在。既然如此，我们要么一视同仁地同情每一个德性败坏的人，因为他们的败坏只因运气不好；要么就不去同情任何德性败坏的人，因为每个恶人都能追溯到某些运气上的理由。

四　非个人性、目的论与道德哲学

1　非个人性、道德应得与牺牲

西季威克认为，功利主义"通过比较并整合众人的诸善，我们提出全人类及有知觉的存在的'普遍善'的概念……从（若能如此说的话）宇宙的观点看，个体的善相比他人之善再无价值。"[1] 这个说法并不准确，准确地说：诸个体的幸福都有同等价值。然而词义上差之毫厘，在概念推演之后可能谬以千里，西季威克已经为日后的误解埋下了祸根。

罗尔斯重述并批判了西季威克：将个人对诸效用的权衡取舍，类比为对人际效用的权衡取舍，是错误类比，这种方法是非个人的。他认为功利主义是适用于个人的理性选择理论，却不适用于人际政治。[2] 可见写作《正义论》的早期罗尔斯，其实已将道德哲学与政治哲学相分离，对他而言"政治"从来就不只是"应用道德哲学"的工具手段与约束条件。罗尔斯指责功利主义无视人格差别，把一切人视作同一人，"将非个人性（impersonality）误解为无偏见性

1　Sidgwick, *The Methods of Ethics*, p. 382.
2　Rawls, *A Theory of Justice*, pp. 21 – 25.

（impartiality）"。[1]

　　罗尔斯对功利主义的"非个人性"批判之一，是继承了西季威克的观点，认为理想的无偏倚性要求完美利他主义；[2] 然而假设人类一旦能有完美的利他心，反而会产生悖谬。这即是说，功利主义道德看似符合直觉，恰是因为人类不完美，无法彻底践行它；貌似正确的功利主义只是不彻底的功利主义，信奉它只是叶公好龙的自欺。完美利他主义是自悖的：如果每个人都只欲望满足他人的欲望，就会取消自己的欲望，结果并非人们同心协力，而是任何人都不做任何事。[3]

　　完美利他主义确实不可能，它会让所有人的意识陷入"欲望（他人的）欲望""欲望欲望欲望"……的无穷倒退，最终消灭自己的欲望。然而第二章已论证过，平等不是利他，利他心之所以受赞扬，只因它平衡了过重的利己心，促进了平等。道德平等并非消灭个人欲望，而是平等考量自己和他人的欲望。假想有三名无偏倚的功利主义者，甲有 A、B 两种欲望，乙有 C、D 两种欲望，丙有 E、F 两种欲望。按照罗尔斯的完美利他主义误解，甲会放弃 A、B，只顾及乙和丙的欲望，乙、丙亦会放弃自己的欲望。正确的推论却是：无偏倚旁观者甲在这六种欲望之间权衡取舍的方式，与权衡取舍自己的 A、B 两种欲望的尺度相同。在实践中，道德哲学上的无偏倚旁观者，仍会偏向于信息最丰富、确定性最高、实践手段上自己最擅长满足的幸福。

1　Rawls, *A Theory of Justice*, pp. 165 – 167.
2　Rawls, *A Theory of Justice*, p. 165.
3　Rawls, *A Theory of Justice*, p. 25.

罗尔斯对功利主义的"非个人性"批判，远不止将无偏见性误解为完美利他主义。在继续讨论之前，我想先区分两种意义上的非个人性。

在内格尔所说的"非个人"意义上，不仅功利主义，"一切道德上体面的政治理论"[1] 都是非个人的，罗尔斯的"无知之幕"也是。当我们分配给甲某种资源而不分配给乙，不能以"因为甲是甲"或"甲是神圣的"为理由，而只能因为甲具备某些乙不具备的、与该资源相关的品质。例如君权神授论就是一种个人的（personal）道德，它主张神意授权于这一个人；而论证某位国王的品性与才智优越因此有权统治，该理由就是非个人的，它意味着如果某位平民具备相同的品性和才智，他也有权统治。祭司通灵是对真理的个人垄断，逻辑与科学的权威则是非个人的，具备普遍可理解性。换句话说，个人的规则不是规则，因为私人语言不是语言，而是或神秘或赤裸的非理性特权。借用罗素的话说：专名本身并无意义，有意义的是摹状词（description）。道德的非个人性其实就是人格平等，每个人的形式人格只是承载诸品质的容器，本身无任何区别。

内格尔认为平等考量众人的幸福须采取非个人的视角（impersonal standpoint）：将自己视作众人之一，将第一人称改为第三人称，[2] 并指出非个人视角要求价值理由的无时间性（timelessness

---

1 Thomas Nagel, *Equality and Partiality*, Oxford: Oxford University Press, 1991. pp. 10, 20.
2 Nagel, *The Possibility of Altruism*, pp. 102－103.

/ tenselessness）[1]，即现在觉得好的无论何时何地都会觉得好。内格尔举例说：我现在觉得飞机相撞是坏事，将来也会觉得是坏事，因此该第一人称价值判断能被改写为第三人称的。然而古人信仰的某种道德准则，今人不信，这就不满足无时间性。古今区别不同于青年和老年的区别：青年偏爱勇敢，老年偏爱审慎，这一人生规律虽然涉及时间中的变化，却仍可被非时间地理解，因此仍满足无时间性。可见，功利主义的"无偏见视角"的真正困难其实是解释学层面的：体验与理解一旦涉及意识形态偏见，就无法共通。

然而，罗尔斯不是在以上意义上使用"非个人"概念的。他强调的是：即便无知之幕抹去了人际属性差异，每个人的形式人格都相同，我们仍是"每"个人；尽管指示词"这一个"看似空洞，"这"人和"那"人仍是两个人。罗尔斯认为功利主义只关心幸福的最大总量而忽视分配上的道德应得（desert），主张任何人都应当为他人的更大幸福牺牲自己的较小幸福，这等于取消了诸人格之间的"界"，将所有人想象成了同一个人，即所谓无偏见有同情的旁观者（impartial sympathetic spectator）。罗尔斯认为功利主义必然强调同情心理（第二章已反驳过这一点），因为只有它能将诸多相互分离的人格统一。[2]

功利主义其实并不忽视人格分界与"道德应得"，而是主张何人应得何种结果不取决于过去，而取决于如此安排势必带来的效用，历

1　Nagel, *The Possibility of Altruism*, pp. 55–56.

2　Rawls, *A Theory of Justice*, p. 155.

史经验只是用于推断将来的参考信息。且由于历史因果之网是多面的，任何单一的"应得理由"都只是价值理由而非道德理由，道德须权衡考量"应得"的诸理由。这在意识形态信徒看来，就似乎亏待了他们所执念的单一理由。关于此，已有不少针对近半个世纪以来愈发严重的"理所应得（entitlement）心智"的社会和心理研究，左派和右派都以此指责对方。此种心智的形成有多种社会学的间接条件，但心智的直接成因总是哲学的，这正是罗尔斯以来的政治哲学将"权利"独立于幸福，将"应得"的标准变得僵化了。[1]

政治必然关乎"谁得到什么"之问题，意识形态总是片面强调某些应得理由，忽视与之竞争的其他理由。例如有一支笛子，甲制造了它，乙喜爱它，丙会吹笛，笛子该归谁所有？给甲能鼓励生产，给乙能获得更大直接满足，给丙能产生音乐。占有性个人主义者强调第一种理由，[2] 福利主义者强调第二种理由，亚里士多德式的德性论者强调第三种理由，他们都指责功利主义忽视应得。功利主义认为，谁应得这支笛子取决于何种方案更能增进幸福。由于笛子只有一支，该选择非此即彼、无法折中，才造成了仿佛三种价值理由之间有对错之分

1　Michael Sandel, *The Tyranny of Merit*: *What's Become of the Common Good*?, Harmondsworth: Penguin Books, 2020. 桑德尔批判了近几十年关于"应得"的种种意识形态，他强调"公共善"却只字未提功利主义。功利主义对待"应得"的灵活态度，数十来被意识形态家们指责为"忽视应得"，如今意识形态褪色之后，情势便逆转了。

2　C. B. Macpherson, *The Political Theory of Possessive Individualism*: *From Hobbes to Locke*. Oxford: Oxford University Press, 1962. pp. 194 - 262 对洛克的占有性个人主义解释遭到了昆廷·斯金纳的批判，但功利主义只关心这种分配机制确实有助于激励生产，思想史问题与本文无关。

的错觉。把笛子给甲、乙、丙的三种理由也正是商品生产、福利补助、奖学金制度的理由，而财政资源是量化可分的，我们应当以预期产生最大幸福的比例兼顾三者。

另一类针对功利主义忽视"应得"的批判是：设想两种分配机制，一种令行善者招致痛苦而作恶者获得快乐，另一种令行善者获得幸福而作恶者遭受痛苦，只要总幸福量相当，在无偏倚的功利主义看来就没区别。这显然有违常识。第二章已论述过，任何道德观念都必须对奉行此种道德的群体更有利，否则这种道德就会被历史淘汰。演化论的实然规律，不会更改道德哲学的尺度，却会引导道德实践的手段。在当下偏倚善人，是为了长远无偏倚的效用最大化。

另外，道德"应得"还关乎古老的"因果"观念：它认为正如逻辑的任务并非得出真命题，而只是让每个前提无论真假都推出与它相配的结论；道德的使命也不是尽可能增进善，而是让每个行为无论善恶都得到与其匹配的果报。"应得"之善是形式的，它以理论的或审美的视角旁观罪孽与报应的对应。如果某人的 A 行为与 B 遭遇并无因果关系，我们就不会有"报应"或"应得"观念。现代的"因果"随世界观一同被祛魅，某人偷窃后第二天被雷劈伤，只是两个相互独立事件，法院不会因为他已经被上天惩罚过一次而从轻处罚。如果要说甲被雷劈伤是"应得"，就得预设苍天有眼的宗教语境。

既然如此，如果一个善人因为与其德性无关的其他原因遭至厄运，也并非"不应得"。例如某些情况下，需要伤害少数无辜者来避免大灾难，例如将高致死率传染病患者隔离，患者的无辜性与其被强制隔离无关，隔离只是他偶然处在某个客观位置导致的，若不伤害他就会损害更多无辜者。如果这算忽视了"应得"，那就在要求"命运公平"，非人力所能及。但如果某人**因为**其无辜而遭惩罚，例如被共同作恶的团伙排挤陷害，才是忽视了"应得"，功利主义反对一切这种情况。赏善罚恶和奖恶惩善这两类机制的社会功效差距极大，功利主义主张赏善罚恶是为了未来，而非对过去行为的报应。

有人强行设定：假设将所有社会效应都计算在内之后，奖恶惩善的机制较之赏善罚恶的机制仍能产生更多幸福，功利主义就会奖恶惩善。[1] 然而这种社会机制是不可能的。这种空洞的讨论从来都是强行设定在某个"奇异"社会中发生如此怪象，但何种社会能够"奇异"成这样，却无法具体地设想，它违背了行为的逻辑。

有人会认为，这只是因为分配机制本身会引导人的行为，须顾及长远功利；如果去除时间因素，在极短视的场景下，功利主义的分配机制就可能奖恶惩善。然而这样想是低估了功利主义的历史性与"幸福"的无穷变化。哪怕一小时后地球就要被小行星撞碎，功利主义的资源分配仍会赏善罚恶；因为在世界毁灭前的最后一刻，善恶的标准也与今天极为不同。末日将临之际，能够在短暂的挥霍中产生最大快感者最具美德，应当分得最多资源去燃烧；谁能在罗马焚城的烈焰中高喊"多么美啊！"，谁就最善，而韦伯所说的新教徒式的勤俭是最大的恶习。"应得"意味着个人德性与个人善果的匹配，然而功利主义将德性定义为能够产生幸福的品质，在不同情境中有不同的德性。诸

---

1 Nicholas Rescher, *Distributive Justice*: *A Constructive Critique of the Utilitarian Theory of Distribution*. Indianapolis: The Bobbs-Merrill Company, 1966. pp. 48 – 50.

德性之间的排序有历史相对性，且由于行为的效用取决于比较优势，排序低的德性就是恶习。有多少静滞时代的德性，在飞速变化的时代看来是迂腐的，就有多少高速发展时期的德性，一旦社会变化放缓即会被认为是放纵的。而宽绰环境下的许多德性，在拮据世界中就是恶习，反之亦然。例如边沁提倡勤劳，那只是因为勤劳在他的时代有效用。相反，在符合马尔萨斯模型的前工业社会，勤劳增高的并非生活质量，而是人口数量，结果是让世界更拥挤、拮据并迫使后代延长劳动时间。在前工业社会，几千年的生产率增长未能带来生活质量上升，狩猎—采集社会其实比农耕社会更幸福，尽管后者能养活的人口更多。

对"应得"的功利主义理解是历史化的，它将每一份幸福视作道德的目的，却将每一个人都视作历史的工具，它的文化效用之一是消解成功者的狂妄和失败者的自轻。如果一个社会声称：成功者之所以成功，是因为他们遵循了某些道德律令，并赋予经济成功以新教徒道德色彩，势必滋长上层的狂妄，剥夺底层的尊严。奉行功利主义的社会却只声称：今日的成功者之所以成功，只是因为他们碰巧具备某些条件，能在当今这不完美的历史条件下，更好地服务于他人的幸福，那么成功者势必会对深不可测的历史心存敬畏，落败者也不会因此自轻。只要失败者不自轻，也就不容易怨恨。在历史的视域中，个人成败不单取决于内在品质，而历史的无限性取代了宗教的永恒性。

功利主义历史地理解诸德性与能力在不同环境下的重要性。相反，罗尔斯认为个体的自然禀赋皆属运气，即历史的偶然，就连进取心也受自然禀赋影响，因此无关道德应得。[1] 罗尔斯不以历史现实，而以非历史的原初状态为起点，所以除了康德式的、出自纯粹实践理性的"善良意志"之外，任何影响分配的因素都会偏离他对道德应得的预设，即便满足两个正义原则的社会也无法完全符合他的道德应得标准。

罗尔斯对功利主义忽视人格分界的批判也是对"牺牲"的批判。直觉不反感为保障大多数人的更大幸福而舍弃少数人的少量幸福，却反感"牺牲"，是因为二者**指称**的取舍相同，但在两种道德哲学中的**意义**不同，"牺牲"先行预设了不该舍弃的"应得"或"权利"，功利主义却指出凡是涉及稀缺性的所谓"权利"其实都是争夺优先权的意识形态修辞。

在社会政治实践中，"牺牲"的问题常关乎"他者"的问题。功利主义反对仅因某群体的他者身份而歧视性地牺牲他们，那些被牺牲者却常常被认同政治发明为他者。某种结构的受益者越多，总体效用越大，牺牲少数人的少量利益的理由越合理，这些少数人就越会成为边缘化的他者。相反，如果让多数人为少数人做出过大的牺牲，则会造就大量主张"我们才是大多数"或"我们的利益更重要"的功利主义者。后现代主义指出：历史实践中的任何秩序都是选择性和排他性的。这是历史世界中的事实条件对道德实践的限制。

上一章论述过：一旦承认最大幸福原则与利益的平等考量原则，就不可能只违反其中一条而不违反另一条，因此整体低效机制的受益

---

1 Rawls, *A Theory of Justice*, pp. 64, 89, 274.

者即是非理性特权者；道德实践须依靠规则，无私地破坏预设人性自私的规则会破坏激励机制；无差别的慷慨仁爱只会令善人走向毁灭，有损于长远效用。以上都是"牺牲"的限制条件。功利主义主张高效利用尽可能少的牺牲，它不是鼓吹牺牲的学说，而是界定何种性质和程度的牺牲真正值得的学说。得不偿失的牺牲损失的不仅是得失相减后的负效用，且意识到这种牺牲是"不值得"的本身就会平添痛苦；而意识形态要求的牺牲更盲目、低效和巨大，它用修辞话语欺骗牺牲者，让他们误以为牺牲是必须的和值得的，来遮蔽这种出自道德意识的痛苦，是对功利原则的误用。

2 功利主义与意识形态幻象

罗尔斯谈到过功利主义与自然权利论对待"常识道德"或"道德幻象"的态度区别：

> 虽然功利主义者承认，严格说来，他的理论与这些正义感相冲突，却仍主张正义的常识准则和自然权利的概念作为次级规则具有某种从属的有效性。这种有效性来自这一事实：在文明社会的绝大多数情况下遵循它们，仅在少数例外时违反，有巨大的社会效用。甚至我们在肯定这些准则和诉诸这些权利时常出现的过剩热情也有某种用处，因为它抵消了人们以有违功利的方式违反它们的自然倾向。当我们理解了这一点，功利原则和正义的说服力之间的表面差异就不再

是一种哲学困难。如是，契约论完全认可正义优先的信念
（conviction），功利主义则试图把它们视作社会的有用幻象
（illusion）。[1]

  然而上文已介绍过：有限功利主义会塌缩至极端功利主义，准则
功利主义会塌缩至行为功利主义，罗尔斯却明确表示不打算讨论斯马
特和里昂斯的那两篇论文。[2] 与罗尔斯的看法相反，行为功利主义即
便出于历史权宜暂不挑战某些偏见，也不会将其视为"有用幻象"，
更不会赞同维护它的"过剩热情"，而只会采取名正言顺的、普遍可
理解的道德理由。人们经常为增进幸福而选择某种意识形态借口，这
种策略隐患极大：因为越是在错误的事情上，我们越是强烈地需要并
渴望意识形态化的理由；意识形态对恶的支持，远大于对善的支援。
例如，边沁在 1789 年出于功利原理支持法国革命，却在 1796 年攻击
"天赋人权"等意识形态话语。我不认为其中存在立场转变：边沁在
1789 年并未借用这些漏洞百出的话语，却选择性地保持沉默；在目
睹了后续的恐怖和动荡之后，他才攻击他认为有害的意识形态。

  在功利主义者眼中，某种意识形态即便暂时无害、不值得被优先
批判，也不能用作道德理由。何时该优先批判何种意识形态取决于历
史环境。例如在韦伯所说的三类权威中，功利主义主张法理型权威，
对待传统型权威、魅力型权威的态度因势而定：在 1640 年代，传统

---

1 Rawls, *A Theory of Justice*, p. 25.

2 Rawls, *A Theory of Justice*, p. 20.

型权威的代表查理一世是法理型权威的最大威胁，魅力型权威克伦威尔则威胁较小；在民粹兴盛的当今则相反，魅力型权威对法理型权威的威胁，远大于已无实权的传统王室。传统型权威与魅力型权威是相互排斥的两种非理性权威，有伊丽莎白二世这样的体面君主的国家，较难出现唐纳德·特朗普那样的狂人。功利主义者要洞悉这些现实的权力结构，却只应当用自己有限的时间和资源，凭理性批判威胁较大的意识形态，而不应当诉诸意识形态以支持较小的威胁。

我们再虚构一个例子说明问题：一位 1940 年的英国功利主义者不会借英格兰民族主义回击德意志民族主义，因为这样反而模糊了战争的道德属性；他只会为人类的幸福反纳粹，且任何德国功利主义者亦只能作同一选择。意识形态即便偶有好的一面，这些积极因素也必定能被更正大的理由取代。功利主义者视诸神之争为无谓流血，只关心善恶之争，原则上不会引用"身份政治"的理由。每一次对意识形态的暂时利用都在肯定它，都会成为未来的负担，几年后战局逆转，同盟国的民族狂热同样会对轴心国犯下非理性、不必要的暴行。功利主义对意识形态的戒备是为顾及未来效用，主张在民族主义走向极端之前就提防和批判它。历史中有的是自信满满的狂信徒，和犹疑不决的理性主义者，但道德实践需要勇敢地践行理性。历史上的恶行极少是主观上"爱邪恶"的产物，法西斯主义者通常自认为只是民族主义者；反过来说，待到民族主义在与历史环境的互动中演变成法西斯主义，批判的武器就已经晚了，唯有武器的批判才管用。

3 善的历史性与权利的意识形态性

罗尔斯批判功利主义是"目的论"的，即"对善的定义独立于权利"，并认为"快乐是唯一的善，快乐可被认识并排序，且无涉正当的标准"。他质疑这一点：如果不设"权利"，仅凭对诸价值的直觉判断做权衡考量，我们无法承诺直觉是理性的；[1] 尽管他并未说明，假如"权利"独立于善，权利又如何是理性的？鲁道夫·冯·耶林(Rudolf von Jhering)等十九世纪新功利主义者早就主张：凡法律手段必然服务于某种价值，因此都是目的论的。罗尔斯认为道德判断依赖"权利"观念，边沁反而认为是"权利"的意识形态话语扭曲了原本正常的价值判断。功利主义既要坚持政治实践完全从属于道德实践，又要对包括"权力"在内的生活的诸构造与原理有充分认知。许多被视作理所当然"应得"的"权利"其实只是历史高原上的风景，一个时代相信"天赋权利"并不说明它们真的出自天赋，而只能说明历史的断层尚在视域之外。自然权利论认为，如果出现奴隶制，定是由于人们为世俗功利让渡了神圣权利；功利主义却认为，一切不自由或伪平等的制度必然有意识形态化的"权利"支撑，是某些僵化的权利在变化的历史中积重难返的结果。

罗尔斯声明他所做的，"是将洛克、卢梭和康德代表的传统的社会契约论一般化，并在更高层面抽象化……该理论提供了另一种选

---

1 Rawls, *A Theory of Justice*, p. 22.

择，即正义理论，我将论证它优于主流的功利主义传统。"[1] 在两个正义原则中，第一个原则罗列了公民普遍享有的诸基本权利：选举与担任公职的自由、言论与集会自由、良心与思想自由、免于心理压迫与身体袭击的自由、持有财产的自由和免于被任意逮捕的自由。[2] 第二个原则分两部分：首先，在满足基本权利后，政治经济秩序应当对最不利者最有利；其次，所有公职都机会公平地对所有成员开放。

第二个正义原则的第一部分，即"差异原则（Difference Principle)"，在福利经济学实践上与边沁的边际效用递减原理殊途同归，都倾向于让不利者获利。如果追问：罗尔斯为何预设无知之幕下的审慎自利者会优先避免最坏状况，主张雪中送炭，而非锦上添花呢？江绪林指出：罗尔斯的契约论中的康德主义与理性选择理论其实无法合一，这两条路径的分歧正暴露于此。[3] 上文说过，经济风险厌恶最终基于边际效用递减原理；另外，罗尔斯所说的"社会经济不平等"如果指投入再大也效用甚微的情况（常见于非经济因素的困境，例如文化导致的问题），无知之幕下的审慎利己者也不会支持徒劳的善行。因此，差异原则的真正前设，其实是功利主义而非康德主义。

---

1 值得注意的是，罗尔斯未提及契约论的创始者霍布斯。此后他在介绍正义论的主要观点时，再次强调其契约论继承洛克、卢梭和康德，并特地说明："霍布斯的《利维坦》尽管很伟大，却引起了某些问题。" Rawls, *A Theory of Justice*, pp. xviii, 10 马基雅维利、霍布斯、边沁、韦伯构成了与洛克、卢梭、康德、罗尔斯不同的另一传统。前四者认为，政治的现实目的与手段是相互约束的；后四者认为，政治的"基本"目的是被某些准则或权利"优先"规定的，诸手段仅服务于实现它们。

2 Rawls, *A Theory of Justice*, p. 54.

3 江绪林："解释和严密化：作为理性选择模型的罗尔斯契约论证"，《中国社会科学》，2009 年，第 5 期，第 60 - 73 页。

功利主义的人际权衡取舍，考虑的是谁更具备利用特定资源创造幸福的潜力，例如穷人获得一元钱，比富人获得十元钱更快乐。但是，文化领域不存在边际效用递减。差异原则长期以来遭到左右两派攻击，右派嫌他管得太多，认为政治不该干预经济；左派说他顾及太少，认为文化也应平等。如果以功利主义为理论基础，本可以轻易挡住这些批判。

第二个正义原则的第二部分，即所有职位应当机会公平地对全体成员开放，看似理所当然，却与功利主义有微小差别。为预防表亲的僭政（tyranny of cousins），[1] 功利主义者或立法禁止家族亲属同时担任要害部门高级官员，或以软性的避嫌规则提防之。这并非侵犯政治世家子弟的"基本人权"，牺牲区区几个人担任高官的可能性来预防政治巨变显然划算。这与第二个正义原则的实践差别虽小，但微小的差别背后的原理分歧往往深刻。功利主义者理解政治的方式更接近历史学家，因为功利主义与历史学都是求面面俱到而不得的学问。

罗尔斯与功利主义的冲突，主要在第一个正义原则。他没有设定诸基本权利之间的优先级序（order）。这就得预设人们对价值取舍的优先级序有清晰而坚固的共识，或在"良序（well-ordered）"的政治调节下不会相互冲突。他对良序社会的定义是：人们共享同样的正义原则，且社会机制对正义观的实践令人满意。[2]

功利主义不预设良序社会的理想，也不奢望一个人人共同承认功

---

1 Francis Fukuyama, *The Origins of Political Order*. New York: Farrar, Straus & Giroux, 2011. p. 49.
2 Rawls, *A Theory of Justice*, p. 397.

利原则的社会。功利主义者会传播某些思想，却不会有"如果人人都能如此……"的思维形式；它是**社会**中的个人（考虑对他人的行为预期，且包括作为立法者的选民）的实践哲学，而非预设某种理想**共同体**的集体实践原则。意识形态的终结只是遥远的奢望，而历史的终结纯属谬误。消去虚假意义的遮蔽的世界，是一个意义更丰富且准确的世界；这仅是心智史的至善目标之一，而心智史也只是历史的一个方面。传播功利原则算不上世界历史中的最重要目标，哲学必须与历史中的其他积极因素协同增进幸福。与那些预设共同体的共同信念的思想不同，功利主义不把自身的传播看作最优先之事，也不把任何思想、事物或力量视为最优先；正因为功利主义是日用而不知的行为原理，它的"传播"其实只是让它在广泛人口中获得自觉，所以它才有力量采取这样的态度。

人有某些固有价值倾向，它们越能全面伸张人就越幸福，越是相互冲突人就越痛苦。在讨论康德论善意谎言的思想实验时我已指出过：由于历史世界不完美，功利主义不禁止说假话，却主张创造一个"说真话"与"保全生命"这两种价值尽量不冲突的未来，凡需要冒死直言的权力结构一定是恶的。然而，某些内在价值之间的矛盾非政制所能消弭，例如罗尔斯所说的言论自由与免于心理压迫的自由就有冲突，因为言论自由必然会冒犯他人，正如苏格拉底冒犯了太多人，仅仅说理就会压迫畸形的心灵。理性能让一时没想通的人重归正途，但也会把根基溃烂的精神推下深渊；对于靠幻想活着的人而言，真相会让他们活不下去。上一章已经说过，言论自由的真正边界不是危害性，而是唤起危害行为的时间紧迫性，在于长远制度和一时权宜之间的效用取舍。不存在良序社会，就像不存在历史终结；任何社会都有大量非良序冲突，此时仍需以功利考量权衡取舍诸价值。

罗尔斯主义者仍可主张，在诸基本权利相冲突时作功利考量，但任何无涉基本权利的价值都必须给基本权利让路。功利主义赞同这一点，因为罗尔斯的诸基本权利非常模糊，例如"良心自由"的可解释范围极大，而政治经济网络又让世界诸方面相互影响，所以**严格、丝毫**无涉基本权利的价值必定是琐屑的，其效用也必定很小。例如沦为奴隶的痛苦，无论吃多少糕点的快乐都无法抵偿；允许一个人沦为奴隶引起的制度性危机与恐慌，就算暂时请全体公民吃糕点也无法抵偿。因此，诸基本权利相对于无涉基本权利的价值体验的优先性，其实是生活世界的坚实条件相对于琐屑享乐的优先性。如果有什么价值，在功利考量的天平上真的值得牺牲某种基本权利来捍卫，那么它也必须被定义为"基本的"。

历史千变万化，道德尺度却必须一以贯之；由于信息有限，具体的历史判断可以出错，道德哲学本身却不能错，否则会将错误扩散至所有方面，扭曲正确与错误的界限。罗尔斯假定良序状态的真实理由，会暴露于在实践中应对非良序状态下的诸价值冲突的尺度。意识形态的真正基础总会暴露于它的例外状态。相反，正因为功利主义道德是超越的，它才能摆脱意识形态负担，采取历史化的手段。政治中的马基雅维利式的权变，只能以人类幸福为抽象的道德目的。功利主义以理论的抽象化来消弭例外状态，在每一情境下给出最优或最不坏的解；罗尔斯却将**比自身时代稍好**的状态想象为"良序"或"常态"并排斥例外，这种意识形态能够最大限度地与功利主义**从现实出发**的实践筹划相重叠，因为切近的理想才是具体的，遥远的乌托邦总是虚无缥缈，虚空中不受限制的幻想也容易走火入魔。诞生于冷战的"良序社会"与冷战结束后的"历史终结"是同一个非历史幻想的不同表述，虚构一国之内的"良序社会"与所谓的"民族性格"[1] 之胡说互为表里，后两者正因为具备历史意识，故而比前者更暴露和嚣张，才广受批判。

良序社会意味着"日常"的生活形式，甚至是一切可能的"日常"想象中最好的。该意识形态排斥历史性断裂，也削弱了应对历史的能力。罗尔斯认为功利主义者应当将"良序社会"视作一种"有用幻象"，视其为非历史的、永恒稳定的秩序；然而当盲目的人说"太美了，请停下来吧"的时候，厄运已经近了。社会越被认为是良序的，人们越不需要主动注意支撑着它的构造，大量支撑社会的先决条件隐没在意识之外，仅被动地发挥作用。一个人人对诸权利的排序完全一致的良序社会，其实已将复杂社会还原成为理想共同体；从社会学的观点看，良序社会意味着结构功能主义对冲突理论的全盘取消，这种事情只发生在意识形态家的臆想中。良序社会缺乏衡量差异的尺度，一辈子活在其中的公民也会丧失轻车缓辔的比例感，或将历史的产物误当作自然的东西。历史意识看似威胁着良序社会的信念，但正是这种挑战不断地修正、调适并保卫着日常生活。

从历史的观点看，"良序社会"这个明显意识形态化的概念出现

---

1 在战争期间，维特根斯坦曾严厉批判"民族性格"这个词。瑞·蒙克：《维特根斯坦传：天才之为责任》，王宇光译。杭州：浙江大学出版社，2011年，第 478 页。

于 1968 年法国五月风暴之后，本身是因为战后二十年的左翼思潮让思想界意识到：在已建成大众民主与福利制度的国家，突破性的进步困难且危险，因此倾向于维持大局已定的既有状态。幸福的尺度因抽象而自由度极高，无论好坏的可能性都很大；准则与契约越具体繁复，越是对希望的限制，却是对底线的保护。人们舍弃前者转向后者的历史因素是：随着新思想带来进步的可能性衰减，对自由度的**负效用**的恐惧超过了对**正效用**的希望。

功利主义与罗尔斯的区别，折射出了英国人老练的历史主义，与美国人天真的非历史思维的区别；或大众社会诞生前，富有历史经验的精英们的灵活又具体的政治原则，与战后大学扩招、文科由思想家教育转变为公民教育（civic education）之后，为了给缺乏历史经验的大众塑造共识正义观而**宣讲**的意识形态的区别。正是在此背景之下，先有哲人列奥·施特劳斯（Leo Strauss）"癫狂"地说出这个哲学社会学（sociology of philosophy）真相，[1] 再有政治哲人罗尔斯用一套"温和"的显白教诲，将未经教育的美国青年重塑成正义共同体的忠实成员。有学者指出：罗尔斯强调的"正义感"其实比他所主张的更依赖于教育的社会再生产，一个社会"良序"的程度，依赖于正义原则能在多大程度上通过公民教育被普及。[2] 该观点可反过来解释罗尔斯哲学的兴起这一历史现象。

---

1 Leo Strauss, *Persecution and the Art of Writing*, Chicago: The University of Chicago Press, 1952. p. 7.
2 M. Victoria Costa, *Rawls, Citizenship and Education*, New York & London: Routledge, 2011.

认为功利主义与公民教育不合是出于以下观点：功利主义适合指导国家行为，而不适合指导个人行为，它是将军的哲学而非士兵的哲学，士兵更适合信奉义务论，公民更适合信奉罗尔斯的正义论。这即是所谓"政府功利主义（Government House Utilitarianism）"[1]，一种基于功利主义道德哲学的社会学。然而该观点并不正确：我们虽很少用功利主义的至善标准**指导**日常实践，却仍以效用**评价**行为的道德程度。如果功利主义仅是政府的隐微道德，其实践就仍需意识形态的显白面具，然而意识形态化的民意总会反过来绑架政府决策。公民教育兴起之后，功利主义看似遭到排斥，这本身即是政府功利主义的表象：它在普通公民面前化身为罗尔斯主义等（实践上较接近功利主义的）"有用幻象"，隐瞒其真实哲学根源。

与政府功利主义及其意识形态面具相反，古典功利主义力图提升公民真实的政治素养，而非灌输意识形态。真实的政治经济原理相比意识形态更具普遍可理解性，因此也更可教易学。在强调普遍可理解性的语境中，精英和大众不再分属"有用幻象"的编造者和信奉者，二者区别仅仅在于智识的深广**程度**，而不会构成两套相异的语境或对立的身份。在教育中灌输"廉价七成正确"的"有用幻象"则是取法乎中，得乎其下。这些为中学生准备的粗糙偏见，不能作为继续学习人文社科的初阶起点，反而会阻碍继续学习的路径，让许多社会科学变得无法学习。相反，功利主义能够凭借其日用而不知的抽象原则，

1　Robert E. Goodin, *Utilitarianism as a Public Philosophy*, Cambridge: Cambridge University Press, 1995. pp. 60 - 80.

作为道德起点贯穿诸社会科学。公民教育以"正义理论"取代道德哲学的代价，是舍弃了道德哲学的一贯性与纯粹性，令个人灵魂与政治正义服从两个相互割裂的原则，在短时段的政治史上一时有用，但在较长时段的心智史上代价无可估量；后果之一便是让道德面对意识形态丧失了优越地位，这种相对主义状况才是今日多元意识形态间的"文化战争"的起源。这些都不是哲学问题，一半是二十世纪那场无限拔高人性的政治实验失败的后遗症，它打击了人类践行理性的信心和勇气；另一半是社会问题，或哲学不再坚定地将其原则贯穿于增进社会幸福的实践，反而出于对社会学的"同情"扭曲自身导致的问题，不属于本书的讨论范围。

第四章 相关法学与经济哲学问题

一 道德哲学与人类行为学

1 作为诸应用道德哲学之一的政治学

本书的主题是功利主义道德哲学及其历史实践。我再次强调是"历史实践"而非"政治实践",因为政治只是历史的一面。功利主义的应用范围与整个历史一样宽广,它基于相互关联的历史诸方面的当前条件,以一切可能手段增进或近或远的未来幸福。"政治哲学"这个学科既不独立也不完整。首先,政治无法从历史中孤立出来,且不存在一种历史哲学能先行规定政治与历史的其他方面的关系。其次,"政治哲学"由原则上相区分的两方面组成:道德哲学与人类行为学,实践哲学皆是为了让后者的规律与前者的目的尽可能相合。

然而思想史上一直有人主张政治独立于道德。威廉姆斯认为："政治哲学不只是应用道德哲学（applied moral philosophy）……政治哲学须使用政治的独有概念，诸如权力，和与其规范性意义相关的概念：合法性。"[1] 这即是说："权力"这一政治学独有概念描述了生活世界的某些构造，且它们无法用不含该概念的语言描述；"合法性"这一政治学独有的价值概念主张了某些价值尺度，且独立于道德的尺度。然而这两个观点都是错误的。

"权力"这一生活形式可还原为预期能力、语言能力、身体暴力、迷信幻想等诸多"非政治"**基本**原理。若不借助"权力"之概念而仅凭以上诸原理，我们仍然能理解世界；若取消以上诸原理，世界与其中的"权力"都无法理解。因此"权力"没有统一的**原理**，它只是许多现象的总称。有人主张定义"权力"之**现象**："A 对 B 的权力，即是 A 能够让 B 去做他本不会做的事的能力。"[2] 该意义很难区分于更宽泛的历史学概念"影响"，[3] 这会使得政治的概念融化在历史中。对"权力"一词范围的争执其实是对"什么是政治的，什么不是"的争执，而"一切都是政治"的主张其实是一种修辞，它暗示一切影响力，无论是否合理，都和最粗暴的暴力一样，更支持某些意见而反对另一些。例如，说理的影响力也会更有利于一些主张而非其对立面，

1　Bernard Williams, *In the Beginning was the Deed*, Princeton: Princeton University Press, 2005. p. 77.

2　Robert Dahl, 'The Concept of Power', in *Behavioral Science*, 2, No. 3 (1957: July) pp. 202‑203.

3　Robert Dahl, *Modern Political Analysis*, Englewood Cliffs, N. J.: Prentice‑Hall, 1976.

相比神秘主义话语，它让意义明晰的语言享有优势。当不讲理的人在说理中落败，就将其称为"理性的暴政"。诚然，一切力量，包括逻辑与美的说服力，都**影响**政治（古希腊人所说缪斯的说服力）。然而上文谈到，霍布斯说"人人自以为高明"是政治的特征，将逻辑与美的说服力**从原理上**区别于"政治"之范畴：如果人们总能以说服令彼此心悦诚服，世界上就不存在政治。至此已可看出，"权力"指代了太多不同事物：其源泉可以是威望，也可以是伤害他人的能力。因此，"权力"无法以原理定义，其原理过于繁多，它只是一个模糊的**概括**；如果用现象定义，将权力等同于影响力，就不再如威廉姆斯说的那样是一个政治概念，反而将"政治"概念的边界一并取消了。

　　基于物质激励的权力、基于求生畏死的本能的权力、基于意识形态的权力，这些权力的运作原理都是人的价值选择，例如"要钱还是要命"或"要钱还是要信仰"。权力的大小取决于"受力者"是否会按照"施力者"的意愿做选择，毕竟即便面对"要钱还是要命"的问题时，出于家族的或政治的考虑，同样会有很多人选择要钱。"权力"只是用来比较"受力者"心中价值大小的隐喻，"力"的概念只在比较中有意义。然而，人的价值选择行为完全可以不借用力学隐喻来描述。力学隐喻是非道德的，而人的选择有道德属性；只谈权力的结构，不谈选择的步骤，就把自由意志混淆成了决定论。正因为此，威廉姆斯才忽视了政治行为中的道德。更严格的分析必须坚持，"权力"只是一个关于价值选择的力学隐喻，该隐喻忽略了事情的可能性与应然。对选择的描述胜过将诸多行为笼统归于"权力"：从生死胁迫或饥寒所迫，到重金利诱与自欺的需要，从"被迫"到"自愿"的程度变化亦是道德责任强度的变化，只有在绝对被迫之事上，才能将行为者视作无须承担道德责任的"受力客体"。

接下来我们看"合法性"这个概念。它若不含道德意义，要么只是"垄断了暴力优势"的客观现实，要么就只是"对我有利的秩序"。威廉姆斯的政治现实主义是霍布斯式的和平主义，强调"秩序、保护、安全与信任"的基础地位。[1] 然而这些条件之所以重要，仍是因为缺乏它们会导致巨大的痛苦，它们只是包罗万象的功利主义的一面，并非秩序越强、保护越多就越好。更何况雇警察要花钱，而财政总要有所取舍。紧接着，威廉姆斯又试图缓和其立场，主张权力秩序对其中的"极端不利者"不具合法性，例如斯巴达法律对希洛人奴隶而言毫无合法性，城邦事实上处于内战状态。他天真地说："一群人对另一群人施行恐怖统治根本不是一种政治状态，而是政治首先必须减轻或取代的状态。"[2] 威廉姆斯要摆脱道德，却只阐述了其理论中符合道德观感的一面。另一面是这样的：如果斯巴达法律仅仅"对希洛人而言"不具合法性，而非对人类总幸福的折损，或对普遍人性尊严的侮辱，它反过来也意味着斯巴达法律对斯巴达人自己而言有合法性，必须用武力捍卫；征服带来和平，胜利即是正义，强者行其所行，弱者忍其需忍。

严格地说，功利主义的词典中没有"合法性"，只有"承认"或"赞同"的概念，因为"承认"和"赞同"是用来描述人的**行为**意向

1　Williams, *In the Beginning was the Deed*, p. 3.

2　Williams, *In the Beginning was the Deed*, p. 5.

的词汇，而"合法性"不是。**行为**功利主义的规范性必须出自**行动者**视角。功利主义是否赞同某秩序，取决于它与其他可能秩序相比，势必在长远未来产生的幸福与痛苦，和在可预见的未来破旧出新过程中的预期转型成本。对转型代价的考量体现于：首先，衡量政治框架的优劣，须将纠错能力或兼容性考虑在内，甚至包括它一旦不再适应历史能否和平灭亡，还是会汲取并绑架全社会的资源为之陪葬。其次，这也意味着同样的转型运动在不同条件下可能评价不同，历史的机会窗口一旦错过，同样的行为也可能由利大于弊变成得不偿失。

威廉姆斯的政治现实主义，认为政治不必然需要道德目的。现实主义政治学家亨廷顿却说："政治体制具有道德与结构两个维度"，并认为非道德的政治仅限于家族规模。[1] 究其原理，道德恰恰是一种至关重要的现实力量。威廉姆斯主张"先存在的是行动"；这句口号不仅反道德，而且反理性。政治现实主义的鼻祖修昔底德曾告诫人们，切莫"颠倒事物的顺序，先行动，直到痛苦了才思考。"[2] 威廉姆斯拒绝将政治视作求善的诸生活形式的一环，这即是认为道德原则只适用于某些场景而不适用于另一些。首先有非道德的政治行动，只在遭遇"道德问题"时，也就是直到痛苦了，才被迫道德地思维，被迫思考是否本可有另一些减少痛苦的可能性。这是所有缺乏反思力的人或反智主义者的思维方式，他们的道德仅局限于**主动**意识到"这是个道德问题"的严峻时刻，而功利主义者将道德理解为**被动**地内嵌于意义

1　Huntington, *Political Order in Changing Societies*, p. 24.
2　取自雅典使节劝斯巴达人不要开战的演说。

构造中的、日用而不知的善的原则。很多道德上严峻的难题，正是因为有太多人未能及早反思政治结构中的善恶，一个更道德的制度本可以预防或减少问题。政治生活要求自觉的道德思维，因为政治处理的诸问题牵连更广，需取舍的长期和短期利益更多样；与政治相反，在审美或艺术活动中，人们心无旁骛地、不受限制地沉浸于当下这"一则体验"，所以艺术思维才常被认为是非道德的，艺术体验贵在一气呵成，根本没有岔道、比较和选择。

将政治视作非道德的，意味着道德不再持恒地内嵌于立法等政治行为，并将诸政治构造贯通协调。这就很容易将道德仅视作零碎、短暂的情感发作。讽刺的是，许多欠缺反思力的人对时刻作用着的政治构造无觉无识，其贫瘠的道德注意力聚焦于某些特殊时刻，将道德实践等同于救急，把道德哲学等同于危机学，反而有非常激进的、绝无可能应用于大多数情境的善恶观。例如有人视利己为恶，然而第二章论述过，一个毫无利己心的世界反而会比普遍利己的世界更糟糕。再例如人们多以为锄强扶弱永远道德，然而当我们购物时选择了物美价廉的商品，就选择了和更强的厂家合作。**规则**塑造了个人对他人的行动预期，让人们能够分割责任并分摊风险，让每个人在各方面、根据自身条件贡献自己的份额，而非对人性有不切实际的苛求，所以道德哲学对政治规则的要求应当比对个人更高，而非更低。

2　作为行为预期的规则

人的行为不仅趋利避害，还内含对他人行为的预期，"规则"与

"权力"等现象皆基于此。**行为**功利主义认为，真实的法即是对赏罚的程度、概率、远近的预期，这将法的概念完全还原至**行为者**视角，而程度、概率、远近皆是效用的尺度。统一的人类**行为学**视角有利于简洁地澄清问题。

边沁的"规则"概念与康德的"义务准则"完全不同。法律是为增进社会幸福而设计的行为调节装置（artifice），这一思想源自霍布斯。奥克肖特指出：霍布斯创立了以人的"意志"与"人造装置"为范畴的政治哲学，取代了以"理性"或"自然"为范畴的政治哲学。[1] 边沁也认为唯有人造法才是法，而造法亦是一种**行为**。法律是增进幸福和减少痛苦的"赏罚经济学"[2] 工具。由于惩罚本身带来痛苦，边沁在讨论立法原则时最先讨论"何种情况不适合惩罚"。虽然"法的目的是增进快乐，惩罚本身却是一种恶"，但是"只要法律能排除更大的恶，它就应当被承认"。[3] 功利主义语境下的"恶"即痛苦，包括无恶意的痛苦。例如酒后驾驶并无恶意或自私，只是反科学或盲目自信；然而酒驾的可能后果过于严重，法律作为行为调节装置仍须施以重罚。功利主义仅对未来负责，而犯罪之痛苦已经过去，法律新造出惩罚之痛苦，既非出自对罪犯的憎恨，亦不为"扳回"过去既成的犯罪，而是吓阻将来可能的犯罪，并迫使个人采取更费力却有利于社会总幸福的方式达成目的。

1　Michael Oakeshott, *Hobbes on Civil Association*, Indianapolis: Liberty Fund, 1992.

2　Anne Brunon-Ernst, *Utilitarian Biopolitics*, *Bentham*, *Foucault and Modern Power*, pp. 33 - 41.

3　Bentham, *An Introduction to the Principles of Morals and Legislation*, pp. 170 - 171.

一切人类社会都有法律，原始部落也有惩罚的习俗。人类总要以某种方式达成对彼此行为的稳定预期，才能协同合作追求幸福，或预防互害之痛苦。倘若不事先设立规则，事后赏罚的激励和预止效果就很弱（这仍然预设了不成文规则），规则的本质即是强化奖惩预期的确定性，以构造出共同利益。规则确立后，人们就应当尽可能机械地执行它，机械地执行赏罚与单独处理每件事的最大不同，不在于高效率，而在于机械行为的可预期性。

此处要避免一种似是实非的混淆。上一章已说明过：信息不足时，诉诸规则就是当下所能达到的最可能产生最大幸福的行为。于是福山就认为这种"廉价七成正确"的规则即是法律的起源：

> 经济学家论证，盲目遵守规则在经济上可以是理性的。若在每种情况下都计算最优解，决策的成本就会极为高昂而适得其反。如果每时每刻我们都在和伙伴们不停谈判，订立新规则，我们就会瘫痪并无法从事例行的集体行动。[1]

然而，以上观点只解释了我们为何不苛求无限细致的完美法律，而非法律的目的。法律不是对每一争执的分别裁决，而是组织了众多个体的行为，人为制造出确定性。人是有政治的动物，有策略性的行为就会形成规则，不存在"前规则"的"自然状态"下的"人性"。法律不是用来提高决策效率的"廉价七成正确"，机械性的赏罚规则

1　Fukuyama, *The Origins of Political Order*, p. 40.

之所以必要，并非由于人类收集和分析信息的能力有限。法律不是为了快捷地对每一件事做出决策，而是为了从整体上协同组织众人的行为。

为了说明规则就是行为预期，我想列举一个直觉上荒谬的思想实验：假设器官移植在技术上已经完美，医院中两个等待器官移植的病人要求医生杀掉一个健康者，用其器官救活他们；且认同功利主义的两名病人同意，假如今后他人需要他们的器官，自己也会欣然献出生命，并建立一个器官移植的"生存大抽奖（the survival lottery）"制度。只要保障被杀者的随机性，即全社会人人概率均等，这一生存大抽奖就是道德的。[1]

辛格对此提出质疑：疾病不是随机概率事件，而与重视健康程度相关。如果自己为保持健康付出的成本被全社会共享，便会导致人们不爱惜身体；[2] 较健康者多会移民离开，使其沦为老弱病残之国，正如不保护财产的国家势必将富人赶走。人是策略性地趋利避害的，有轨电车难题纯属意外，无法预期，我们也无法通过规则杜绝该意外。"生存大抽奖"却构造了一条平均主义预期（规则），它激励的行为反而有损总体幸福。[3] 行为功利主义既适用于无规律的随机孤立事件，

---

1 John Harris, 'The Survival Lottery' in *Philosophy*, Vol. 50, No. 191, (January, 1975) pp. 81 – 87.

2 Peter Singer, 'Utility and the Survival Lottery' in *Philosophy*, Vol. 52, No. 200, (April, 1977) pp. 218 – 222.

3 然而新问题是：是否该强制全民死后捐献器官？或从死者中随机抽签强制捐献器官？这仍是功利与文化的矛盾：它需要消除对"死后全尸"的文化执念。在一个消除了该偏见的社会，自然会有足够多的人捐献器官，无需强制；相反，在丧葬传统浓郁的社会，这一法律会激起极大不满，反而有损功利。

也适用于会规律性地更改人的预期行为的事件，后者必须将更广的间接效应纳入考量，却仍然无关所谓的"准则功利主义"，其约束条件仍是人类行为学的事实规律，而非规范性的准则。"生命伦理(bioethics)"只是应用道德哲学的一个分支，医学总是关联着其他生活形式，整体地作用于世界的。功利主义主张一视同仁地考量行为的一切直接与间接效用，对当今所谓"生命伦理"中充斥着的种种矛盾与混融持批判态度。[1]

在第三章中，我们讨论过富特的"医院换器官"思想实验，它与"生存大抽奖"的不同在于，前者医院里的医生只在暗中做一次杀一人取器官救活五人，而后者建立了一套制度。这并不意味着前者是非规则的反常行为，后者是规则下的行为，因为"暗中"做某事本身也是规则下的策略行为。我们总是预先理解了规则，从而理解反常的。现在我们从规则的视角再次讨论富特的"医院换器官"思想实验：暗中秘密行事有额外的成本与风险，故意违规行为仍是规则之下的策略，而富特强行忽略了这些因为人的策略性的行为预期而产生的负效用。我们再看另一个思想实验：横穿一片闹市区的草坪能节省时间，且偶尔这样做不会对草坪造成任何损害，但是如果人们都这样做就会毁掉草坪，所以效用最大的行为是只在没人看见时偷偷穿过草坪，以免他人效仿。然而这样做伴随的警惕与紧张仍不可忽视。最终该不该走草坪，取决于周围有没有人，以及穿过草坪去办的事有多么重大或紧迫。策略性内嵌于人的行为，设想某种非政治、前规则的"直接善

---

1 Jonathan Baron, *Against Bioethics*. Cambridge, MA: The MIT Press. 2006.

行"是误解了人性。政治条件始终隐没在哪怕最孤立的善行的背景中，例如当你在沙漠中救下一名昏迷者时，你便已经预设他不会反过来杀死你了。功利主义不认为"政治哲学"能够独立界定出任何权利或准则，但生活世界的政治之维始终贯穿在其他一切价值实践中。

功利主义只排斥与之相悖的其他道德命题，却承认作为**事实**的人类共同的生存形式，例如人的趋利避害之心，它是指导人类绝大多数行为的"看不见的手"；功利主义也承认历史的约束条件，例如人造的赏罚规则，即"看得见的手"。良好的法律系统利用个人利己的主观动机，做出客观上增益社会总幸福的行为，且通过塑造人们对彼此行为的稳定预期，保障规则可被强制执行（enforceable）。所谓"规则"就是"如果……那么……"的行为的稳定预期，[1] 只是增益幸福减少痛苦的工具，是一个人类行为学而非道德哲学概念，无关康德哲学或"准则功利主义"，这就反驳了那种认为准则功利主义比行为功利主义更可预期或更具激励效应的观点。[2] 行为功利主义也会设计出可预期的规则（例如惩罚搭便车者），同时免除准则功利主义呆板僵硬的缺点。

功利主义的"规则"不仅无需义务准则来保障，诸意识形态构造的优先级序的差异还会破坏诸行为主体之间的相互理解，导致规则失效。正因为此，功利主义法哲学在偏见越弱的世界中越运行良好。功利主义要以反思削弱偏见，也会刺激出自觉的原教旨主义；无偏见的

1　将规则等同于因规则之存在而"预期将会发生的效果"，这其实源自皮尔士。C. S. Peirce, 'How to Make our Ideas Clear' in *Selected Writings*, New York: Dover, 1958.

2　Harsanyi, 'Morality and the Theory of Rational Behaviour', p. 58.

道德哲学纯粹而伟大，也会刺激出狭隘者的怨恨。历史中的道德进步绝不仅靠说理，成功的法律实践本身就有向人们阐明法律实践中的日用而不知的道德哲学的能力。

二　作为行为调节装置的法律

1　功利与赏罚的阶梯

法律实践也是行为，功利主义衡量一切行为的道德尺度都是增进幸福减少痛苦的程度。法律规则基于对人性的某些预设，制定赏罚并预期人们对它的策略性反应；将人类近乎无限的行为可能性，通过有限的规则组织起来，构造出共同利益和长远预期。其另一效用，在于社会越能够依靠有限的规则消弭冲突，规则未涉及的留白之处限制就越少。换句话说，法律凝聚了"必然"，也给"自由"留出了空间。相反，法律不合理或法治软弱的社会，很容易将政治或社会的结构压力转嫁为巨大的日常道德压力。如果法律是松弛或扭曲的，人的日常行为必然是神经紧绷的。

法律总是以一整套规则系统，而非孤立的法条调节人的行为。[1]

---

[1] Hans Kelsen, *General Theory of Law and State*, New Brunswick: Transaction Publishers, 2006. p. 3.

例如第一章就提到过，从法律技术上说，严禁堕胎反而会鼓励更不安全的非法堕胎。主张严禁堕胎的人试图孤立运用一条惩罚性规则，然而任何规则都是在普遍关联的生活世界中，与其他自然规律和人为规则勾连成为一个整体并作用于行为者的。片面的力量并非游离于整体之外，而是不得不以主观上不情愿的方式与其他力量结合成整体。

量刑的相对轻重将诸法条整体嵌入生活世界，我们以死刑为例，讨论量刑的原则以及它如何与生活世界中的其他因素相结合。早期的功利主义者多倾向于废除或严格限制死刑，然而贝卡利亚给出的第一个理由是："有谁愿意把自己生死予夺的大权奉予别人操使呢？每个人在对自己做出最小牺牲时，怎么会把冠于一切财富之首的生命也搭进去呢？"[1] 康德驳斥了这个理由，指出将刑罚基于"自愿"是荒谬的，[2] 贝卡利亚混淆了法律的目的和手段：人皆畏死，这说明死亡不可能是法律的道德目的；也正因为人皆畏死，它才可能作为一种具备普适效力的强制手段。

贝卡利亚支持废除死刑、代之以终身劳役的第二个理由是："对人类心灵影响较大的，不是刑罚的强烈性，而是刑罚的延续性。"[3] 然而该论断缺乏心理学根据。当今世界任何有死刑的国家的法律中，它都比终身监禁适用于更严重的违法行为。

贝卡利亚的第三个废除死刑理由是，在他的时代死刑必然要示众，反而会让人民同情罪犯，削弱惩罚的效用。然而，这批判的是酷

1　贝卡利亚：《论犯罪与刑罚》，第 52 页。
2　Kant, *Metaphysics of Morals*, p. 143.
3　贝卡利亚：《论犯罪与刑罚》，第 53 页。

刑示众的心理效应，[1] 而非死刑本身。边沁在早期作品《惩罚的原理》中也区分了两种死刑：速死与酷刑处死，由于后者的痛苦超过了致死的必要，为酷刑辩护的论证只可能诉诸对旁观者的心理震慑。边沁反驳道：

> 诚然，对于旁观者而言，经过计算的受刑时长可以加深印象。但即便对于旁观者，在一段时间后，酷刑的延长也会失去效应，反而导致它所希望产生的相反情感——对受刑者的怜悯和同情将接踵而来，旁观者的心将反感他所见的场景，也将听见为人性的受难而发出的呐喊。[2]

边沁没有像贝卡利亚那样，以反对酷刑和示众来反对死刑，而是区分了二者。贝卡利亚被誉为现代刑法学鼻祖，是因为他提出了理性的量刑理论：

> 如果说欢乐和痛苦是支配有感知的存在的两种动机……那么，赏罚上的分配不当就会引起一种越普遍反而越被人忽略的矛盾，即：刑罚的对象正是它自己所造成的犯罪。如果对两种不同程度地侵害社会的犯罪处以同等刑罚，人们就找不到更有力的手段去制止能带来较大好处的犯罪了。无论谁

---

1 贝卡利亚：《论犯罪与刑罚》，第 55–57 页。
2 Jeremy Bentham, *Rationale of Punishment*, London：R. Heward, 1830. p. 172.

一旦看到，打死一只山鸡、杀死一个人或伪造一份重要文件的行为皆适用死刑，他将不再对这些罪行作任何区分。[1]

紧接着，贝卡利亚提出了著名的"量刑梯度原则"：

> 最高一级是直接毁灭社会的行为，最低一级是对于作为社会成员的个人可能犯下的、最轻微的非正义行为。在这个两极间，包括了所有侵害公共利益的、我们称之为犯罪的行为，这些行为都沿着无形的阶梯，从高到低顺序排列……需要一个相应的、由最强到最弱的刑罚阶梯。有了这种精确的、普遍的犯罪与刑罚的阶梯，我们就有了一把衡量自由和暴政程度的潜在的共同标尺。[2]

边沁将这一原理表述为："在两项罪过彼此竞争的场合，对那较大罪过的惩罚，必须足以诱导一个人宁可犯较小的罪。"[3] 我们无法仅从犯罪行为中推出量刑，因为任何量刑都须参考其他量刑，构成整体的法律装置：抢劫的量刑应当重于偷窃同等财产，却轻于抢劫并伤人的。量刑梯度还将犯罪分解为步骤，在罪犯逐步选择时引导他犯危害较轻的罪，例如对于已犯下劫持罪的罪犯，接下来有释放（劫持罪）、卖回原家庭（绑架罪）、卖给陌生人（拐卖罪）、杀死（杀人罪）

---

1 贝卡利亚：《论犯罪与刑罚》，第 75 页。

2 贝卡利亚：《论犯罪与刑罚》，第 76–77 页。

3 Bentham, *An Introduction to the Principles of Morals and Legislation*, p. 181.

这四个选项，量刑应梯度上升。

法律策略性地接入并重组了生活，因此必会受其他现实因素影响。这种策略性首先是政治上的。例如无罪推定、疑罪从无的原则，虽然会有损某些案件中的实质公正，却是一种防止公权力以莫须有罪名逮捕公民的策略，因而效用巨大。再例如，倘若案件侦破率低，则须加重量刑，以抵消出于侥幸的犯罪动机。现代法律追求以确定性取代严厉性，它塑造的预期越确定，法律就越强大，通常量刑较轻，精密性是力量的体现；无能的法律只好反其道而行，以刑罚的严峻弥补确定性的不足，这即是为何历史上的严刑峻法反而多出自统治能力有限的帝国。残暴是孱弱的替补，而非强大的象征。正、逆两种情况皆是功利考量的"确定性"尺度的策略性应用。

边沁时代的法律把多种违法行为不分轻重地量为死刑，追求杀一儆百的心理震慑，却反而无法严格执行，选择性执法极为普遍：1770 至 1830 年间，英格兰与威尔士法庭共宣判了 35 000 起死刑，真正执行的只有五分之一，且不一定是其中罪行最重者，处刑方式是公开吊死，观刑者常有数千人。[1] 边沁谴责了这种法律系统的混乱、低效和残暴。法律并非诸多契约或习俗的零碎相加，诸规则只有以量刑轻重级序相互配合衔接，才能整体连贯地调节人的行为。人类策略性的利己行为构成了法律实践的最主要力量。边沁要求"立法者的激情不应

---

1 V. A. C. Gatrell, *The Hanging Tree: Execution and the English People* 1770—1868, Oxford: Oxford University Press, 1994. p. 7.

超过几何学家的程度，二者都通过冷静的计算解决问题"。[1]

尽管边沁反对贝卡利亚废除死刑的理由，却也反对滥用死刑：首先，死亡不产生效用，相比苦役它不经济；其次，酷刑的景观可能导致对犯人的怜悯，一瞬的死亡痛苦又不够大，对于认为生命本已痛苦到了不值得过的"不畏死"者，法律"奈何以死惧之"，无法预止那些能带来比速死之痛更大快乐的犯罪；第三，死刑不可挽回，且罪犯被处死后，他所知的一切犯罪信息就遗失了，杀人总是附带灭口的效果。[2] 在这三个理由中，因速死之痛不大而质疑死刑的威慑力并不合理。无痛的死亡也意味着存在之终结，它对于绝大多数人而言是可怕的；死亡与终身监禁何者威慑力更大，体现于终身囚徒的自杀率很低。边沁尽管列举了死刑的诸多不利，却未主张废除一切死刑，而是主张将其限于"在最高等级上震动了公众情感的罪过——情节严重的谋杀，尤其是当毁灭生命数量很多时"[3]。因为完全废除死刑其实有违功利主义哲学：

首先，"废除死刑"这个一般化命题脱离了情境，而功利主义的一大特征即是永远在具体情境下实践，不承认无条件的准则。这意味着我们只能具体地主张抢劫罪、伤人罪或故意杀人罪不足处以死刑，而不能一般地主张废除一切死刑。

其次，根据量刑梯度原则，假设无期徒刑适用于惩罚某行为，危

---

1 Jeremy Bentham, *Deontology, or the Science of Morality*：Vol. II, London：Longman, 1834. p. 19.

2 Bentham, *Rationale of Punishment*，pp. 179 - 192.

3 Bentham, *Rationale of Punishment*，p. 196.

害更大的行为或屡犯者就应当受罚更重，否则法律就对已犯罪者丧失威慑力。我们不应当将普通杀人罪和屠杀罪同样判处无期徒刑。反对死刑者会说：在情节极为严重的罕见情况下，例如审判屠杀罪犯时，可以通过全民公决或其他方式投票处死，而无须立法；法律实践只是历史实践的一个方面，只是处理日常问题的规则，这种史上罕有的大恶应当特殊解决。然而，从比法学更广的人类行为学的角度上看，以此避免在法律条文中写入死刑，其实与不成文法并无分别。

上一章提到，功利主义无法严格地排除任何手段。量刑梯度原则亦是如此，它无法严格地排除酷刑：如果罪大恶极者适用死刑，明显更罪大恶极者就适用酷刑。这种可能性虽然罕见，却无法在逻辑上排除。如果故意杀人适用无期徒刑，屠杀适用死刑，那么希特勒级别的罪人就适用酷刑，以震慑未来历史中企图犯下类似的滔天大罪的权力者，让已犯下死罪的权力者仍有顾忌，不至于在绝望的疯狂中犯下更重的罪。[1] 贝卡利亚说酷刑示众会引起对罪犯的同情，但我很怀疑，他若生在二十世纪，是否真的会同情吊尸广场的墨索里尼。法律实践也只是嵌入历史实践中的一个环节而已。

---

1 此处涉及转型正义（Transitional Justice）难题：人们应当如何追究已下台的前压迫者的罪责？若严格依照法律处死，无异于鼓励将来压迫者吸取教训战斗到底，作更多的恶（麦克白已经杀人，就必须杀下去）。若宽恕推动改革和平下台的前压迫者，留出退出路径，则不足以预阻将来的潜在压迫者。转型正义难题之难，在于未来确定性极低，导致功利考量与取舍的困难，但这不代表应当自欺地换用另一套道德哲学。

2 功利主义道德与实证法

由于所有法律都需要行动和资源主动维持，"一切权利皆积极权利（positive rights）"。[1] 施特劳斯的《自然权利与历史》始于对这句话的反驳，却绝口不谈它背后的功利主义道德，径直认为拒绝自然正当权利必然导致虚无主义和相对主义，实是无的放矢。[2] 成本过大则法律难行，且在有限的公共财政内各项开支此消彼长。功利主义是基于现实的程度道德，以当下的具体判决预先防止将来的可能犯罪，却并不奢望彻底清除犯罪，而只求降低犯罪率。

为降低执法成本，边沁设计了全景敞视监狱：囚犯始终暴露在监视者的目光下，监视者却始终隐匿；在囚犯的意识中，监视者永恒在场。[3] 由于全景敞视监狱极不舒适，囚犯也不必在这种更严酷的监狱里关押与传统监狱同样长的时间，否则过度惩罚反而有违功利原则。问题在于，这种永久注视下的焦虑可能伤害囚犯的身心。福柯曾以全景敞视监狱为例，说明在现代法律取消肉体酷刑的同时，法律规训的对象变成了心灵，其残酷性并未消失。[4] 但福柯此处只是批判了边沁

---

1 Stephen Holmes & Cass R. Sunstein, *The Cost of Rights: Why Liberty Depends on Taxes*, New York & London: W. W. Norton & Company, 1999. pp. 35 – 48.

2 Strauss, *Natural Right and History*, p. 2.

3 Jeremy Bentham, *The Panopticon Writings*. London & New York: Verso, 1995.

4 Michel Foucault, *Discipline and Punish: The Birth of the Prison*, trans. Alan Sheridan. New York: Vintage, 1995. p. 16.

考虑不周的私见，却无法反驳功利主义的法学原理。[1] 上文也已阐明：功利主义在临时权变时可以暂时容许残酷，但不可能支持把残酷常态化和制度化，否则痛苦就太大了。全景敞视装置最令人不安的，是该技术能够显著降低自上而下的统治成本。自下而上的权力装置须与之相反，是倒置的全景敞视结构：普通公民的隐私权须受保护，高官政要却必须公开财产等个人信息并面对媒体的聚焦；少数管理者时刻暴露在大量公民的目光下，而公民中的每一个人都是隐匿的。

执法成本的概念亦关乎法哲学中的"法律效力源泉问题"。该问题的争议焦点在于守法是否是一种道德义务，下面我们来讨论这个问题。

上文说过，不存在为每个人不断变化的特殊情况量身制作的完美法律；无限精密的完美法律根本就不是法律，而只是全知全善者给每个人分别下达的事无巨细的命令。一定程度上粗糙的法律才是可理解的，才可能被当作游戏规则，才有自由与可能性。粗糙性是法律赖以作用的本质属性之一，这注定了法律不可能在一切情况下皆善。法律系统只应当以有限的执行成本，整体地服务于增加社会幸福的道德目的。既然量刑梯度原则将每一法条的意义嵌入整个系统来理解，谈论某一孤立法条的道德属性就无意义。因此功利主义不主张"遵守法律"之道德义务。这意味着"遵守"这个词丧失了意义，因为我们无法判断任何行为是否"遵守"了非道德的赏罚规则：如果法律仅只是

---

1 有学者将福柯的生命政治与功利原则相结合，这只能说明二者不必然矛盾，却不能说明二者一致。参见 Anne Brunon-Ernst, *Utilitarian Biopolitics*, *Bentham*, *Foucault and Modern Power*, London: Pickering & Chatto, 2012. pp. 11 - 30.

"如果偷盗（一块面包）且被抓获，则五年苦役"这样的非道德条件句，我们就无法得知究竟何种行为是遵守规则，因为偷或不偷、潜逃或自首皆在规则之下。甚至欲望也可能逆转：一个故意犯罪进监狱过冬的流浪汉，便是在利用规则而非违背它。执法者抓捕或私放逃犯也无所谓遵守或不遵守规则，因为"如果私放逃犯且被抓获，则与逃犯同罪"也只是一句非道德条件句。再如，当我们消除了忠君的道德义务，就无法判断究竟是顺服君主还是弑君篡位更"遵守"君主制的游戏规则，二者都是该规则下的行为。规则不具备道德规范性，规则的存在只是**明示**了解释行为意义的语境。

韦伯指出行为必须有意义，而维特根斯坦指出意义的游戏规则是公共约定的，而非内在主观的。[1] 然而，功利主义不赋予传统或惯习以规范性意义，反对将规则内化为道德。只要规则是可批判的，道德的权威就必然外在于规则，否则这一批判将失去立足点。规则语境下的行为有诸多可能性，无论行为是否道德，都能在规则框架内获得意义，规则作为意义框架本身是非道德的，至少有顺、逆两种有意义地与之发生关联的可能性，例如故意把棋盘上的国王送去输掉并不违背规则。甚至破坏规则也是遵守了另一些游戏规则，只是切换了语境（例如说出逻辑上无意义的句子，有时表示顺从，有时表示嘲弄）；只要充分考虑生活世界中**复数的**诸语言游戏的诸规则，维特根斯坦所说的"遵守规则悖论"便不再有现实威胁。凡可理解的行为都必然合乎某种规则，规则之外并非违逆而是疯癫，因为疯癫意味着无法在**任何**

---

1 Winch, *The Idea of Social Science and its Relation to Philosophy*, p. 46.

规则下获得理解；正如城邦之外的并非造反者，而是鸟兽或神灵。

"守法"的内在价值可归于违法的固有成本，即法的粗糙性导致的甄别成本。假如某情境下，违法行为可增加 10 单位的社会幸福，却需要执法机构耗费本可产生 20 单位效用的资源以得出该结果，这样的行为仍应受罚。只有当违法行为不仅有益，其效用甚至"明显"多于执法机构得出该结果的成本时，违法行为才是值得的。有人会认为，此处的"明显"过于模糊，易被滥用；其实由于判断失误的罪责归于违法者，已足够抑制这一模糊性被滥用。常人也正是如此判断在每件事上该不该（值不值得）违法的。功利主义不是那种无视信息收集与交流成本的空中楼阁式政治哲学，因此承认"守法"有很大的价值，却不具备压倒一切其他价值的优先权。我们将法学嵌入人类行为学中：法律是以一定执法成本约束行为的**工具**，就像众多河堤组成的水路。然而堤坝的高度不是无限的，如果违法的私利大于惩罚的痛苦，它就**会**被"漫过"；如果违法的社会总功效明显大于执法成本，它就**应当**被"漫过"。所谓"法律的权威"是一个易遭误解的修辞，无论世界上现存的权力结构是怎样，终极的权威归于道德的权威，而功利主义是程度道德而非绝对道德。

以上原理基于对价值判断和道德判断的二分，这有益于澄清一些纠缠不清的争论。在一场著名的辩论中，富勒（Lon L. Fuller）强调"法律的内在道德性"，反对历史中的法律本身是"道德的"。他批判实证法的非道德主义倾向，却说边沁是实证法学的"明显例外"，因为边沁无惧于"对法律和法律制度作目的性解释"[1]；富勒举例批判了纳粹道德和新教徒道德，却从头到尾都未详说，何种道德能如他要求的那样超越历史。我想替富勒补充：只有功利主义能符合他的要求。现在可以看出法律的"内在道德性"其实只是法律用来增益幸福的工具价值。哈特引用边沁早年《政府片论》中"严格地遵守，自由地批评"[2] 作为"恶法亦法"的限制条件，并说明边沁晚年目睹法国大革命之后已意识到这是不够的。这是因为功利主义反而要求"不严格地遵守"。法**应当**（此即富勒所说的内在道德性）是用来实现某些**价值**的一种工具，但生活世界之整体中的诸工具的诸价值不存在固化的**道德**优先级。

边沁强调法律的工具性。他认为立法者造法就像鞋匠制鞋，尽管大多数人口都既不具备立法技艺也不会制鞋，但是法律是否合理，就像鞋子是否合脚一样，最终取决于每个人的体验，这是每个人都有的判断。使用者体验到的幸福与痛苦是评价某种工具好坏的不可取代的终极标准，这常被视为功利主义与民主的最重要关联。[3] 然而边沁的鞋匠比喻其实还埋着另一层意义：法律必须仅被当作工具来评价，任何其他的价值标准（例如宗教的或审美的）都会扭曲对法律系统的评价。我们通常不会迷信一双鞋，却有很多人迷信守法行为的道德性，

---

1 Lon L. Fuller, 'Positivism and Fidelity to Law: A Reply to Professor Hart', in *Harvard Law Review*, Vol. 71, No. 4 (Feb., 1958), pp. 669-670.

2 H. L. A. Hart, 'Positivism and the Separation of Law and Morals', in *Harvard Law Review*, Vol. 71, No. 4 (Feb., 1958), p. 597.

3 蒂姆·莫尔根：《理解功利主义》，谭志福译。济南：山东人民出版社，2012年。第24页。

或认为这种迷信是有益的。

很多学者认为，如果法律力量完全等同于赏罚，人们服从法律仅是出于畏惧惩罚，执法成本将极为高昂；当所有人都抓住一切可利用的漏洞来违法，执法成本将高到无法保障最基本的安全。因此守法的道德信念十分必要，有用的迷信便不再是迷信而是理性。然而，这也是误解，其原因是法哲学家们专注于自己的领域，忽视了历史的其他方面。法学仅是人类行为学的一个分支，既不涵盖所有生活形式，也不排斥除赏罚之外人有其他行为动机。"法律机器"调节人性中的某些方面，却不会把人之整体坍缩到这些方面。汉斯·凯尔森（Hans Kelsen）指出：那种主张法律不仅是赏罚强制的观点，其实是将法律理解为"人类实际行为的规则和规则系统的总和"；然而"并非人类实际行为所依据的所有规则都是法律规则"，令法律规则区别于其他规则的就是赏罚强制。[1] 作为一种人为构造的否定性的生活形式，法律总是基于另一些更基础的生活形式，才得以被理解和执行，例如对事件的因果解释；这些生活形式中有一些被称作"不成文法"，例如对行为必要性的考量和对人性的预设，而"不成文"是因为这些前见会牵连生活世界的所有方面，无法穷举。[2] 法律并非一切生活形式的总和，而只是其中一些人造构件；这些构件接入并重组了生活世界之网，而不是一个独立的封闭系统。不承认遵守法律之义务准则不代表

---

1 Kelsen, *General Theory of Law and State*, p. 27.
2 正如在解释学中，前见与偏见仅一线之隔，在所谓的"不成文法"中也是如此：它既可以是法律赖以被理解的前见，也可以只是一种风俗偏见。法律若违逆自身的前见即是荒谬；如果屈服于偏见则是软弱。我主张慎用"不成文法"这样的词汇，因为它包含了太多良莠不齐的东西，而且模糊了法律区别于其他生活形式的特征。

没有道德，功利主义者除了畏惧惩罚，当然也会道德地行事。法律设计得越合理，它与道德目标就越**重合**。但即便再合理、精密的人造法，在变化无穷的历史中也注定是粗糙的，不可能与每一情境下的最优解重合。因此，那种认为遵守法律是一种道德义务的观点，其实是康德主义的精密版本：只要法律设计得较合理，"遵守法律"这条**义务准则**就囊括了法律的诸多复杂条件，确实比诸如"不可说谎"或"有债必还"等粗糙的义务准则更精致。

法律效力源泉问题是对法的力学原理的探究，法律和道德的原理不同。物理学不会因正负电荷力和万有引力方向**相合**就混淆二者，人类行为学也不应当混淆法律与道德这两种力。那些认为倘若法律的力量仅源自赏罚、不存在守法义务社会就会崩溃的法学家，其实预设了社会仅靠法律维系，或预设人性都非常邪恶，会抓住一切不被惩罚的机会尽可能害人，但这并非现实。这相当于物理学家说"如果宇宙只有引力而无其他作用力就会崩解"，但宇宙并非如此。人类因其诸生活形式的宽阔而富含韧性与可能性。

法律实证主义否认遵守某一法条的道德义务，源自"是"与"应当"二分，反对将道德尺度绑定于具体的行为事实。视遵守法条为道德本身，会损害价值体验和设立诸价值优先权的判断。也许"守法义务"的观念可以节约道德判断的成本，固化的价值级序却会损害社会活力和人的心智。如果认为法律本身已规定了道德，而非将法律理解为实现某个整体的道德目标的一种手段，人们就会从游戏参与者，而非立法者的角度思考法律，视域将变得狭隘，只问法是怎样，而不问法应当怎样，甚至放弃道德反思，势必会损害精神文化与社会生活。

一旦人们主张赋予那些"偶尔"会有损效用的法律绝对的道德地位，这种偶像崇拜久而久之就会滑向盲目的恶法亦法论了。

3 与康德法哲学的对比

上文已多次论证过，功利主义将历史世界视作一个相互关联的整体，其道德目的是它的整体善；而康德主义将世界割裂成诸多的方面，在每个方面设立义务准则的优先权，无视实践情境的历史性和诸方面之间的相互限制。二者的法哲学继承了这一差异：功利主义法哲学仅服务于增加社会总幸福，只有嵌入生活世界的法律整体技术集置（Ge-stell）具有道德属性，每一孤立法条都没有道德属性。康德主义则承认守"良法"的义务，即承认孤立法条的道德属性，仍是将诸准则相互割裂，并将法律与其他社会政治结构相割裂。

康德将犯罪预止论视作"功利主义的弯弯绕"[1] 和"法律上的奇技淫巧（sophistry and juristic trickery）"[2]，可见康德对直接性的直言律令的推崇，和对通过间接手段追求间接效用的排斥。康德主张"惩罚的原则乃是直言律令"：

你若侮辱他，则侮辱你自己；你若偷盗他，则偷盗你自己；你若杀死他，则杀死你自己。只有将报应法则（ius

1　Immanuel Kant, *The Metaphysics of Morals*, trans. Mary Gregor, Cambridge: Cambridge University Press, 1991. p. 141.

2　Kant, *The Metaphysics of Morals*, p. 143.

talionis）理解并应用于法庭（而非你的私人判断），才能裁
定惩罚的质与量。[1]

　　正如边沁的法哲学服务于功利主义道德实践，康德的法哲学也服
务于"让你的行为成为普遍的准则"的道德法则。只有对等的报应，
才对罪犯的人性报以对等的尊敬，因为普遍的惩罚实现了罪犯的意志
自由的普遍立法。相反，我们宽恕精神病犯罪，是源自对精神病人的
理性能力的轻视。有尊严的人宁可被惩罚，也不愿被轻视，宁可为自
由意志而将恶行普遍化成为报应，也不愿被当作没有道德立法能力的
不自由的人。康德的报应刑论关心的不是质料上的幸福和痛苦，而是
形式上的高贵和低贱，他谴责贝卡利亚废除死刑的观点"滥施同情"，
并主张："任何谋杀者或下令谋杀者及其共犯，都必须死——这是作
为法律权威的理想的正义意愿，是符合先天奠基的普遍法律的。"甚
至，"假如一个市民社会经全体同意即将解散，监狱中的最后一名死
刑犯也必须先被处死"。[2]

　　严格的等量报应原则会沦为同态复仇式的原始法律，其根本问题
仍是，仅凭"让你的行为成为普遍的准则"并不能保障道德。康德以
对等报应在**形式上**维护犯人的道德尊严，然而人并不真的总是道德
的，对做出不道德行为的人施以同等恶行，其实是在强迫他坚持自己
所犯恶行也是可普遍的。然而，既然恶也是**形式上**可普遍的，如果全

1　Kant, *The Metaphysics of Morals*, p. 141.
2　Kant, *The Metaphysics of Morals*, p. 142.

然不考虑幸福与痛苦的价值**质料**，反而就取消了善恶的区别。尼采曾指出：越是对等报应的惩罚，犯错者越不会意识到自己的过错，因为执法者也对他做了同样的事。[1] 至此，我们已可看出，越是重视尊严且不愿认错的心灵，越易接受对等报应刑的惩罚，他们宁愿以忍受同等厄运来肯定它。这其实是一种贵族武士文化的遗留。

报应刑有其形式美，在古代常被天道、神义等超验预设奠基，在埃斯库罗斯的悲剧中，凡人的复仇只是完成了冥冥中对罪孽的报应。在现代，报应刑论只是报复心理的偏好，该理论将报复心理的满足置于优先地位，必然相对轻视其他满足。如果复仇欲是一种超文化的、无涉意识形态的、普遍可理解的心理，它也该被**纳入**功利考量。貌似理性的观点认为，复仇是徒然的，不能带来幸福，因此不应当考量复仇心理的偏好。然而，罪孽与报应的平衡是人类根深蒂固的欲望，天平的失衡会令人痛苦；复仇恰恰是一种利己行为，因为大仇得报后的空虚也胜过无能复仇的隐恨。复仇欲不是仇恨，二者意义不同：复仇的意义与公正、平衡、秩序、对称紧密相连，仇恨则是一种远为阴暗、扭曲、偏斜的动机，古今中外浩如烟海的文学作品都在佐证这一点。因此复仇欲应当纳入功利考量，却只能占很有限的权重。另外，道德实践的动力不全出自道德理念，也需要人类的心理倾向提供助力。法律的执行常由受害人或其亲属的复仇欲推动，法官却不能让这种心理比例失调地占据过多考量。

报应刑的心理基础是"罪"与"罚"的"对应"。然而在功利主

---

1 Nietzsche, *Zur Genealogie der Moral*, KSA 5, S. 320 - 321.

义的词典中，严格地说并无"罪"之概念，即便为了语言习惯保留这个词，"罪"也必须仅被定义为导致痛苦的行为。"惩罚"的量刑阶梯，就像战争中参战国使用的暴力等级与国际制裁的强度阶梯升级，属于赤裸裸的策略行为，此处不存在什么"良心谴责"。边沁要以惩罚预止"痛苦"，康德主张以报应惩罚"罪"。尼采曾说，"与苦作斗争"的佛教远比"与罪作斗争"的基督教更尊重现实，更"实证主义"，已经"摆脱了道德概念的自欺"，达到了"超越善恶"。[1] 尼采与其说是在对比佛教与基督教，不如说是在对比功利主义和康德主义。[2] 安斯康姆曾经论证：甲欠乙一笔钱这一事态，无法仅靠两人过去的交换行为推论得出。[3] 或者说，"欠"的语境默认了相互性，但相互性并不是道德的全部；在另一些情况下，甲的道德选择不是回报乙，而是不辜负乙，努力学习、忠于良知并尽可能改变世界。这也是一个尼采式的命题：欠（Schuld）是一个政治发明，正如负数是一个数学发明，或经济中的借贷行为。"罪（Schuld）"是将"欠"道德化的意识形态，[4] 不仅承认了"欠"本身的负面价值，康德还认为欠债

1　Nietzsche, *Der Antichrist*, KSA 6, S. 186. 尼采指出，基督教文明从"好坏"到"善恶"的演变发生了价值体系的颠倒，病弱、怨恨与苦行取代了力量、自信与幸福。然而功利主义的"善恶"不是一种具体的与"好坏"相竞争、相反的价值，而是对世间相互竞争的"诸好坏"的加总。

2　将某些佛教教义片面解释成功利主义是一种流行的误解，本文不讨论这个思想史问题。参见 Damien Keown, *The Nature of Buddhist Ethics*, New York: Palgrave Macmillan, 1992. pp. 14 - 20, 165 - 191.

3　G. E. M. Anscombe, 'On Brute Facts' in *Analysis*. Vol. 18, No. 3, 1958, pp. 69 - 72.

4　Nietzsche, *Zur Genealogie der Moral*, KSA 5, S. 297.

还钱是一条义务准则。[1] 功利主义认为欠债还钱只是"廉价七成正确"，真正规定了"欠债"的不是道德而是法律，[2] 且即便"守法"也没有绝对的道德优先权。当然存在道德上不该还的债，否则就不会有"债务免除"，具体每一笔债的道德属性最终仍取决于其社会效用，就像纳税的道德属性取决于政府用税的方式。

最后需要补充的是，功利主义道德实践贯穿人类行为的诸方面，教育刑理论即主张惩罚与教育相结合。量刑梯度原则只关涉惩罚**强度**。在强度相当的诸惩罚中，应当选择更能够改造违法者或帮助其重返社会的惩罚**方式**。例如组织犯人学习或劳动，显然比强迫犯人们相互角斗更有益。福柯讨论过惩罚的形式与经济制度的关联，指出惩罚不仅是减少犯罪的手段，也是政治经济学的一环。[3] 确实，功利主义从未将"减少犯罪"视作终极的道德目的，它只是诸善之一，而功利实践从来都要考虑历史诸方面之间的协同关联。

1　Kant, *Critique of Practical Reason*, p. 40.

2　大卫·格雷伯：《债：5000 年债务史》，孙碳、董子云译。北京：中信出版集团，2021 年。债不是一个经济概念而是政治概念，不是从货币中诞生了债，而是从债（信用）中诞生了货币，因此每一种债的观念必定服务于一种道德哲学。功利主义不承认"债"或"互惠性"必然有道德优先权。

3　Foucault, *Discipline and Punish*, p. 24.

三 异质性、可比较性与多元性

1 价值可比较性的现象学意义

一种流行的误解认为，功利主义既然只关心幸福和痛苦的程度或"量"，也就将诸价值视为同质的（homogeneous），认为一切幸福程度相仿的体验都可相互替换，甚至一切价值皆可以量化为通货在市场买卖。例如威廉姆斯认为功利主义面临的"困难来自这一事实，即诸善也许不同质……诸欲望的满足之间的可替代性原则，是功利计算的前提基础"。[1]

然而，"幸福"这个横跨诸体验的抽象尺度，不正是为了比较**异质**的诸价值才成为必须吗？衡量同一评价体系内的诸价值无需"幸福"这个词，例如在评价同一首交响曲的两个演奏版本的水准高低时，"这一版本更令我幸福（我偏爱它）"根本不是理由，而是语言贫乏的体现。但是只要涉及异质的诸价值，例如当我们在音乐会门票与美食之间取舍时，就会选择更令人"幸福"的。功利主义将价值现象学中各异的诸价值纳入同一**历史**视域。诸价值体验共在于世界，然而某些体验之间有内在的有机关联（如歌剧的台词与音乐），另一些体

---

1 Williams, *Utilitarianism For and Against*, p. 144.

验之间却只有外在的权衡取舍关系（如音乐会门票与美食）。浪漫主义者认为，人生应当是一整个艺术，处处充盈着有机的关联，这相当于说天才不需要吃喝拉撒。

反理论的威廉姆斯对功利主义和义务论的总批判，是二者都简化了人性，退缩躲避生活世界的复杂性。这完全是误解：功利主义不是心智苍白者企图将一切价值同质化，而是充分意识到了诸价值的异质性却坚持道德理性的结果。"幸福"这个抽象词汇，不是为了怨恨和报复生命，而是为了容纳这纷繁丰富的生活世界造出来的。

世间少有同质的价值体验。原因之一是上文提到过的詹姆士的洞见：由诸多同时发生的心理体验混合的总体验，不是对诸体验的加总，而是一个新体验。例如，两首乐曲同时播放得到的是噪音。因此，功利考量必须情境化，不能机械地对引发体验的条件做加减法。即便完全同质的金钱，相关体验也不同质：获得一元钱和十亿元的体验不仅程度不同，性质也不同，我们对基础算术的想象是具体的，对天文数字的想象是模糊的；一元钱的意义是"必需"，十亿元的意义是"权力"，二者的体验也不同质。由于边际效用递减，十亿元并没有十亿倍的效用，却必定比一元钱更有用。功利考量无须预设诸价值同质，只要能有意义地在诸价值中权衡取舍便可。有的诗人愿意为爱情牺牲生命，为自由牺牲爱情；在另一位诗人那里，那条未选择的路总是令人遐思。我们必须在鱼与熊掌之间做出选择，却仍会遗憾于无法实现另一种价值；如果鱼与熊掌完全同质，这种遗憾就是荒谬的。

威廉姆斯将诸价值的异质性误解为不可比较性。他举例："当他的椴树林荫道要被毁掉用来修建公路，一位不愿妥协的地产主只接受了一美分补偿，因为没有什么能补偿他。"[1] 然而，林荫道对地产主而言价值极大，却并非不可估量，说它价值"极大"时已经估量了它。林荫道只是与能用钱买到的商品相比过于重要，但相比另一些同样买不到的东西则不然。如果让他在林荫道与健康、家人、人类存续之间选，林荫道的价值就可比较了。他若宁愿眼瞎耳聋、妻离子散甚至人类毁灭也要保留林荫道，我们不会认为他反驳了功利主义，而会认为此人心理病态。一切幸福仅在能换得更大幸福（而非更多货币）时才可舍弃，某些幸福依系于不可替代的特定对象，功利主义者不会像《格列佛游记》中的慧骃那样夺走父母的孩子，再分配给他们一个更优秀的陌生小孩。拉兹借《小王子》说明依系（attachment）是人类共有的一种可自然理解的生活形式，是特定价值的源泉。[2] 然而价值的独一性（uniqueness）并不意味着价值无穷大。执着于某种不可比较的"绝对价值"是病态的，承认诸价值皆可比较并不庸俗。古来圣贤皆教导适度、中道、过犹不及，要将感情置于恰当的位置。当李尔王要求女儿们绝对的爱，大女儿和二女儿都虚伪承诺，却无力兑现。只有诚实的小女儿回答：她只能给父亲一分不多、一分不少的爱，并最终实现了诺言。功利主义者看待那些喧嚷着不可比较、至高无上的绝对价值的意识形态家，犹如考狄利娅看待她的两个姐姐。

威廉姆斯认为依系的价值可以超越道德。他还列举过一个思想实验：如果你的妻子和另一人身处同样险境，你只能救出其中一人，让

---

1 Williams, *Utilitarianism For and Against*, p. 145.
2 Raz, *Value*, *Respect*, *and Attachment*, pp. 10–40.

另一人死掉，你难道不该**不假思索**地去救你的妻子吗？他认为功利主义者也会**选择**救自己的妻子，却是因为倘若选择救陌生人，会附带更大的恶果，例如余生的悔恨。威廉姆斯认为这属于"过度反思(thought too many)"[1]，并主张当你去救自己的妻子时，另一个陌生人根本就不该被纳入取舍比较。然而，假如救援者必须在他的妻子和一百人之间做选择呢？这时他就无法不假思索去救妻子了。这恰恰说明，在其他待救者只有一人的情况下，救援者也并非真的不假思索，而只是权衡比较的思维过程非常迅速，以至于我们自己没有觉察到。威廉姆斯认为人不该每时每刻都道德地思维，但若道德思维不是每时每刻都潜在于意识中，我们何以能在遭遇不道德时唤醒这种思维？边沁指出，功利原则是日用而不知的。威廉姆斯举这个例子，想说明有时候人应当暂时抛掉道德，他误以为人一次只能思维一件事，救援者必须停下来先清晰地作功利考量才算道德地思维。然而现象学早已发现，一些不被主动关注的意识其实一直被动作用着。道德也有海德格尔所说的"在手"和"上手"的区分，即道德作为主动思考的对象的状态，和道德作为日用而不知的原则的状态。只有当"上手"的道德出问题了，即出现了与道德相矛盾的行为或倾向，思维才会撞见"在手"状态，道德反思才会出现。

上文多次指出，"直觉"不过是一个遮蔽了价值判断的诸原理的大词，功利权衡本身即是影响价值直觉的重要因素。威廉姆斯说的

1　Williams, *Moral Luck*, p. 18.

"反思"是在某个"冷静时刻（cool hour）"[1] 主动停下来清晰地反思，这只会**触发**于直觉中的其他部分与功利主义相冲突的情况。没有任何道德哲学会要求强行截断生命经验，没完没了地主动反思当下的行为，但道德仍被动地作用着。威廉姆斯低估了意识的层次，把它误解为单线程处理机制。相反，尼采正确地说出了意识的作用机制："只当意识有用，它便在场。"[2]

由于一切价值皆可反思并比较取舍，功利主义否认固化的最高价值；由于我们并非每时每刻都需要主动反思，功利主义承认忘我的生命活动。至此我们已可看出，那种恐惧虚无、渴望"绝对"，认为即便不存在绝对的最高价值也应当信仰它的观点，与那种在一切事上都要先停下来反思再行动的误解，是一体两面的：他们需要某种固化的偶像才能便捷地阻断反思。而固化的价值偶像一方面会把本无所谓的事情（借用斯威夫特的例子：鸡蛋是从大头敲开还是从小头敲开）变成意识形态仪式，另一方面会阻断和扭曲本来该有的反思。

2　价值可比较性的经济学意义

莱昂内尔·罗宾斯（Lioncl Ribbons）认为个体的诸体验是可比较的，却主张人际效用不可比较，个人体验的异质性使得每个人对于

---

1 Williams, *Ethics and the Limits of Philosophy*, p. 109.

2 Friedrich Nietzsche, KSA 12, S. 108.

他人而言都不可理解。[1] 然而阿玛蒂亚·森（Amartya Sen）指出：如果人际效用不可比较，"甲比乙更幸福"这样的句子就无意义；[2] 不仅如此，甚至"甲高兴""乙悲伤"也无意义，这明显荒谬。本书第一节就提到过维特根斯坦的观点：倘若他人的痛苦不可知，"快乐"和"痛苦"仅是描述一己内在体验的私人语言，我们又如何有意义地使用它？幼童又何以在人际交往中学会"痛苦"这个词的用法？任何怀疑都已先行预设了确定性，我们通过表情、行为和语言认识他人的痛苦，可认识的痛苦即痛苦本身；我们无法怀疑它，正如无法反过来怀疑树木或石头是否也会痛苦。[3]

共情能力的怀疑论不会反驳道德哲学的善恶尺度，却会取消道德实践：首先，如果抢劫能增进我的幸福，且对他人幸福的影响不可知，那么抢劫就是道德的。其次，法律与经济规则基于对他人的幸福和痛苦的理解。第三，正如亚当·斯密所说，买卖交换基于换位思

1　Lionel Ribbons, 'Interpersonal Comparisons of Utility: A Comment' in *The Economic Journal* Vol. 48, No. 192 (Dec., 1938), p. 637 这一主张除了遭到福利经济学的批判，在哲学界也遭到批判。希拉里·普特南认为这是"事实/价值二分法"的错。然而罗宾斯的错误不在于他认为人格"平等"是道德预设而非事实描述，"是"与"应当"的二分本身没有问题。一种纯粹分析的经济学，确实能分析各种幸福权重比例（无论是否平等）之下的经济行为："当一个社会普遍相信法老的幸福算一千个人，奴隶的幸福只算半个人时，其经济行为是怎样的？"这样的问题并非逻辑上无意义的。尽管在启蒙时代之后，不平等的道德观皆被斥蒙昧的。

2　Amartya Sen, *On Ethics and Economics*, Oxford: Blackwell, 1987. pp. 30 - 31.

3　"痛"正是维特根斯坦的《哲学研究》中反私人语言论证的例子，对怀疑论的反驳参见其晚年遗稿《论确定性》。相关研究参见：Stanley Cavell, *The Claim of Reason: Wittgenstein, Skepticism, Morality and Tragedy*, Oxford: Oxford University Press. 1979.

考，否则定价也将不可能。交换行为也是一种交往行为[1]，而价格是一种语言。以怀疑论来反对福利再分配，就像保守主义用怀疑论反对理性主义，却不知怀疑论同样反对保守主义。帕累托改进主张：任何人，哪怕出于极大的利益增进，都不可牺牲他人的极小利益。当一个社会已经无法通过帕累托改进变得更优时，它就达到了帕累托最优。该理论预设每个人都只能与自己的过去比较效用，而不能作人际比较，人不能认识他人的幸福与痛苦。仅追求帕累托最优即主张"拔一毛以利天下而不为"，且将优先权赋予既得利益，是一种服务于既得利益者的意识形态。

诸价值的可比较性只是说事物的价值大小可取舍，而同质性意味着只有量的差别，可被同一种"体验通货"衡量，比例关系要精确得多：假设对死亡的恐惧大致同质，我们便可知杀五个人比杀四个人更坏，假如同类谎言的恶也大致同质，那么四人说谎就好过五人说谎。当异质的诸价值权衡相较，比例关系就模糊得多：当诚实与性命相冲突时，康德主张宁丢一条命，不说一句谎，遭到了功利主义的反对。然而功利主义也不认为生命的价值绝对地高于诚实的价值。若是在"一"句真话和"一"条命之间选，功利主义者会选一条命；但若活在一个再无丝毫真诚、每天要说出并听到无穷谎话的世界上，很多人会痛苦到宁可自杀。因此谎言的痛苦和死亡的痛苦是可比较的，尽管二者不同质，无法精确量化，没有人能定量地说出自己（遑论他人）愿意为保一条性命而说多少句谎。生命是有价格的，例如高速公路限

1　这即是本书作者对"斯密问题"（《道德情操论》与《国民财富论》是何关系）的解释。

速越低事故率也越低，却会损失经济效率，二者实质上必定会构成一个"命价"。[1] 所谓"生命无价"是虚伪的，为救一条命而不惜一切代价的社会，不仅会有其他方面的代价，甚至可能间接损失更多生命。

比较或相互参照的概念，先于精确性的概念。精密科学的度量尺度取决于**实用**，"全赖于将什么视作'目标'……**一个单数的**精确性理想标准还从未被设想出来"。[2] 无论在物理学还是经济学（的技术集置）中，精确量化只有还原为相互比较才有意义。每种效用对每个人而言确实总有一个程度，但这既不意味着效用可被准确量化，也不说明这是必要的。经济学家虚构出"util"这一效用度量单位，只是将价值体验强行翻译成数学语言，从未想过用它取代作为工具的货币。

效用同质性误解的一个推论，是认为一切社会劳动都无差别，都只是生产巨链的一环，这从宏观上描述了资本对劳动分工的组织。[3] 然而从个人行为的观点看，只有完全忽视喜恶，仅为钱而工作时，分工才是无差别的；这样的人其实不存在，一个快乐的音乐家不可能只

---

1 相关研究参见 Orley Ashenfelter & Michael Greenstone, 'Using Mandated Speed Limits to Measure the Value of a Statistical Life', in *Journal of Political Economy*, Vol. 112, No. S1, (Feb. , 2004) pp. S226 - S267 该研究指出平均以每一起事故死亡为代价，提高限速能节省 125000 小时的总时间，或 1997 年的 154 万美元。

2 Wittgenstein, *Philosophical Investigations*, §88.

3 Karl Marx, *Grundrisse*, *Introduction to the Critique of Political Economy*, trans. Martin Nicolaus. New York: Random House, 1973. pp. 242, 296 - 297.

为了每月多挣一块钱改行去做痛苦的房地产。[1] 麦金泰尔区分了"内在善"与"外在善",批判许多功利主义者强调可量化的后者、忽视较难量化的前者。[2] 功利主义者必须注意这一当代新现象:能在工作**过程**中赋予正面价值体验的有"内在善"的职业正越来越少。当今,越来越多的人认为自己正在从事**结果**上也不创造真实效用,甚至有害的"狗屁工作",且随着人工智能越来越强大,这种现象可能会越来越多。人生在世,操心于有价值之事,和沉沦于全无意义之事,不仅直接的价值体验截然不同,其间接的对德性的影响更为隐蔽,却同样严重:狗屁工作不仅需要艾希曼们,也塑造艾希曼们,它会把轻度的平庸训练成重度的平庸之恶。

斯密说,财富本身是有用的,却也会带来"焦虑、恐惧和愁苦"[3]。席美尔指出,货币本是绝对的手段和纯粹的中介,正因为此,它却成了许多人心理上的绝对目的。[4] 因为人的欲望是由**生活形式**塑造的,工具理性与价值理性相互纠缠:价值理性受现实可能性影响,也因此受到工具的塑造。认为金钱是万物的尺度的拜金主义,既是一种权贵意识形态,也是曲解平等导致的幻觉:它误以为人类异质的诸

---

1 亚当·斯密早已指出:工作性质自带的快乐与痛苦是影响工资高低的因素之一,工资与工作的快乐程度成负相关。Smith, *The Wealth of Nations*, pp. 117-118.

2 MacIntyre, *After Virtue*, pp. 188-191.

3 Smith, *The Theory of Moral Sentiments*, p. 214.

4 Simmel, *The Philosophy of Money*, p. 232 "绝对的手段变成绝对的目的"适用于一切缺乏其他用途的权力筹码,且单纯的权力筹码必是此消彼长。E. H. 卡尔指出:战争能力是国际关系中的权力筹码,它不是服务于经济利益,而是"目的本身",战争的最常见目的就是防止他国增强军事实力。Carr, *The Twenty Years' Crisis*, p. 104. 金钱并不比大炮更仁慈,内卷(involution)竞争和无限度军备竞赛其实是一回事。

生活形式间的体验落差，能通过数量膨胀来堆砌或抹平。这种谬误造成的心理体验却很痛苦，拜金不是欲望的膨胀，而是不再有本真的欲望，一种内在萎缩，用尼采的话说是一种苦行："宁可要虚无，也不能什么都不要。"[1] 金钱的游戏规则是此消彼长的，拜金主义者透过金钱的媒介看待一切价值，就会把零和竞争心态带入生活的其他方面，非理性地嫉恨更幸福者。然而，世界上不存在完全的零和竞争，同样的东西给不同的人，产生的效用总会有些许差别。所谓"零和"是将某种稀缺资源本身，而非它可能产生的幸福与痛苦，误当作价值的尺度。资源的稀缺并不意味着效用的零和。

回到本节的主题：无论是认为诸价值不同质就不可比较，甚至存在绝对价值，还是认为一切价值皆可用通货量化并买卖交换，都误解了某些人类固有的生活形式。

桑德尔多次指出，对功利主义的一种典型误解，即误以为"市场交换互惠共赢，因此有利于集体福祉和社会效用。"[2] 他以功利考量分析了究竟是黄牛票还是排队买票能使一场莎士比亚演出产生更大快乐，即让那些最渴望看剧的人得到戏票：黄牛票偏向于愿意且有能力付高价的人，"歧视"穷人；排队购票则偏向于愿意且有空闲排队的人，"歧视"忙人。桑德尔认为：既然我们不知道两者中谁能在观看演出时获得更大满足，功利主义对于黄牛票是否合理，也就没有定

1　Nietzsche, *Zur Genealogie der Moral*, KSA 5, S. 339.

2　Michael Sandel, *What Money Can't Buy: The Moral Limits of Markets*. Harmondsworth: Penguin Books, 2012. p. 29.

论，而取决于更具体的信息。[1]

接下来，桑德尔进一步认为，根本不该用功利主义思考剧院售票的事：因为演出的"目的"即是为了让人们都能接触莎士比亚，"就像接受一件礼物"，高价限制违背了这一初衷。所以黄牛票是错的，功利主义在黄牛党和排队购票之间持"具体情况具体分析"的态度也不对，让无论贫富的人都能接触莎士比亚是一种善，而功利主义忽视了该价值。[2]

然而，功利主义不以普遍准则判定黄牛票的道德属性，并不意味着无法判断莎士比亚戏剧的黄牛票的社会效用。桑德尔将戏剧的效用限定于审美愉悦，这才是对功利主义的狭隘理解。莎士比亚戏剧雅俗共赏，既属于国王的御前戏台，也属于圆形剧院里的贩夫走卒。让不同阶层的人都能接触此类艺术，有很大社会效用，而划分社会阶层的是货币而非闲暇的多少。假如一个社会对经典文学设置经济门槛，经济差距就会导致文化撕裂，阶层差异将变成阶级认同，人们相互理解的难度将远超过一个文化教育资源均匀的社会。第二章已讨论过密尔所说的"高级"和"低级"快乐，所谓"高"的标准正是文化教育的长远效用。为了人类的长远幸福，那些超越时代精神和民族语言的杰作应当属于每一个人。

1　Sandel, *What Money Can't Buy*, p. 32.
2　Sandel, *What Money Can't Buy*, p. 33.

3　差异、规模与边际效用

数量取舍是经济活动的最小单元，越是可量化的道德取舍，就越能被经济语言表达。有轨电车难题之所以经典，是因为它不是小概率偶然事件，而是无处不在的经济构造，它屏蔽了生活世界的复杂信息，突出了数量因素和二者不可得兼的机会成本稀缺性，孤立地讨论数量的重要性。假如信息充分，一个幸福或能够创造幸福的人，就比一个痛苦或带来痛苦的人更值得救，这是一个尼采式的主张。[1] 人数规模是效用的一个尺度，却并非唯一尺度。

当规模化能够增益效用，功利主义就会偏重规模。如果有限的资源只够修一条连通十个村子的路，就不该改修另一条成本相同却只惠及一个村子的路，即便后者也许更闭塞。研发一亿人使用的语言的翻译软件，应当优先于研发只有一万人使用的语言的翻译软件，即便这一万人或许更穷困。罕见病之所以难治，很大程度上是因为医学生时间稀缺和医药科研资源稀缺。不同时代的规模效应结构亦不相同，例如古代丝绸之路上的阿富汗十分繁荣，而香港和上海不过是偏远村镇，到了海洋主宰贸易的时代则相反。需要说明：这种中心—边缘结构只包括例如地理或语言阻隔等客观条件形成的差别，不包括意识形态塑造出的歧视。非理性的歧视根本就不该存在，人的尊严没有稀缺

1　Nietzsche, *Zur Genealogie der Moral*, KSA 5, S. 371 反过来说，能创造更多价值的人在理性且邪恶者眼中也更值得杀。这就是为何屠杀两万名波兰知识精英的卡廷惨案造成的损失，远大于它直接谋杀的人数。

性。当女权主义者批判汽车的座位默认为男性身高而设，忽视了"半数的人口"，便已主张产品的默认设计应当取决于人数。激进派或许仍认为，以道德之名优先顾及人数更多的群体是主流的伪善；功利主义反而认为，如果优先把稀缺资源低效使用在极少数人身上，不仅伪善而且荒谬。实践诉求通常会强调某些善，指责轻视它的道德是伪善；功利主义却主张每一份善的权重相等，它要取消一切"强调"。

在物质生产的历史发展中，规模化有巨大的力量，但这并不意味着偏远少数群体理当被现代物质文明遗弃。物质发达（developed）的社会更关注少数群体，亦是功利主义的历史实践：因为在发达经济体中，大规模生产增进幸福的边际效用已经减少，例如给十个村子修第二条路，或许已不如给一座孤村修路。人类发展的历史是先做低成本、低难度却高效用的事，后做更精细而困难的事。那些粗糙而充满希望的腾飞时代，常被陷入精致的停滞的后人怀念，因为前者确实在主观体验上更幸福。艺术是希望的产物而非精致的产物，创造力是幸福的最显著、最无法说谎的痕迹。

近半个世纪以来，发达社会物质发展的边际效用降低了，于是精神文化转向了后物质（post-material）价值观。[1] 然而，物质发达的条件并未带来精神繁盛，后物质转向也并未出现一场文艺复兴。同时代的社会心理学家意识到，物质富足让"闲暇"成了需要主动消灭的

---

[1] 对数十个国家的长期研究表明：经济对社会幸福度的影响更多体现于变化之影响，经济福利如果长期持续（跨越一代人的成长期），不但不会增加幸福度，还会促使人从物质目标转向非物质目标。英格尔哈特：《发达工业社会的文化转型》，第 251 页。

空白，加深了"无聊"之苦。[1] 精神价值的规模性取决于超越历史的能力，例如莫扎特创造的效用具有极大的规模，然而我们时代的文化放弃了这一点。在此背景下被强调的关怀（care），亦是所有精神价值中效用规模和可积累性最低的，却也是普通人最易实践的。不是今天的人比过去的人更多关怀，而是今天的人只剩下关怀。发达社会的后物质转向，是在追求物质更难增进幸福的条件下的理性选择，至于具体产生了何种文化，则暴露了其他问题。每个人的精神力量是限制其创造性与幸福的初始条件，只有通过教育才能在跨越代际的长远未来得到提升。然而，承认了这一点，就必须承认"进步"在世界历史中的方向性，这势必会削弱对同时代的包容性，且意味着承认诸精神文化间的不平等。

　　功利主义这样抽象的原则有超越历史的稳定性，既非左派也非右派，却能如镜子般倒映出时代的意识形态光谱。它若被视作左派，往往反过来说明该社会为了金字塔顶端的少数人牺牲了更多人的更大利益；它若被视作右派，多是因为左派主张平均主义，或因同情最悲惨的极少数人准备牺牲更多。这都是因为规模是功利考量的一个重要因素。在英语世界，边沁常被归为基进思想家之列，这是因为功利主义是最现代的道德哲学；时至今日，在更激进者眼中他已太保守了。功利主义者将这门思想理解为进步主义之顶点（culminating point）[2]，

1　Erich Fromm, *For the Love of Life*, trans. Robert and Rita Kimber. New York: The Free Press, 1986. p. 14.

2　该概念借自克劳塞维茨，"顶点"是进攻所能企及的最大优势，此后所有力量都应当转入防御巩固成果。

超过最优顶点则必然透支其他价值，所得成就也只是攻取了自己无法长期坚守的东西，可能会反过来导致溃败。

4 多元意识形态问题

第二章已论述过，功利主义可以处理异质的诸价值，身心或经济差异并不对这门道德哲学构成挑战。然而约翰·格雷（John Gray）意识到，它很难处理多元意识形态：

> 一个价值多元论者无须否认，这种功利计算是可行的。不可化约的独特商品总能被单一的价值符号代表，从而变得可交换。将构成我们幸福生活的商品贴上功利主义标价，这并非不可能的难事。虽然这样做的代价，是把伦理生活的最深刻的某些冲突的意义排空了。
>
> 能将一切价值相互折算的功利考量必然要略过关于我们的偏好中最重要的诸多事实……功利考量无可避免地会同化我们的偏好，将我们的伦理信念表达为欲望——就像"热天想喝凉水"的欲望——对于这些欲望，我们无须给出任何理由。[1]

如果一种价值**理由**源自意识形态，在非信徒看来不可理喻，就不

---

1 John Gray, *Two Faces of Liberalism*, New York: The New Press, 2000. pp. 45 - 46.

被功利主义承认。功利主义承认价值多元，却拒绝意识形态话语。意识形态对其信徒的幸福和痛苦的影响，只能以人类表情等自然方式衡量。意识形态的短期和长期效用此消彼长，越是能让信徒产生极大欢欣、自信或力量感的幻觉越易扭曲认知，令实践不计后果。幻想的欢乐越大，越麻痹理性，后果也越危险。狂热不是自洽与完整的结果，而是意识到了其逻辑不自洽、不完整后，短期内迸发出的力量，但思想史上最有力量的东西永远是逻辑本身。自柏拉图起，政治哲学就要求区分"正义"和"正义之假象"，现代哲学不再能援引理念世界的权威，而要在生活世界中区分二者：例如功利主义区分能够长久的幸福，与在幻觉中透支未来的短暂快乐。即便未"直接"造成明显灾难的意识形态，也只是政治上一时安全，它对文化的伤害总会影响下一代人。格雷认为多元意识形态之间应当不求共识只求共存，[1] 这种权宜之计在功利主义看来具有政治上的价值，却是文化上短视的。

功利主义虽不将意识形态偏见承认为**道德**理由，它却仍是**价值**理由，意识形态产生的幸福也权重平等，只因考虑到未来的不可控后果，才抵消了它在此时带来的幸福。道德实践的可能性系于生活世界的可理解性，人人都有责任清楚地表达自己，让自己尽可能易被理解；而意识形态信徒固执于经不起分析的语言，不愿克己自律却要别人理解自己，完全是非理性的；普遍可理解的语境能够降低陌生人之间的交流与信任成本，扩大互利规模，这种规模优势才是合理的。意识形态不具备自明性，但我们仍可一定程度上理解它之于信徒的意

---

1 Gray, *Two Faces of Liberalism*, pp. 1-33.

义，例如一个普世主义者也能通过对"民族大家庭"这个隐喻中的"家庭"的体验来理解民族主义者。理解不意味着赞同，不能化解两种价值观在优先权排序上的矛盾，若要消除矛盾就只能消除意识形态，因为与之矛盾的那些可被自然理解的价值无法消除。苏珊·蒙度斯（Susan Mendus）在论述功利主义的无偏见性时指出：古代伦理学皆基于高于生活的某种意义，现代哲学却排斥"外于生活本身的意义"[1]。现代哲学只承认生活世界而不承认彼岸世界，将彼岸转化成末世，消逝于无穷远的未来。因此，格雷认为功利主义"解决不可化约的诸价值冲突的方法，是将个人偏好视为实践推理中的最终考虑对象"[2]，其实只是短视的偏好功利主义，它忽视了功利主义的意识形态批判，即其长远历史筹划。

现代哲学承认生活体验无法穷竭的丰富性，却不承认在生活世界之外还有什么世界；功利主义宽容并权衡异质的诸价值体验，却批判多元的意识形态。宽容是在承认某种普遍的道德尺度后，对无关紧要的私人（默会性较强、外部性较弱）方面漠不关心。如同伯林所主张的那样，诸价值的源泉相互矛盾冲突。然而对它们的宽容有两种，其一是为了"等待被误导者见到光明"[3]，其二是为尊重那些无法言尽的私人体验与默会知识做出的选择。伯林将二者都称为"宽容"。在功利主义看来，前者只是现实政治中的一时策略权宜，只有后者才配

---

1 Susan Mendus, *Impartiality in Moral and Political Philosophy*, Oxford: Oxford University Press, 2007. pp. 4 - 5.

2 Gray, *Two Faces of Liberalism*, p. 46.

3 Isaiah Berlin, *Liberty: Incorporating Four Essays on Liberty*. Oxford: Oxford University Press, 2002. p. x.

得上真正恒久的宽容。如果过多地宽容了前者，就会对后一种真正的宽容构成威胁。这种威胁不仅仅是政治上的，也是在语言文化上的：因为政治是有语言的暴力，解释的暴力总是先于政治的暴力。那些真正个人的生命体验，那些对于个体而言最珍贵的价值，只可能凭借普遍可理解的语言尽量得到费力的表达，意识形态话语只会以轻松廉价的形式遮蔽它，且后者的遮蔽加剧了前者的费力。

多元意识形态不承认普遍的道德尺度，拒绝将历史诸方面的诸价值综合纳入功利考量，导致共识薄弱、权界模糊、诸群体处于潜在敌对状态。善恶与应得的标准一旦多元，自利者就会在各方面都选择符合一己私利的意识形态。密尔夫妇如是批判排除女性权益的宪章主义者：那些只就自己吃亏的方面要平等，却不愿在诸方面平等考量一切人之利益者，之所以反抗不公的强权，只是未处在强权的位置而已。[1] 这种伪善比赤裸的自私更坏：意识形态越多元，理解的鸿沟越深，偏见的借口越多。当诸体验被多元意识形态赋予虚假意义，当诸意见经宣传凝聚成多元偏见，就损害了相互理解的可能性并损伤了信任，导致各方态度激进、拒绝妥协、以邻为壑。更何况公共问题都关乎稀缺的财政资源，发达国家扩大移民与高福利不可得兼，赞同高福利者完全有理由反移民，反之亦然。当经济资源不足以解决问题，人们便会争夺时间和注意力，然而时间和注意力其实最稀缺（因其不可生产，且是一切生产与生活的基础），多元意识形态更有损真实的共

---

1 J. S. Mill & H. T. Mill, ' Enfranchisement of Women ' in *Dissertations and Discussions*, *Vol. II*, London: Parker, 1859. p. 417.

情理解力，将共恨错认作同情。狭隘的心灵缺乏能力与意愿作综合考量，多元意识形态对生活世界的割裂是单议题选民（single issue voters）现象的根源，偏狭的态度是掩耳盗铃，生活世界仍会以其不情愿的方式相互关联，政治经济装置也总是作为一个整体运作的。

多元意识形态的另一缺陷，是不加区分地将所有价值观或思想都标记为"文化"，其世界观看似丰富各异，实则单调扁平。单纯并列的多元现象无法与生命发生深刻的关联。思想的丰富不在于有多少平行并列的现象差别，而在于其复杂精密的层次构造。例如海德格尔曾论述"死"的诸意义中，"作为一切终结的我之死"这层意义内在于、先于文化史诸意义。再例如"平等"的道德哲学意义必然内在于"族裔平等"和"性别平等"，同时它揭示了"文化平等"或"审美平等"等说法的无意义。与之相反，多元性意味着陌生性，遮蔽了理解的根基，模糊了理解与误解的标准；代价绝不仅是智识上的，其政治推论是在表面上"尊重"话语主体：只有信徒才有权解释意识形态，于是就有人主张"尊重"非洲的女性割礼习俗。

功利主义包容多元的价值体验，却要在长远历史中消除诸意识形态。而康德主义需要意识形态来塑造诸准则的级序，随着康德主义政治哲学的复兴，"普遍性"被理解为普遍的价值优先级序，与多元的经验现实相矛盾，遭到保守的社群主义和激进的身份政治[1]的夹击。在放弃了功利主义严格的一贯性和无偏倚性标准之后，普遍主义甚至

---

1 Iris Marion Young, 'Polity and Group Difference: A Critique of the Ideal of Universal Citizenship' in *Ethics* Vol. 99, No. 2 (Jan., 1989), pp. 250 – 274.

无法反驳文化相对主义。毕竟如果各种"主义"都只是意识形态，诸偏见又岂有对错之分呢？例如，第三章说过，罗尔斯的差异原则只为应对政治经济差异，未涉及文化差异，"冒险文化"会认为无知之幕下的差异原则过于乏味，实乃一种"保险文化霸权"，是对少数冒险群体的结构性压迫。如果不援引边际效用递减律，就无法反驳冒险狂们对差异原则批判。因此，罗尔斯晚年遭遇的批判，正是他早年拒绝功利主义的结果，而他应对多元文化挑战的方式，却是诉诸重叠共识：

> 在自由而平等的公民们各自的宗教、哲学和道德学说相互冲突、甚至无法以共同尺度解释的情况下，如何可能使社会稳定而公正？……在这样的社会里，一种合乎理性的广包性学说（comprehensive doctrine）无法确保社会统一的基础，也无法提供基础性政治问题的公共理性内容。因此，为看清良序社会如何方能统一稳定，我们引入政治自由主义的另一个基本理念，该理念与政治正义理念相辅相成，它就是各种合乎理性的广包性学说达成重叠共识（overlapping consensus）的理念。[1]

罗尔斯必须做选择：是根据正义原则"取精华去糟粕"地重新发

---

1 John Rawls, *Political Liberalism*. New York: Columbia University Press, 1996. pp. 133 - 134.

明诸传统，还是默许诸传统折损正义原则？前者涉及一个比后者更严格的现代化进程，但他避而不谈。罗尔斯采用了"回避方法(method of avoidance)"，即"尽我们所能既不支持也不否认任何哲学、宗教或道德"[1]。他想"尽我们所能"回避争议，当然知道有些争议是避不开的。如今在堕胎问题上，世俗与宗教的矛盾已不可回避，任何法律都必然支持一方、否定另一方。剑桥学派将意识形态话语理解为"以言行事"，刻意的沉默也当理解为"以沉默行事"：回避的方法其实是拖延的策略。然而奉行拖延策略的人，又怎么知道时间站在自己这一边呢？在回避冲突得来的时间里，各方都在积蓄力量。回避与拖延只能暂时让政治摆脱纷争，却会让社会撕裂，离"良序社会"越来越远。历史不一定永远进步，延宕也不一定意味着稳健。

　　政治上的重叠共识不求达到相互理解，只求让诸意见相安无事。哲学的方法却是澄清诸意见的前见和前结构，使分歧各方能相互理解，这在长远看有利于削弱矛盾，短期效用却不确定，也有可能反而会暴露和锐化矛盾。正如罗尔斯自己所说，重叠共识是政治的而非哲学的；他认为哲学与政治无法相合，是因为他心中的实践哲学只是意识形态，而没有一种意识形态能完全适用于政治当下的历史现实。相反，现代哲学认为，理性日用而不知地内嵌于历史化的人的活动。**哲学实践**阐明了理性，就重组了我们的生活，它与**政治实践**之间若出现了需要取舍的矛盾，同样取决于功利考量。施特劳斯所谓的哲学—政

1　John Rawls, 'The Idea of an Overlapping Consensus' in *Collected Papers*. Cambridge MA: Harvard University Press, 1999. p. 434.

治之关系为何，或阿伦特所谓沉思生活（vita contemplativa）与行动生活（vita activa）谁高于谁的问题，在包含万有的功利权衡之中根本不是问题：哲思本身也是一种在时间中展开的、有成本的行动，它是用来组织一阶行动的二阶行动。

同时代诸文化间的重叠共识，从长远看仍是相对主义。它无法排除诸广包性学说的共同偏见：绝大多数传统文化都有男权偏见和对（至少成年人之间的）同性恋的憎恶，倘若在它们之间寻求重叠共识，这些歧视就会一直存续下去。重叠共识论混淆了"是"与"应当"，混淆了事实判断与道德尺度：倘若在某个时期，人类所有主流文化因其狭隘或愚蠢而就某种偏见达成共识，它就**应当**被承认。然而，短视的共识在历史中同样会变成代际撕裂。罗尔斯开门见山地承认，他主张重叠共识是为了社会的"稳定和公正"。哈贝马斯对他的批评是：依靠在多元意识形态间寻求重叠共识，无法确立何为体面、可接受的意识形态的边界，它只是为求"稳定性"的妥协，而稳定性"只不过是效用的一个指标"[1]，相较其他指标不具备绝对优先权。在上文对霍布斯的批判中已说过这一点。

罗尔斯在冷战刚结束时，试图以重叠共识来挽救多元意识形态的现实，已是一种妥协，但即便仅从策略上说这也是短视的。事物的真实力量源自其基础原理，而非意识形态口号，即便被修辞遮蔽的真实原理仍会日用而不知地发挥作用。"重叠共识"之主张只是口号，生

---

1 Jürgen Habermas, 'Reconciliation Through the Public use of Reason: Remarks on John Rawls's Political Liberalism', in *The Journal of Philosophy*, Vol. 92, No. 3 (March, 1995). p. 121.

活世界的可理解性基于人类共同的生活形式。多元意识形态能否勉强获得共识，其实取决于它们是否偏离普遍可理解的生活形式太远；一种宗教是否应当被宽容，取决于其实践是否与世俗主义有明显冲突。宽容偏见只是一种策略性的妥协，只在其短期稳定效用大于长期弊端时才合理。在某些时代，多元偏见看似无伤大雅，那只是因为前人已打下坚实的共识基础，消除了更有害的意识形态——这是现代化的必经之路，只因时间有缓与急、思想有高明与愚蠢、手段有温和与激烈的区别，效果才有幸福与痛苦之分。当相对主义甚嚣尘上，启蒙进步也就举步维艰。生活世界的意义基础是人类共同的生活形式，对它的理解是共识的真实源泉，而共识是宽容的准绳。那些误以为是宽容精神本身的力量塑造了宽容的世界的人，无异于《伊索寓言》里坐在车轴上的苍蝇，以为是自己让车轮转动。

　　即便放弃哲学的严格性，仅以意识形态宣传的要求来看，意识形态编造者也须能如战略家那样，在心智与意义的地图上分辨出守得住的关隘和守不住的平原，在这方面，边界含糊的多元重叠共识论也是不合格的。罗尔斯以为将多元意识形态纳入重叠共识，它们便能成为盟友，但结盟的代价是它们也将成为负累。一旦放弃启蒙主义和普遍主义，从多元意识形态间的重叠共识滑向多元认同的撕裂，就只需一代人的时间，1990—2020 年的美国史正体现了这一过程。现代人以普遍性取代了神性，这关乎自我的灵魂完整；凡是透支灵魂完整来磨合政治分裂的，从长期看都会将政治的撕裂连带成灵魂的撕裂。罗尔斯属于那种相信每个时代的意识形态只需回应本时代的"需求"的人，而"需求"的注意力取决于宣传的急迫而非日用而不知的原理，因此常以伤害自身力量源泉的方式来达到目的。这样的短视总在给后人留难题。与之相反，功利主义是超越历史的现代道德哲学，它既在每个情境中做出决策，也有长远的启蒙主义历史筹划，每一代人都不能松懈。成为功利主义者不同于信奉任何意识形态，不仅不意味着一劳永逸地找到了确定的政治远景、解释视角或人类进步的坦途甚至捷径；相反，成为功利主义者意味着认识到道德实践的历史性，任何一劳永逸的图景都只是思维懒惰的自欺，或心智偏狭的比例失调，迟早沦为历史的讽刺，而坦途与捷径根本不存在。

结　论

无穷的一部分似乎就掌握在那些眺望大海的人手中。

——尼尔斯·玻尔

　　本书旨在澄清功利主义道德哲学从理论到实践的一系列问题。哲学分析的方法，是将某些确定的原理从不确定的整体现象中离析出来，先用一种准确的语言使之各自成立、并行不悖，让不确定的历史关联无法否认确定的哲学原理。然后，再历史地把握诸原理的相互关联，并从中延伸出万般变化。哲学澄清生活中某些日用而不知的原理，然而将注意力投向它，令其自觉，虽没有改变原理，却已改变了它所在的世界。哲学并非"任世界如其所是"，旁观的目光已经顺着它所发现的普遍规则，发明出了许多可能性，并批判了另一些。

　　无偏见尺度来自 no-where，但任何实践皆始于 now-here。我们赖以思维的抽象范畴，在实践中受限于历史的约束条件，基于对当下的判断。正如马克思和恩格斯在《德意志意识形态》中说："我们仅仅知道一门唯一的科学，即历史科学。"[1] 人注定受限于历史，然而正因为此，在无限的尺度中改造世界并造就自身的活动，构成了"人性"这个词的最高形式。幸福与痛苦的尺度不是意识形态，任何意识形态都不可能成就超越的哲学理论，也无法以彻底的历史化态度投入具体实践，二者其实是同一枚硬币的两面。正是凭借这些特征，功利主义得以对诸价值体验"以一驭万"，面对任何情境都能给出某个最优或最不坏的解。

功利主义关心的是幸福与痛苦的程度，这既要理解原初给予的体验，又要平等地权衡每一则幸福。前者入乎其内，后者出乎其外，它们从两个方向渗入、穿透了历史世界的方方面面。正是这一历史性，让实践哲学延伸向两个方向，一是对诸体验的意义与理解的研究，二是对政治经济构造的研究，前者关乎"什么是幸福"，后者关乎"谁是最大多数人"。于是也有两种批判：分析的批判针对语言中的无意义，综合的批判反对视域的偏狭。对于常识道德而言，前者太精微，后者太宏阔。它们超出了周遭视域，却仍真实地作用于日常生活，拒绝反思只会带来莫名无解的痛苦。功利主义的实践理性不一定反直觉，却势必重组我们的直觉。贯穿本书的一条思路是区分四类问题：

一、人类何以理解他人的体验？共情能力基于人类共同的生活形式（例如有死之人的畏死心、有语言的动物渴望诚实与自洽）和正常的身体语言（例如表情的可理解性）。

二、诸体验的诸价值应当如何权衡取舍？通过考量诸幸福与痛苦

1　Marx & Engels, *The German Ideology*, p. 34.

的强度、时长、远近、确定性、间接效应、涉及人数，且人际效用权重相等。

三、人类奉行道德的取舍标准的行动力，来自何种心理倾向？仁爱、正直、真诚、勇敢等德性，对人格平等的共同承认，以及诸多自爱与利他的心理。

四、哪些基本的事实条件，提供并约束着法律效力？人根深蒂固的利己心、大致相当的暴力力量、制定规则的语言能力和行为预期能力。

以上问题分属解释学、道德哲学、道德心理学、法哲学这四个原则上相区别的领域。第二个问题的答案说明，诸价值皆在相互比较之中，效用比较不仅是先行认知了冲突的诸价值之后追加的思维过程，我们的价值体验和注意力的分配本身即被这一比较取舍所塑造。

在第一个问题中，价值体验是世界中的事实，真正的二分不在事实和价值之间，而在价值体验与道德尺度之间。人性事实包括个体身心和主体间的构造，诸事实相互关联；人性事实在与世界打交道的过程中会产生价值，诸价值平等并举。既然功利主义道德是对诸价值的取舍，那么生活世界中诸多内含价值体验的事实就被囊括进来。当我们为求某种价值，施加某个行为改变了某个事实，就必须考虑它所牵动的其他事实构造，以及诸事实可能产生出的其他价值。这即是功利主义道德实践的一般结构。

人类的共情能力（认识能力）和善良意志（欲望能力）本就有限。意识形态差异会破坏共情的可能性，意识形态的价值级序会破坏道德共识，对德性的意识形态化理解会令诸德性相互矛盾，意识形态还会削弱法律规则的语义的确定性。换句话说，意识形态不仅是功利主义面临的困难，也是解释学、德性论和法学的共同困难；它不是现代哲学的某一个方面的困境，而是整个现代哲学的诸方面都必须克服的顽疾。功利主义对人类的长远未来有启蒙主义的文化史筹划。然而自马克思开启了意识形态批判以降，现代哲学便不能停留在十八世纪的启蒙主义，而要将更多话语偏见（包括对功利主义的种种误用）纳入批判对象，且须权衡考虑历史诸方面的长远和当前幸福。功利主义被称为"哲学基进主义"，在历史实践上却有更灵活的轻重缓急。

功利主义的反思要求明显高于常识道德，它是哲学上基进的；这区别于历史意义上的激进，即要求在短期内解决问题。历史诸方面相互关联，任何一方面都不会绝对地优先于其他方面。功利主义要根据事物的原理分别对待诸事，不会将推动政治、经济或法律改革的方略硬搬到培育德性的事业中，就像造楼房的方法不能来种树苗。许多痛苦都可以借助机械一般的规则来避免，幸福的因素却要与生命一同生长。政治上除了长远的立法行为，也允许马基雅维利式的例外手段，人文诗教却须始终对长远未来负责，这两个领域间的划界，本身要求两者都尽可能地超脱于意识形态。

历史中相互关联的诸方面的诸价值可能矛盾，无法结成相互孤立、并行不悖的诸义务准则。由于时间与物质皆稀缺，功利考量意味着取舍。人性中存在内在价值倾向，例如有语言的动物必然偏爱诚实、追求逻辑自洽，对诚实与自洽的热爱是对心灵的舒展状态的热爱。然而一旦涉及稀缺性，即便固有价值亦只能得到相称的份额。义务与幸福的矛盾是历史世界不完美的结果。由于存在这些固有倾向，我们渴望一个谎言尽可能少的世界，在非理想的历史现实中却并非绝对不能说谎。功利主义赞同这一普遍的道德律令：人人都应当在各自的历史情境中，为实现一个能让人类**尽可能**诚实生活的未来而努力。

单纯的私人体验或欲望并非偏见，信息的疏密差距会造成效用确定性差距。人们更愿意将稀缺资源投入自己擅长和熟悉之事，这正是无偏倚的道德哲学所要求的。功利主义承认利己心，却要批判意识形态，将意义建立在可自然理解的生活形式上，不让意识形态危及道德哲学的无偏倚性。意识形态虚构的"意义"有诸多形式，可能是宗教教条，可能是不再适用的旧习俗，可能出自"平等""义务"等词汇的曲解，也可能出自功利主义思想谱系中某些空泛的词汇：密尔要求区分幸福之质的"高低"，然而价值高低的区分其实是现象学的，其历史视域不完整，因此不能取代道德哲学在历史情境中的取舍，也无法预防趣味"高低"被滥用为偏见。偏见可能成为利己心的借口，为自己的较小幸福损害他人的更大幸福，或为今人的幸福在未来造成更大痛苦。功利主义的终极目标之一是一视同仁地消除诸偏见，然而在具体的历史情境中，却会优先批判危险较大的意识形态。功利主义者不会借意识形态话语支持或反对某事，因为即便暂时无害的意识形态，其话语提供的价值理由也总能被更正大的理由——效用或德性——所替代。

对效用的追求只受力量与时间的限制，空间上横向的人际关联，与时间中纵向的长远筹划相互牵扯，编织成功利考量与行为决策的历史网络。意识形态偏见是现实的历史存在，批判偏见的过程伴随着幸福和痛苦：偏见消失后的世界会更幸福，但短期内消除偏见的进程却有损于执着于偏见者的人生"完整性"，令他们痛苦。这要求功利主义者赋予自我认同的意义系统不能是意识形态的。针对当下现状的政治权宜，与长远的启蒙主义历史筹划之间权衡取舍，可归于短期与长期效用的取舍。严格地说，一切幸福和痛苦都是平权的，然而人类的未来是效用权衡天平上的隐形砝码，才抵消了当下盛大的意识形态产生的效用。功利主义主张当下的资源分配须有差异，不承认所有文化都平等，否则会损害未来人的平等地位。诸如"非理性偏好"等无法在当下解决的难题，其实并非理论难题而是历史难题，只能在更长时间内解决。

在人类行为学中，规则的概念中内含平等的概念，且可被还原至预期与信用的概念。行为功利主义必须尊重人类行为学的事实规律。功利主义要求平等考量相关者的利益，人类根深蒂固的利己心却总是优先考虑自己。然而利己心亦有用处：首先，利己心将一个人最欲增进的欲望和他最了解的欲望合一，等效于兴趣与天赋的合一。其次，稳定的利己心提供了稳定的行为预期，让我们能结成稳定的规则，协调众人的行为。因此功利主义不求革除利己心，而是利用它来追求更多人的更大幸福，亦利用各种利他动机来平衡利己心。

功利主义既将每个人各异的幸福视作目的，也将每个人不同的行为视作手段，既承认诸幸福的平等，也承认诸手段的差距。功利主义不消除价值判断中的个体差异，却批判多元意识形态偏见；虽未强调人的理性能力及其尊严，但理性与尊严的观念已寓于其启蒙主义观念之中；承认一切价值最终源自直觉，却要求反思并权衡所有始源的直觉；为求道德目的，功利主义原则上不限手段，但在历史因果之网的实践中，却要顾及目的与手段会相互转化；不预设诸价值的同质性，却承认一切价值皆可比较；不提供价值判断的理由，只在诸价值相冲突时做出优先权裁决；不会剥夺一切人生意义或完整性，却要求人们舍去其中的意识形态成分；人类的信息处理能力无法考量宇宙中的一切价值，无法承担无限的道德责任，然而在有限的视域之内，仍有其所需担负的一份责任；至善之理想非人所能及，道德的尺度却要求止于至善。道德哲学是对道德原则的反思，而道德动机的强弱是心理的，二者之间并无确定的关联；道德哲学不会为怯懦的、不够道德的行为提供伪善的借口或心理安慰。

迄今人类发明的每一种历史终结论都已落空，一切历史中产生的意识形态，总会历史地消灭。但并非每一种思想都源自历史，一种历史化了的超越态度是可能的。功利主义道德哲学诞生于启蒙时代晚期，然而全球化与互联网、多元文化与身份政治、动物生存条件恶化、智能机器取代劳动等新现象，都要求"最大多数人的最大幸福"这条超越历史的道德原则为当下的实践给出新的答案。哲学家们对功利主义的每一次批判，都令这门简洁的道德哲学在生活世界中丰富了自身，阐明了必然蕴于其中的特征，规定出自身的诸多理论界限，以预防种种误用；正是在对批判的回应中，我们愈发清晰地理解了功利主义及其与现代哲学的其他门类之间的关系。在技术历史日新月异、文化语境迅速变迁的未来，功利主义必定会遭遇层出不穷的误解和挑战。诸意识形态话语与历史本身一样无尽，功利主义也与人类对幸福的追求一样永恒，对该理论的进一步阐明、丰富和完善也永远不会停息。

参考文献

一、边沁著作

The Works of Jeremy Bentham, (11 Volumes), ed. J. Bowring, Edinburgh, 1834.

A Fragment on Government and An Introduction to the Principles of Morals and Legislation, Oxford: Blackwell, 1948.

An Introduction to the Principles of Morals and Legislation. Oxford: Clarendon Press, 1823.

Analysis of the Influence of Natural Religion on the Temporal Happiness of Mankind, London: Carlile, 1822

Deontology, together with a Table of the Springs of Action and the Article on Utilitarianism. Oxford: Clarendon Press, 1983.

Of Sexual Irregularities and Other Writings on Sexual Morality, Oxford: Clarendon Press, 2014.

Rationale of Punishment, London: R. Heward, 1830.

The Rationale of Reward, London: John & Hunt, 1825.

The Church of England Catechism Examined, London: Progressive
  Publishing Company, 1890.

The Panopticon Writings. London & New York: Verso, 1995.

'Anarchical Fallacies' in *Nonsense upon Stilts—Bentham, Burke and Marx
  on the Rights of Man*. Jeremy Waldron (ed.) London: Methuen,
  1987.

'Judicial Fictions', in *The Penguin Book of Lies*. Philip Kerr (ed.)
  Harmondsworth: Penguin, 1990.

二、其他文献

Ahlstrom-Vij, K. & Dunn, J. (ed.), *Epistemic Consequentialism*,
  Oxford: Oxford University Press, 2018.

Altman, M. C. *Kant and Applied Ethics: The Use and Limits of Kant's
  Practical Philosophy*. West Sussex: Wiley-Blackwell, 2011.

Anscombe, G. E. M. *Intention*. Cambridge, MA: Harvard University
  Press, 2000.

Anscombe, G. E. M. 'Modern Moral Philosophy' in *The Collected
  Philosophical Papers of G. E. M. Anscombe* Vol. 3: *Ethics, Religion
  and Politics*. Oxford: Basil Blackwell, 1981.

Anscombe, G. E. M. 'On Brute Facts' in *Analysis*. Vol. 18, No.
  3, 1958.

Aristotle, *On Rhetoric*, trans. George A. Kennedy. Oxford: Oxford
  University Press, 2007.

Aristotle, *Nicomachean Ethics*, trans. Roger Crisp. Cambridge: Cambridge

University Press. 2000.

Armitage, David R. 'Globalizing Jeremy Bentham' in *History of Political Thought* 32 (1) 2011.

Ashenfelter, O. &. Greenstone, M. 'Using Mandated Speed Limits to Measure the Value of a Statistical Life', in *Journal of Political Economy*, Vol. 112, No. S1, (Feb. , 2004)

Augustine, *Confessions*, trans. William Watts, New York: MacMillan, 1912.

Austin, J. L. *How to Do Things with Words*, Oxford: Clarendon Press, 1955.

Austin, J. L. *Sense and Sensibility*, Oxford: Oxford University Press, 1962.

Awad, E, Dsouza, S, Shariff, A, Rahwan, I, Bonnefon, J-F. , 'Universals and variations in moral decisions made in 42 countries by 70,000 participants' in *Proceedings of the National Academy of Sciences*. Vol. 117, No. 5, 2020.

Ayer, A. 'The Principle of Utility', in *Bentham: Moral, Political and Legal Philosophy*, *Vol. I*, Burlington: Ashgate Publishing, 2002.

Baron, J. *Against Bioethics*. Cambridge, MA: The MIT Press. 2006.

Barzun, J. *From Dawn to Decadence: 500 Years of Western Cultural Life*. New York: Harper Collins, 2000.

Bauman, Z. *Modernity and the Holocaust*, Cambridge: Polity Press, 1989.

Beiser, F. *Weltschmerz: Pessimism in German Philosophy, 1860—1900*. Oxford: Oxford University Press, 2016.

Benatar, D. *Better Never To Have Been*: *The Harm of Coming into Existence*. Oxford: Clarendon Press. 2006.

Berlin, I. *Concepts and Categories*: *Philosophical Essays*. Princeton: Princeton University Press, 2013.

Berlin, I. *Freedom and Its Betrayal*. London: Chatto & Windus, 2002.

Berlin, I. *Liberty*: *Incorporating Four Essays on Liberty*. Oxford: Oxford University Press, 2002.

Berlin, I. *Political Ideas in the Romantic Age*. Princeton: Princeton University Press, 2006.

Birks, T. *Modern Utilitarianism*, London: Macmillan, 1874.

Bix, B. *Jurisprudence*: *Theory and Context*. London: Sweet & Maxwell, 2009.

Blackstone, W. *Commentaries on Laws of England*, St. Paul: West Publishing, 1897.

Blamire, C. *The French Revolution and the Creation of Benthamism*, New York: Palgrave Macmillan, 2008.

Brunon-Ernst, A. *Utilitarian Biopolitics*, *Bentham*, *Foucault and Modern Power*, London: Pickering & Chatto, 2012.

Burke, E. *Reflections on the Revolution in France*, New Haven: Yale University Press, 2003.

Burlamaqui, J-J. *The Principles of Natural and Politic Law*, trans. Thomas Nugent, Indianapolis: Liberty Fund, Inc. , 2006.

Camosy, C. *Peter Singer and Christian Ethics*: *Beyond Polarization*, Cambridge: Cambridge University Press, 2012.

Carr, E. H. *The Twenty Years' Crisis*, *1919—1939*. London: Palgrave Macmillan, 2016.

Cavell, S. *The Claim of Reason*: *Wittgenstein*, *Skepticism*, *Morality and Tragedy*, Oxford: Oxford University Press. 1979.

Clark, J. C. D. *English Society*, *1688—1832*. *Ideology*, *Social Structure and Political Practice During the Ancien Regime*, Cambridge: Cambridge University Press, 1985.

Coase, R. H. 'The Nature of the Firm', *Economica*, *New Series*, Vol. 4, No. 16. (Nov. , 1937)

Costa, M. V. *Rawls*, *Citizenship and Education*, New York &. London: Routledge, 2011.

Crimmins, J. E. 'Bentham and Hobbes: An Issue of Influence', in *Journal of the History of Ideas*. Vol. 63. No. 4 October 2002

Cumberland, R. *A Treatise of the Laws of Nature*. Indianapolis: Liberty Fund, Inc. , 2005.

Dahl, R. *Modern Political Analysis*, Englewood Cliffs, N. J. : Prentice-Hall, 1976.

Dahl, R. *On Political Equality*. New Haven: Yale University Press, 2006.

Dahl, R. 'The Concept of Power', in *Behavioral Science*, 2, No. 3 (July, 1957)

Davis, S. *Definitions of Art*, Ithaca, NY: Cornell University Press, 1991.

Diamond, C. 'Eating Meat and Eating People' in *Philosophy*, Vol. 53,

No. 206 (Oct. , 1978).

Durkheim, E. *Suicide*: *A Study in Sociology*, trans. John A. Spaulding &. George Simpson. London &. New York: Routledge, 2002.

Dworkin, R. *Taking Rights Seriously*, Cambridge, Massachusetts: Harvard University Press, 1977.

Earle, P. *The Making of the English Middle Class*, Berkeley: University of California Press, 1989.

Fearon, J. 'Rationalist Explanations for War', in *International Organization*, Vol. 49, No. 3 Summer 1995.

Fisher, I. *The Theory of Interest*: *As Determined by Impatience to Spend Income and Opportunity to Invest it*. New York: The Macmillan Company, 1930.

Foot, P. *Virtues and Vices and Other Essays in Moral Philosophy*, Oxford: Clarendon Press. 2002.

Foot, P. 'Utilitarianism and the Virtues' in *Mind*, Vol. 94 No. 374, (Apr. 1985).

Foucault, M. *Discipline and Punish*: *The Birth of the Prison*, trans. Alan Sheridan. New York: Vintage. 1995.

Fredrick, S. &. Locwenstein, G. 'Hedonic Adaptation' in *Well-Being*: *Foundations of Hedonic Psychology*, New York: Russell Sage Foundation, 1999.

Fried, B. H. *Facing Up to Scarcity*: *The Logic and Limits of Nonconsequentialist Thought*, Oxford: Oxford University Press, 2020.

Fromm, E. *For the Love of Life*, trans. Robert and Rita Kimber. New

York: The Free Press, 1986.

Fukuyama, F. *The Origins of Political Order*. New York: Farrar, Straus & Giroux, 2011.

Fuller, L. L. 'Positivism and Fidelity to Law: A Reply to Professor Hart', in *Harvard Law Review*, Vol. 71, No. 4 (Feb. , 1958).

Gadamer, H. *Truth and Method*, trans. Joel Weinsheimer & Donald Marshall. London & New York: Continuum, 2004.

Gatrell, V. A. C. *The Hanging Tree: Execution and the English People 1770—1868*, Oxford: Oxford University Press, 1994.

Gauthier, D. *Morals by Agreement*, Oxford: Clarendon Press, 1986.

Godwin, W. *Enquiry Concerning Political Justice, and Its Influence on General Virtue and Happiness*. Dublin, 1793.

Gombrich, E. H. *Art and Illusion: A Study in the Psychology of Pictorial Representation*. London: Phaidon Press, 1961.

Goodin, R. E. *Reasons for Welfare: The Political Theory of the Welfare State*, Princeton: Princeton University Press, 1988.

Goodin, R. E. *Utilitarianism as a Public Philosophy*. Cambridge: Cambridge University Press, 1995.

Graeber, D. *Bullshit Jobs: A Theory*. New York: Simon & Schuster, 2018.

Gray, J. *Two Faces of Liberalism*. New York: The New Press, 2000.

Habermas, J. 'Reconciliation Through the Public Use of Reason: Remarks on John Rawls's Political Liberalism', in *The Journal of Philosophy*, Vol. 92, No. 3 (March, 1995).

Habermas, J. *The Theory of Communicative Action*, *Vol. 1: Reason and the Rationalization of Society*, trans. Thomas McCarthy. Boston: Beacon Press, 1984.

Halévy, É. *The Growth of Philosophic Radicalism*, trans. Mary Morris. London: Faber, 1934.

Hare, R. M. *Moral Thinking: Its Levels, Method and Point*, Oxford: Clarendon Press, 1981.

Hare, R. M. *The Language of Morals*, Oxford: Clarendon Press, 1963

Hare, R. M. 'What is Wrong with Slavery' in *Philosophy & Public Affairs*, Vol. 8, No. 2, (Winter 1979).

Harris, J. 'The Survival Lottery' in *Philosophy*, Vol. 50, No. 191, (January, 1975)

Hart, H. L. A. *Essays on Bentham: Jurisprudence and Political Theory*, Oxford: Clarendon Press, 2001.

Hart, H. L. A. 'Positivism and the Separation of Law and Morals', in *Harvard Law Review*, Vol. 71, No. 4 (Feb., 1958)

Hart, H. L. A. *The Concept of Law*. Oxford: Clarendon Press, 1961.

Hart, J. 'Nineteenth-Century Social Reform: A Tory Interpretation of History', in *Past & Present*, No. 31 (July, 1965)

Hayek, F. A. 'The Use of Knowledge in Society', in *The American Economic Review*, Vol. 35, No. 4 (Sep., 1945)

Hegel, G. W. F. *Phenomenology of Spirit*, trans. A. V. Miller. Oxford: Oxford University Press, 1977.

Helvetius, *A Treatise on Man, his Intellectual Faculties and his*

Education. Trans. W. Hooper, London: 1777.

Herodotus, *The Histories*, *Book I*. trans. Robin Waterfield. Oxford: Oxford University Press, 1998.

Hirschman, A. *The Rhetoric of Reaction: Perversity, Futility, Jeopardy*. Cambridge, MA: Harvard University Press, 1991.

Hobbes, T. *Leviathan*. London: Everyman's Library, 1976.

Hoffer, E. *The True Believer: Thoughts on the Nature of Mass Movements*. New York: Harper Collins, 2010.

Hollander, S. *Immanuel Kant and Utilitarian Ethics*, London & New York: Routledge, 2022.

Holmes, S. & Sunstein, C. *The Cost of Rights: Why Liberty Depends on Taxes*, New York & London: W. W. Norton & Company, 1999.

Hugh of St. Victor, *Didascalicon: A Medieval Guide to the Arts*, trans. Jerome Taylor. New York: Columbia University Press, 1961.

Huizinga, J. *Homo Ludens: A Study of the Play-Element in Culture*, London: Routledge & Kegan Paul, 1949.

Huntington, S. *Political Order in Changing Societies*, New Haven: Yale University Press, 1996.

Hutcheson, F. *An Inquiry into the Original of Our Ideas of Beauty and Virtue*, London: 1725.

Humboldt, W. *The Limits of State Action*, trans. Joseph Coulthard. Cambridge: Cambridge University Press, 1969.

Hume, D. *A Treatise on Human Nature*, *Book III*. Oxford: Clarendon Press, 1896.

Hume, D. *Political Essays*. Cambridge: Cambridge University Press, 1994.

Hume, L. J. *Bentham and Bureaucracy*, Cambridge: Cambridge University Press, 1981.

Hunt, L. *Inventing Human Rights: A History*, New York & London: W. W. Norton & Co. , 2007.

Ivar, H. Machery, E. & Cushman, F. 'Is Utilitarian Sacrifice Becoming More Morally Permissible?' in *Cognition* Vol. 170, 2018.

James, W. *The Principles of Psychology*, Cambridge, MA: Harvard University Press, 1981.

James, W. 'The Moral Philosopher and the Moral Life', in *International Journal of Ethics*, Vol. 1, No. 3. April, 1891.

Johnson, S. *Selected Writings*, Cambridge, MA: The Belknap Press, 2009.

Kahneman D. & Deaton, A. 'High Income Improves Evaluation of Life but Not Emotional Well-Being,' in *Proceedings of the National Academy of Sciences*, Vol. 107, No. 38 (September 21, 2010)

Kant, I. *Critique of Pure Reason*, Trans. Paul Guyer & Allen W. Wood. Cambridge: Cambridge University Press, 1998.

Kant, I. *Grounding for the Metaphysics of Morals with On a Supposed Right to Lie Because of Philanthropic Concerns*, Trans. James W. Ellington. Indianapolis: Hackett Publishing, 1993.

Kant, I. *Critique of Practical Reason*. Trans. Werner S. Pluhar. Indianapolis: Hackett Publishing, 2002.

Kant, I. *Dreams of a Spirit-Seer*, Trans. Emanuel F. Goerwitz. London: Swan Sonnenschein & Co. , Ltd. , 1900.

Kant, I. *Religion within the Boundaries of Mere Reason and Other Writings*, Trans. Allen Wood & George di Giovanni. Cambridge: Cambridge University Press, 1998.

Kant, I. *Toward Perpetual Peace and Other Writings on Politics*, *Peace and History*, Trans. David L. Colclasure. New Haven: Yale University Press, 2006.

Kant, I. *The Metaphysics of Morals*, Trans. Mary Gregor, Cambridge: Cambridge University Press, 1991.

Keen, P. *A Defence of the Humanities in a Utilitarian Age*: *Imagining What we Know*, *1800—1850*. London: Palgrave Macmillan, 2020.

Keown, D. *The Nature of Buddhist Ethics*, New York: Palgrave Macmillan, 1992.

Killingsworth, M. 'Experienced well-being rises with income, even above $75,000 per year' in *Proceedings of the National Academy of Sciences*, Vol. 118, No. 4 (January 26, 2021).

Korsgaard, C. 'The Right to Lie', in *Creating the Kingdom of Ends*. Cambridge: Cambridge University Press, 2000.

Korsgaard, C. *The Sources of Normativity*, Cambridge: Cambridge University Press, 1996.

Koselleck, R. 'Introduction and Prefaces to the *Geschichtliche Grundbegriffe*' trans. Michaela Richter. in *Contributions to the History of Concepts*, Vol. 6 No. 1 (Summer, 2011).

Krueger, A. B. et al, 'Time Use and Subjective Well-Being in France and the U. S. ' in *Social Indicators Research*, Vol. 93, No. 1, 2009.

Lakoff, G. & Johnson, M. *Metaphors We Live By*. Chicago: The University of Chicago Press, 1980.

Lazari, K. & Singer, P. *The Point of View of the Universe: Sidgwick and Contemporary Ethics*. Oxford: Oxford University Press, 2014.

Lewis, D. 'Mad Pain and Martian Pain', in *Philosophical Papers*. Oxford: Oxford University Press, 1983.

Letwin, S. *The Pursuit of Certainty: David Hume, Jeremy Bentham, John Stuart Mill, Beatrice Webb*, Cambridge: Cambridge University Press, 1965.

Locke, J. *Two Treatises of Government and A Letter Concerning Toleration*. New Haven: Yale University Press, 2003.

Lyons, D. *Forms and Limits of Utilitarianism*, Oxford: Oxford University Press, 2002.

Lyons, D. *In the Interest of the Governed: A Study in Bentham's Philosophy of Utility and Law*, Oxford: Clarendon Press, 2003.

Lyons, D. 'Rawls versus Utilitarianism', in *Journal of Philosophy* Vol. 69, No. 18, Oct. 5, 1972.

Lyons, D. 'Was Bentham a Utilitarian?' in *Reason and Reality*, London: Macmillan, 1972.

Kelsen, H. *General Theory of Law and State*, New Brunswick: Transaction Publishers, 2006.

Machiavelli, N. *The Prince*, trans. Peter Bondanella, Oxford: Oxford

University Press, 2005.

MacIntyre, A. *After Virtue*. Notre Dame, Indiana: University of Notre Dame Press, 2007.

Mack, M. *Jeremy Bentham: An Odyssey of Ideas*, 1748—1792, New York: Columbia University Press, 1963.

Macpherson, C. B. *The Political Theory of Possessive Individualism: From Hobbes to Locke*. Oxford: Oxford University Press, 1962.

Malthus, T. *An Essay on the Principle of Population*. St. Pauls, 1798.

Marcus, R. B. 'Moral Dilemmas and Consistency', in *The Journal of Philosophy*, Vol. 77, No. 3. Mar. , 1980.

Maritain, J. 'The Concept of Sovereignty', in *The American Political Science Review*, Vol. 44, No. 2. Jun, 1950.

Manent, P. *Tocqueville and the Nature of Democracy*, trans. John Waggoner. Lanham: Rowman & Littlefield Publishers, Inc. , 1996.

Marx, K. *Grundrisse, Introduction to the Critique of Political Economy*, trans. Martin Nicolaus, New York: Random House, 1973.

Marx, K. & Engels, F. *The German Ideology*, trans. Martin Milligan. New York: Prometheus Books, 1998.

Mendus, S. *Impartiality in Moral and Political Philosophy*, Oxford: Oxford University Press, 2002.

Mill, J. S. *Dissertation and Discussions*, Vol. I & II, London: Parker, 1859.

Mill, J. S. *Essays on Politics and Society*, Toronto: University of Toronto Press, 1977.

Mill, J. S. *Autobiography and Literary Essays*, Toronto: University of Toronto Press, 1981.

Mill, J. S. *On Liberty with The Subjection of Women and Chapters on Socialism*, Cambridge: Cambridge University Press, 1989.

Mill, J. S. *Utilitarianism and On Liberty*, including Mill's *'Essay on Bentham'*. Oxford: Blackwell Publishing, 2003.

Mises, L. *Human Action: A Treatise on Economics*, San Francisco: Fox & Wilkes, 1996.

Moore, G. E. *Principia Ethica*. Cambridge: Cambridge University Press, 1903.

Nagel, T. *Equality and Partiality*, Oxford: Oxford University Press, 1991.

Nagel, T. *Mortal Questions*, Cambridge: Cambridge University Press, 1979.

Nagel, T. *The Possibility of Altruism*, Princeton: Princeton University Press, 1970.

Nagel, T. *The View From Nowhere*, Oxford: Oxford University Press, 1986.

Narveson, J. 'Utilitarianism and New Generations', in *Mind*, Vol. 76, No. 301 (January, 1967)

Nietzsche, F. *Kritische Studienausgabe* (KSA), München: de Gruyter, 1999.

Nöe, A. *Action in Perception*, Cambridge, MA: The MIT Press, 2004.

Norcross, A. 'The Scalar Approach to Utilitarianism'. in Henry R. West

(ed.) *Blackwell Guide to Mill's Utilitarianism*. Oxford: Blackwell, 2006.

Nozick, R. *Anarchy, State and Utopia*, Oxford: Blackwell, 1999.

Nozick, R. *The Nature of Rationality*, Princeton: Princeton University Press, 1993.

Oakeshott, M. *Hobbes on Civil Association*, Indianapolis: Liberty Fund, 1992.

Oakeshott, M. *Rationalism in Politics and Other Essays*, London: Methuen, 1962.

Offer, A. (ed.) *In Pursuit of the Quality of Life*, Oxford: Clarendon Press, 1996.

Ogden, C. K. *Bentham's Theory of Fictions*, London: Routledge & Kegan Paul, 1951.

Paley, W. *The Principles of Moral and Political Philosophy*, Boston: N. H. Whitaker, 1832.

Parfit, D. *On What Matters*, Vol. I, Oxford: Oxford University Press, 2011.

Parfit, D. 'Overpopulation and the Quality of Life' in Peter Singer (ed.), *Applied Ethics*, Oxford: Oxford University Press, 1986.

Pascal, B. *Pensées and Other Writings*, trans. Honor Levi. Oxford: Oxford University Press, 2008.

Peirce, C. S. 'How to Make our Ideas Clear' in *Selected Writings*, New York: Dover, 1958.

Perry J. (ed.) *God, the Good, and Utilitarianism*, Cambridge: Cambridge

University Press, 2014.

Pinker, S. *The Better Angels of our Nature*: *Why Violence Has Declined*, New York: Viking Penguin, 2011.

Plato, *Protagoras*, trans. C. C. W. Taylor, Oxford: Clarendon Press, 1976.

Plato, *Theaetetus & Sophist*, trans. H. N. Fowler. London: William Heinemann, 1921.

Plessner, H. *The Limits of Community*: *A Critique of Social Radicalism*, trans. Andrew Wallace. New York: Humanity Books, 1999.

Pocock, J. G. A. *The Ancient Constitution and the Feudal Law*, Cambridge: Cambridge University Press, 1987.

Pocock, J. G. A. *The Varieties of British Political Thought*, 1500—1800, Cambridge: Cambridge University Press, 1993.

Pocock, J. G. A. *Virtue*, *Commerce*, *and History*, Cambridge: Cambridge University Press, 1985.

Popper, K. *The Open Society and its Enemies*: *Vol. I*, *The Spell of Plato*, London & New York: Routledge, 2012.

Putnam, H. *Reason*, *Truth and History*. Cambridge: Cambridge University Press, 1998.

Rawls, J. *A Theory of Justice*. Cambridge, MA: Harvard University Press, 1999.

Rawls, J. *Political Liberalism*. New York: Columbia University Press, 1996.

Rawls, J. *Collected Papers*. Cambridge, MA: Harvard University

Press, 1999.

Raz, J. *Value, Respect, and Attachment*, Cambridge: Cambridge University Press, 2004.

Rescher, N. *Distributive Justice: A Constructive Critique of the Utilitarian Theory of Distribution*. Indianapolis: The Bobbs-Merrill Company, 1966.

Robbins, L. *An Essay On the Nature and Significance of Economic Science*. London: Macmillan, 1984.

Ribbons, L. 'Interpersonal Comparisons of Utility: A Comment' in *The Economic Journal* Vol. 48, No. 192 (Dec. , 1938).

Rorty, R. *Contingency, Irony and Solidarity*, Cambridge: Cambridge University Press, 1989.

Rosen, F. *Classical Utilitarianism from Hume to Mill*, London: Routledge, 2003.

Rosen, F. 'Jeremy Bentham on Slavey and Slave Trade', in *Utilitarianism and Empire*, Bart Schultz & Georgios Varouxakis (ed.). Oxford: Lexington Books, 2005.

Rousseau, J-J. *Emile, or On Education*, trans. Allan Bloom. New York: Basic Books, 1979.

Rousseau, J-J. *The Discourses and Other Early Political Writings*, trans. Victor Gourevitch. Cambridge: Cambridge University Press. 1997.

Sandel, M. *Justice: What's the Right Thing to Do*. Harmondsworth: Penguin Books, 2010.

Sandel, M. *The Tyranny of Merit: What's Become of the Common Good?*,

Harmondsworth: Penguin Books, 2020.

Sandel, M. *What Money Can't Buy: The Moral Limits of Markets*. Harmondsworth: Penguin Books, 2012.

Sartre, J-P. *Being and Nothingness*, trans. Hazel E. Barnes, New York: Pocket books, 1978.

Scanlon, T. M. *What We Owe to Each Other*, Cambridge, MA: The Belknap Press, 2000.

Scheler, M. *Formalism in Ethics and Non-Formal Ethics of Values*, trans. Manfred S. Frings & Roger L. Funk. Evanston: Northwestern University Press, 1973.

Schofield, P. *Utility and Democracy: The Political Thought of Jeremy Bentham*, Oxford: Oxford University Press, 2006.

Schopenhauer, A. *The World as Will and Representation*, Vol. 1, trans. Judith Norman, Alistair Welchman, Christopher Janaway. Cambridge: Cambridge University Press, 2010.

Schutz, A. *The Phenomenology of the Social World*, trans. George Walsh & Frederick Lehnert, Evanston: Northwestern University Press, 1967.

Sen, A. *On Ethics and Economics*, Oxford: Blackwell, 1987.

Sen, A. & Williams, B. (ed.) *Utilitarianism and Beyond*, Cambridge: Cambridge University Press, 1990.

Sensen, O. *Kant on Human Dignity*, Berlin: De Gruyter, 2011.

Shaw, W. H. *Utilitarianism and the Ethics of War*, London & New York: Routledge, 2016.

Shklar, J. 'The Liberalism of Fear', in *Liberalism and the Moral Life*, Nancy L. Rosenblum (ed.), Cambridge, MA: Harvard University Press, 1989.

Sidgwick, H. 'Some Fundamental Ethical Controversies', in *Essays on Ethics and Method*. Oxford: Clarendon Press, 2000.

Sidgwick, H. *The Methods of Ethics*, London: Macmillan, 1962.

Simmel, G. *The Philosophy of Money*, trans. Tom Bottomore &. David Frisby. London: Routledge, 2004.

Singer, P. *A Darwinian Left: Politics, Evolution and Cooperation*, New Haven: Yale University Press, 2000.

Singer, P. *Animal Liberation*, New York: Harper Collins, 2002.

Singer, P. 'Ethics and Intuitions' in *The Journal of Ethics*, Vol. 9, No. 3/4, 2005.

Singer, P. *One World: The Ethics of Globalization*, New Haven: Yale University Press, 2002.

Singer, P. *Practical Ethics*. Cambridge: Cambridge University Press, 2010.

Singer, P. *The Life You Can Save*, New York: Random House, 2010.

Singer, P. *The Most Good You Can Do: How Effective Altruism Is Changing Ideas About Living Ethically*, New Haven: Yale University Press, 2015.

Singer, P. 'Utility and the Survival Lottery' in *Philosophy*, Vol. 52, No. 200, (April, 1977).

Skinner, Q. 'Hobbes and the Purely Artificial Person of the State', *Journal of*

Political Philosophy, Vol. 7 No. 1 (1999).

Slote, M. *Morals from Motives*, Oxford: Oxford University Press, 2001.

Slote, M. *The Ethics of Care and Empathy*, London &. New York: Routledge, 2007.

Smart, J. 'Extreme and Restricted Utilitarianism' in *The Philosophical Quarterly*, Vol. 6, No. 25. 1956.

Smart, J. 'Sensations and Brain Processes', in*Philosophical Review*, Vol. 2 No. 2. 1959.

Smart, J. &. Williams, B. *Utilitarianism For and Against*. Cambridge: Cambridge University Press, 1973.

Smith, A. *An Inquiry Into the Nature and Causes of the Wealth of Nations*, Oxford: Oxford University Press. 1976.

Smith, A. *The Theory of Moral Sentiments*. Cambridge: Cambridge University Press, 2002.

Sokol, M. *Bentham, Law and Marriage: A Utilitarian Code of Law in Historical Contexts*, New York: Continuum, 2011.

Spector, B. 'Jeremy Bentham 1749—1832: His Influence upon Medical Thought and Legislation' in *Bulletin of the History of Medicine* Vol. 37, No. 1 (1963).

Strauss, L. *Natural Right and History*, Chicago: The University of Chicago Press, 1953.

Strauss, L. *Persecution and the Art of Writing*, Chicago: The University of Chicago Press, 1952.

Taylor, C. *Sources of the Self*, Cambridge, Massachusetts: Harvard

University Press, 1989.

Tocqueville, A. *Democracy in America*, Trans. James T. Schleifer. Indianapolis: Liberty Fund, Inc. 2010.

Thomson, J. J. 'A Defense of Abortion', *Philosophy & Public Affairs*, Vol. 1, No. 1 (Fall 1971).

Thomson, J. J. 'The Trolley Problem', *The Yale Law Journal*, Vol. 94, No. 6 (May, 1985)

Tönnies, F. *Community and Civil Society*, Jose Harris & Margaret Hollis. Cambridge: Cambridge University Press, 2001.

Trevelyan, G. M. *British History in the Nineteenth Century*, London: Longman, 1922.

Warren, J. *Facing Death: Epicurus and His Critics*, Oxford: Clarendon Press, 2004.

Weber, M. *The Protestant Ethic and the Spirit of Capitalism*, trans. Talcott Parsons. London & New York: Routledge, 1992.

Weber, M. *The Vocation Lectures*, trans. Rodney Livingstone. Indianapolis: Hackett Publishing, 2004.

Weil, S. *The Iliad, or The Poem of Force*, trans. Mary McCarthy. Wallingford, Penn: Pendle Hill, 1991.

Williams, B. *In the Beginning was the Deed*. Princeton: Princeton University Press, 2005.

Williams, B. *Moral Luck*, Cambridge: Cambridge University Press, 1981.

Williams, B. *Philosophy as a Humanistic Discipline*, Princeton: Princeton University Press, 2006.

Williams, B. *Problems of the Self*, Cambridge: Cambridge University Press, 1999.

Williams, B. *The Sense of the Past*, Princeton: Princeton University Press, 2008.

Winch, P. *The Idea of Social Science and its Relation to Philosophy*, London: Routledge, 1990.

Wittgenstein, L. *Lectures and Conversations on Aesthetics, Psychology and Religious Belief*, Berkley: University of California Press. 2007.

Wittgenstein, L. *The Blue and Brown Books*, Oxford: Blackwell, 1969.

Wittgenstein, L. *Tractatus Logico-Philosophicus*, trans. C. K. Ogden. New York: Barnes & Noble Books, 2003.

Wittgenstein, L. *Philosophical Grammar*, trans. Anthony Kenny. Oxford: Basil Blackwell, 1974.

Wittgenstein, L. *Philosophical Investigations*, trans. G. E. M. Anscombe, P. M. S. Hacker, Joachim Schulte. Oxford: Blackwell, 2009.

Wood, A. 'Humanity as End in Itself', in *On What Matters*, *Vol. II*. Oxford: Oxford University Press, 2011.

Young, I. 'Polity and Group Difference: A Critique of the Ideal of Universal Citizenship' in *Ethics* Vol. 99, No. 2 (Jan. , 1989)

阿斯格·索伦森："义务论——功利主义的宠儿和奴仆"，肖妹译、韦海波校，《哲学分析》2010 年 8 月。

埃德蒙德·胡塞尔：《生活世界现象学》，倪梁康、张廷国译。上海：上海

　　译文出版社，2005 年。

本哈德·瓦尔登费尔斯：《生活世界之网》，谢利民译。北京：商务印书馆，2020 年。

柏拉图：《理想国》，郭斌和、张竹明译。北京：商务印书馆，1986 年。

大卫·格雷伯：《债：5000 年债务史》，孙碳、董子云译。北京：中信出版集团，2021 年。

蒂姆·莫尔根：《理解功利主义》，谭志福译。济南：山东人民出版社，2012 年。

卡尔·贝内迪克特·弗雷：《技术陷阱》，贺笑译。北京：民主与建设出版社，2021 年。

卡尔·达尔豪斯：《绝对音乐观念》，刘丹霓译。上海：华东师范大学出版社，2018 年。

江绪林："解释和严密化：作为理性选择模型的罗尔斯契约论证"，《中国社会科学》2009 年第 5 期。

昆廷·斯金纳：《霍布斯哲学思想中的理性和修辞》，王加丰、郑崧译。上海：华东师范大学出版社，2005 年。

理查德·道金斯：《自私的基因》，卢允忠、张岱云、陈复加、罗小舟译。北京：中信出版社，2012 年。

李青：《"功利主义"的全球旅行——从英国、日本到中国》，上海：上海三联书店，2023 年。

罗纳德·英格尔哈特：《发达工业社会的文化转型》，张秀琴译。北京：社会科学文献出版社，2013 年。

罗莎琳德·赫斯特豪斯：《美德伦理学》，李义天译。南京：译林出版社，2016 年。

切萨雷·贝卡利亚：《论犯罪与刑罚》，黄风译。北京：中国法制出版社，
　　2002 年。

瑞·蒙克：《维特根斯坦传：天才之为责任》，王宇光译。杭州：浙江大学
　　出版社，2011 年。

瓦尔特·本雅明：《巴黎，十九世纪的首都》，刘北成译。北京：商务印书
　　馆，2013 年。

丸山真男：《福泽谕吉与日本近代化》，区建英译。上海：学林出版社，
　　1992 年。

威廉·狄尔泰：《精神科学中历史世界的建构》，安延明译。北京：中国人
　　民大学出版社，2011 年。

威廉·詹姆士：《宗教经验之种种》，唐钺译。北京：商务印书馆，2002 年。

威廉·詹姆士：《多元的宇宙》，吴棠译。北京：商务印书馆，1999 年。

伊曼努尔·康德：《道德形而上学原理》，苗力田译。上海：上海人民出版
　　社，2005 年。